国家社会科学基金项目（07FZX009）
江西省“赣鄱英才555工程”领军人才培养计划支持项目

江西省哲学社会科学成果文库

JIANGXISHENG ZHEXUE SHEHUI KEXUE CHENGGUO WENKU

环境公正：

中国视角

ENVIRONMENTAL JUSTICE IN PRESENT-DAY CHINA

曾建平　著

SSAP 社会科学文献出版社
SOCIAL SCIENCES ACADEMIC PRESS (CHINA)

总　序

作为人类探索世界和改造世界的精神成果，社会科学承载着“认识世界、传承文明、创新理论、资政育人、服务社会”的特殊使命，在中国进入全面建成小康社会的关键时期，以创新的社会科学成果引领全民共同开创中国特色社会主义事业新局面，为经济、政治、社会、文化和生态的全面协调发展提供强有力的思想保证、精神动力、理论支撑和智力支持，这是时代发展对社会科学的基本要求，也是社会科学进一步繁荣发展的内在要求。

江西素有“物华天宝，人杰地灵”之美称。千百年来，勤劳、勇敢、智慧的江西人民，在这片富饶美丽的大地上，创造了灿烂的历史文化，在中华民族文明史上书写了辉煌的篇章。在这片自古就有“文章节义之邦”盛誉的赣鄱大地上，文化昌盛，人文荟萃，名人辈出，群星璀璨，他们创造的灿若星辰的文化经典，承载着中华文明成果，汇入了中华民族的不朽史册。作为当代江西人，作为当代江西社会科学工作者，我们有责任继往开来，不断推出新的成果。今天，我们已经站在了新的历史起点上，面临许多新情况、新问题，需要我们给出科学的答案。汲取历史文明的精华，适应新形势、新变化、新任务的要求，创造出今日江西的辉煌，是每一个社会科学工作者的愿望和孜孜以求的目标。

社会科学推动历史发展的主要价值在于推动社会进步、提升文明水平、提高人的素质。然而，社会科学的自身特性又决定了它只有得到民众的认同并为其所掌握，才会变成认识和改造自然与社会的巨大物质力量。因此，社会科学的繁荣发展和其作用的发挥，离不开其成果的运用、交流与广泛传播。

为充分发挥哲学社会科学研究优秀成果和优秀人才的示范带动作用，促进江西省哲学社会科学繁荣发展，我们设立了江西省哲学社会科学成果出版资助项目，全力打造《江西省哲学社会科学成果文库》。

《江西省哲学社会科学成果文库》由江西省社会科学界联合会设立，资助江西省哲学社会科学工作者的优秀著作出版。该文库每年评审一次，通过作者申报和同行专家严格评审的程序，每年资助出版30部左右代表江西现阶段社会科学研究前沿水平、体现江西社会科学界学术创造力的优秀著作。

《江西省哲学社会科学成果文库》涵盖整个社会科学领域，收入文库的都是具有较高价值的学术著作和具有思想性、科学性、艺术性的社会科学普及和成果转化推广著作，并按照“统一标识、统一封面、统一版式、统一标准”的总体要求组织出版。希望通过持之以恒地组织出版，持续推出江西社会科学研究的最新优秀成果，不断提升江西社会科学的影响力，逐步形成学术品牌，展示江西社会科学工作者的群体气势，为增强江西的综合实力发挥积极作用。

祝黄河

2013年6月

摘　要

中国是世界上最大的发展中国家，如何以科学发展观为指导，针对中国的文化传统、社会体制和特殊国情，建构具有中国风格、中国特色、中国气派的环境思想，处理好环境与发展之间的关系，建设中国特色生态文明，不仅对于中国的可持续发展有着十分重要的意义，而且对于全球的环境保护起着举足轻重的作用。我们站在马克思主义立场上，运用马克思主义的思想、观点、方法，第一次面向当代中国的环境实践，系统、全面、深入地解剖环境公正问题。环境公正是社会公正的重要组成部分，是生态文明建设的基本内容，是构建和谐社会的思想基础。环境不公正直接危害着弱势地区、弱势群体的环境利益和社会利益。我们首次从时空维度把环境公正分为国际环境公正、族际环境公正、域际环境公正、群际环境公正、性别环境公正和时际环境公正等六大方面。

从国际环境公正看，当代中国环境公正问题有着其国际背景，是国际层面环境公正问题的反映。国际上的环境不公正，主要制造者是发达国家，而主要受害者是发展中国家。我国作为最大的发展中国家，必须坚定地坚持发展是第一要务，同时也要高举环境保护的旗帜。

从族际环境公正看，环境公正运动兴起于现代民权运动和现代环保运动的有机结合。中国少数民族地区幅员辽阔，为经济的发展提供了重要的物质基础，但富饶的资源却承受着贫穷的煎熬，承载着东部发达地区转移过来的工业垃圾。这无形之中造成了双重歧视（地区歧视和民族歧视）。开发大西部是走向环境公正的重要战略。

从域际环境公正看，区域之间的环境不公正主要体现在城市与乡村、东部与西部等问题上。农村在为城市装满“米袋子”“菜篮子”的同时，出现了地力衰竭、生态退化和农业资源污染等问题。西部是我国大江大河的源头和生态环境的天然屏障，但长期以来生态环境遭到破坏。那种企图要贫困地区就自然保护为富裕地区掏腰包的想法和做法，在根本上是不公正的。解决区域之间的环境不公正问题根本措施在于建立一个公正合理的再分配制度。

从群际环境公正看，富裕人群拥有较多的物质享受，其人均资源消耗量大，人均排放的污染物多，而贫困人群往往是环境污染和生态破坏的直接受害者。即便是处于比较恶劣的生态环境之中，富裕人群仍可以通过各种方式享受医疗保健，以补偿环境污染给生活质量带来的伤害，“良禽择木而栖”；但贫困人群却没有能力像候鸟一样夏北冬南更改生活住所，更没有办法应对因污染而带来的健康损害。环境破坏导致的移民安置问题是当前我国人口变动的重要问题，也是环境公正的一个重要问题。

从性别环境公正看，充分发挥妇女在环境保护运动中的重要作用，不仅是由于妇女与自然具有天然的内在联系，更由于妇女受到环境的伤害甚于男性。西方社会环境运动和女性主义运动相结合而产生的生态女性主义认为，控制自然和控制女性是相互联系的。统治自然和统治女性都是父权制思想的恶果。中国的妇女解放和自然解放是互为支持的同一过程。性别环境公正关注的是对女性的统治和对自然的统治之间的关系。

从时际环境公正看，在时空上，代内公正是种际公正和代际公正的基础和前提。但是，人们容易忽略的往往不是具有切肤之痛的代内公正，而是横亘时空的代际公正。特别是作为发展中国家，由于温饱生计仍为人们的头等大事，超越时空的关怀和公正总是在功利的算计下被践踏。一个不关心后代生存与发展的民族是一个道德境界狭隘的民族。中国是一个主张厚德载物、民胞物与的民族，把代内环境公正与代际环境公正结合起来，实现可持续发展具有优良的文化道德资源的支持，也是落实科学发展观的必然之路。

拯救环境的回应表现在思想层、器物层和制度层。思想层主要是改变人们的价值观和思想意识形态，这是实现环境公正的核心问题，实现当代中国环境公正必须坚持科学发展观；器物层的科学技术是解决环境问题的基本路径；制度层的应战主要是加强各种环境法律法规的制定和实施，它是解决环境问题的根本手段。环境公正不是“将来进行时”，而是构建和谐社会和建设生态文明的现实问题。和谐社会和生态文明必须以公平正义为主题，必须建立在人与自然协调的基础上，必须以环境公正为基本前提。

关键词： 环境公正　环境实践　当代中国　生态文明

目　录

导　言

中国环境问题具有明显的集中性、结构性、复杂性，只能走一条新的道路：既要金山银山，又要绿水青山。宁可要绿水青山，不要金山银山。因为绿水青山就是金山银山。我们要为子孙后代留下绿水青山的美好家园。

保护生态环境就是保护生产力，改善生态环境就是发展生产力。良好生态环境是最公平的公共产品，是最普惠的民生福祉。

——习近平

环境危机如不与社会正义联系起来，是不可能得到有效解决的。中国的环境问题从某种意义上说是整个世界的缩影，中国这面镜子折射出来的就是经济全球化的自画像。世界的环境状况影响着中国，中国的环境同样会给世界带来影响。

第一节　环境公正：构建和谐社会的前提

随着美国巨片《2012》的热映，一个玛雅历法被炒作为“世界末日”之预言，玛雅历法说：“时间的终结是2012年12月21日。地球并非人类所有，人类却是属于地球所有。”于是，2012年刚刚翻开新的一页，人们便忙不迭地总结回顾2011年那些巨大灾难、极端天气：从全球看，澳大利亚水灾、新西兰地震、日本地震、美国龙卷风及冰雹和泰国水灾等重特大自然灾害相继发生，这一年，全球共发生各类巨灾事件253起，造成24500人死亡，直接经济损失4350亿美元。在中国，宁夏，全区降水异常偏少，遭遇自1961年后50年以来第二降水偏少年；陕西，4月陕北大风沙，夏季高温热浪，7月发生冰雹、雷雨，8月强秋淋，11月底冬打雷；江西，春季出现近60年来最严重干旱，春夏之交出现罕见旱涝急转，入夏高温日数较常年偏多，入秋后大雾频发能见度低……

近年来，重大灾害事件、重大污染事件频频发生，中国环境问题日益成为中国社会乃至国际社会关注的焦点。2010年“环境状况公众满意度调查”显示，空气污染、水体污染和固体废物污染仍是公众最关注的环境问题。调查中，有69.1%的城市受访者和58.3%的农村受访者对周边的环境状况评价为“满意”或“比较满意”，比2009年分别提高了9.8个百分点和10.3个百分点。各类环境要素中，城市受访者满意度最高的是饮用水质量，农村受访者满意度最高的是空气质量，两者表示满意度最低的均为垃圾清理。东北地区城市和农村受访者对综合环境状况的满意度连续两年最高。在对环境状况改善的满意度方面，75.3%的城市受访者对周边环境整体改善表示“满意”或“比较满意”，比2009年提高9.8个百分点；60.1%的农村受访者对周边环境整体改善表示“满意”或“比较满意”，比2009年提高2.2个百分点。从地区来看，西南地区的城市受访者对环境质量改善的满意度最高，东北地区的农村受访者对环境质量改善的满意度最高，而华北地区城市与农村受访者对环境质量改善的满意度评价均为最低。

环保部曾经多次发出警告，我国面临着有史以来最为严峻的环境形势，一些地方已经触及了环境承载力的底线。同时，环境污染已经给群众的身体健康和生产生活带来了极大损害，全国每年因环境问题引发的群发性事件不断增多，环境投诉密集出现，由此造成的社会阵痛越来越剧烈。环境问题不仅成为推进科学发展的瓶颈，而且成为民生之痛、社会之瘤。

环境恶化不断侵蚀着文明大厦的基石，而自然条件是构建和谐社会的基础。

社会主义和谐社会的基本特征是：民主法治、公平正义、诚信友爱、充满活力、安定有序、人与自然和谐相处。就其实质来说，和谐社会主要指人与人、人与社会、人与自然的和谐。其中，人与人的和谐是和谐社会的“底线要求”，人与社会的和谐是和谐社会的核心所在，而人与自然的和谐是和谐社会的基本前提。换言之，人与自然的和谐是构建和谐社会的根基、条件，人与自然失去和谐，人类的一切繁华只是一种暂时的“虚幻”罢了。如果说和谐社会好比一个五官端庄、形体优美、内在美与外在美统一的“美人”，那么，失去人与自然相和谐、徒有外表华丽的美，只不过是一种“虚美”，是那种让人看着揪心的“美”。工业化社会的文明正是这种“虚美”。

人类经历了数千年农业文明时代，到了工业文明时代，物质欲望空前膨胀，与此同时，贫富差距空前扩大，人与自然的尖锐矛盾空前突出。这是一个进步与灾难、欢乐与痛苦、繁荣与堕落交混的时代。

工业文明伟大成果的出现及其弊端的彻底暴露，说明人类文明已经走到一个十字路口。人类的发展并不像车辆行驶，每到十字路口，总会有警察来指挥，该停则停，宜行则行，而是需要依靠人类的理性自觉来导航。倘若沿着工业文明路口的纵深线继续前行，人类的物质文明或许仍然在一定阶段可以获得延续甚至达到某种极度繁华，然而，这一线路的极端处标示的是：人类生于繁华也将死于繁华；拐弯于横向的线路或许是人类新生的机会，而新的文明必定是以和谐为基础的生态文明。

在这种文明时代，社会生态和自然生态将得到拯救和统一，如同恩格斯所说，人同自然的和解以及人类本身的和解。1993 年著名社会学家费孝通先生在印度新德里参加“英迪拉·甘地国际学术讨论会”，在会上发表了“对‘美好社会’的思考”的演讲，将其以往关于文化平等、环境公平和社会公平思想升华，形成“美好社会”的思想。显然，这就是说：和谐的首要标准是公平与正义，和谐的社会首先必须是一个公正的社会。由此可见，和谐社会即公正社会，公正社会即和谐社会。

根据国际经验和我国当前发展的实际，和谐社会的目标是实现国家总体发展的协调性和可持续性，而和谐社会目标实现的评判标准应当是社会的公平和公正。因此，在我国建设和谐社会，首先要解决对于公平和公正问题的认识。其中，环境公正既是社会公正的内容，又是社会公正的条件。

环境不公正不但直接损害着社会公正，而且必然影响社会公正的实现。

环境公正是指在环境资源的使用和保护上所有主体一律平等，即不同利益主体在利用自然资源满足自己利益的过程中要体现出自然资源公平分配、环境权利平等享有、环境责任公平承担、环境义务平等履行、环保成果公平共享等基本要求，简言之，环境公正即环境利益的分配公正。环境公正主张：任何主体的环境权利都有可靠保障，受到侵害时能得到及时有效的救济；从事对环境有影响的活动时，负有防止损害环境的责任并尽力改善环境；对任何主体违反环境义务的行为予以及时有效的纠正和处罚；除有法定和约定的情形外，任何主体不能被人强加环境费用和环境负担。由于人类活动已经造成部分资源枯竭和生态环境日益恶化，人类面临超越环境资源承载力极限的危险，环境的不公正（如破坏环境者与其承担的环境责任不统一，享用环境的权利不能得到保障等）成为现实。在这样一个时期，如果不力图实现环境公正，所谓的和谐社会注定是一种游戏一场梦而已。因此，反映了人与人之间、人与自然之间和谐的价值准则的环境公正是可持续发展的生命线，是构建和谐社会的基本前提和有力保障。

第二节　当代中国环境公正的基本视域

审视当代中国环境公正问题无外乎从时空交错的对比视角，如纵向的视角——对当代中国环境公正的历史发展进行比较阐述，横向的视角——对当代中国环境公正与国外环境问题进行比较研究。本书从共时态与历时态的交织角度将环境公正问题区分为种际公正、共时态公正和历时态公正三个向度，并将共时态公正再细分为国际公正、族际公正、域际公正、群际公正、性别公正等五个方面，而历时态公正主要指称时际公正，即代际公正。

一　种际公正

环境公正有狭义和广义之分。广义上是指人类与自然之间实现公正的可能性问题，即种际公正；狭义上包含两层含义：一是指所有主体都应拥有平等享用环境资源、清洁环境而不遭受环境限制和不利环境伤害的权利，二是指享用环境权利与承担环境保护义务的统一性，即环境利益上的社会公正。[①] 所谓种际公正，即人类处理人与自然的关系的均衡性与协调性。20 世纪的工业文明是财富急剧膨胀、物质文明日益发达的时代。但是，人类所有的成就无一不是索取自然的结果。正是自然的供给，人类才能建造文明大厦；正是自然的丰裕，人类才能期望可持续发展。然而，人类对自然的索取与奉献的分离、利用与回报的割裂，使自然对人类的生存承载力严重不足，人类陷入了生存环境恶化、社会矛盾激化的困境之中。

种际公正力图反省人与自然的和谐关系。数千年来，人类沉醉在傲慢的人类中心主义当中，认为人是万物的主宰和万物的尺度。但是，“人直接地是自然存在物”，[②] 人的生活只有依靠自然界，脱离自然而生存的人是无法想象的。马克思指出：“整个所谓世界历史不外是人通过人的劳动而诞生的过程，是自然界对人来说的生成过程，所以关于他通过自身而诞生、关于他的形成过程，他有直观的、无可辩驳的证明。因为人和自然界的实在性，即人对人来说作为自然界的存在以及自然界对人来说作为人的存在”。[③] 这就是说，自然对人具有制约性、在先性和基础性。人与自然的关联表明，建立和谐社会首先要保持人与自然的和谐，人与自然具有怎样的和谐关系，人类社会就具有怎样的和谐度，“人同自然界的关系直接就是人和人之间的关系，而人和人之间的关系直接就是人同自然界的关系”。[④] 环境污染、生态危机表征的不是自然自身的问题，恰恰是人自身的问题，是人与人之间关系的失衡，是人类生存和发展的危机。因此，“环境公正与当今剥削、不平等及一些集团持有特权的生产机制、福祉关系相关联”。[⑤]

种际公正力图表达人与自然的价值关系。自然的存在是自在的、自为的和为人的、人为的存在。这就是说，自然不仅具有满足人类生存和发展的工具价值，也具有自身的、固有的内有价值。承认自然的双重价值并没

---

① 曾建平：《环境哲学的求索》，中央编译出版社，2004，第 216 页。

② 《马克思恩格斯全集》（第 3 卷），人民出版社，2002，第 324 页。

③ 《马克思恩格斯全集》（第 32 卷），人民出版社，2002，第 310 页。

④ 《马克思恩格斯全集》（第 42 卷），人民出版社，1979，第 119 页。

⑤ B. Bryant（ed.），*Environmental Justice: Issues, Policies and Solutions*, Washington D. C.，Island Press，1995，p. 6.

有贬低人的尊严，因为人与自然的价值关系是内在的，自然是人的自然，自然的价值是属人的价值。但是，自然价值的属人性并不意味着“征服自然”“控制自然”等观念天然地具有合理性。相反，人类要转变“竭泽而渔”式的战胜自然的生产方式，就要在科学发展观的指引下，改变自然资源“无主”观念，树立建设自然、保护自然的意识，使人类的索取与奉献相结合；改变自然资源“无价”观念，树立以自然为友，为自然尽义务的意识，使人类与自然进行双向价值交换；改变自然资源“无限”观念，树立享用自然首先要保证自然的可享用性的意识，使人类既成为自然的享用者又成为自然的管理者和维护者。

种际公正力图阐明人类对待非人类自然的道德态度。传统伦理把道德关怀局限在人类之间，它所坚执的理由是“唯有人才是目的性的存在”。然而，人类在物质、文化、精神上，与非人类存在物具有密切的相互关联性，这种“相互关联性”所揭示的是：人类必须把对非人类存在物纳入道德考量的范围，但允许道德关怀具有程度差异，即人类的福祉是道德关怀的重心，是最高程度的，与此同时，非人类的道德诉求不能因此而被排斥。

二　共时态公正

环境公正体现在共时态上，就是要促进国际环境公正、族际环境公正、域际环境公正、群际环境公正和性别环境公正。

国际环境公正关心的是国家（地区）与国家（地区）之间在利用自然资源的权利和拯救生态危机的义务上的公平性。地球是人类共有的家园，保护地球的生态平衡是全人类的共同义务。国际环境公正与否，不仅从国际条件和外在氛围来影响我国和谐社会的实现，而且影响和谐世界的实现。

在现实社会中，环境危机不是一个笼统的概念，而是包含着严重的国际环境不公正。我国的环境与世界连为一体，而且，国际上的不公正环境问题正在加剧中国的环境危机。然而，国际上却悄然出现一种所谓“中国环境威胁论”。为此，2007 年 6 月 4 日上午，时任国家发展和改革委员会主任马凯在国务院新闻办举行的新闻发布会上拿出三组数据来驳斥这种谬论。[①] 他指出："我百思不得其解的是，没有人说那些历史排放量多、人均排放量高、排放弹性系数大的国家是气候变化的主要威胁，反而说历史排放量少、人均排放量低、排放弹性系数小的中国构成了主要威胁，这显然是不客观的，也是不公正的。"发达国家人口只占世界人口总数的约18%，消耗掉的能源却占世界总量的一多半，木材占85%，钢材占72%，其人均消耗量是发展中国家的9～12倍。他们在工业化的过程中最先耗用了地球资源，也最先污染了生态环境，最先破坏了自然的生态平衡。然而，发达国家一方面在享用着以环境代价换来的物质成果，另一方面又千方百计地推卸自己应负的责任，美国至今拒绝在《京都议定书》上签字。这不仅表明了他们的环境口号是虚伪的，而且也表明了先发国家的一种畸形环境心理——企图更多地享用环境权利而较少地承担环境责任。这种心态的背后所隐藏的价值观是：环境权利的享用是一种所谓"能力"的较量——谁有能力谁就有使用地球资源的权利；谁没有摆脱环境污染的能力谁就必须承受环境污染带来的灾害。因此，环境资源的享用者总是那些拥有先进技术的先发国家，而环境危机的受害者总是那些经济滞后、技术落后的后发国家。

面对全球共同的威胁，国际上的生态殖民主义并没有止步。一方面，一些发达国家继续大量地赤裸裸地剥削发展中国家有限的生态资源，压榨和盘剥发展中国家，并把资源消耗之后的"剩余"——垃圾转移到欠发达国家。根据联合国的报告，全世界每小时大约产生4000吨电子垃圾。欧洲每年产生的电子废物升幅达3%～5%，发展中国家也正在制造电子废物。发达国家因为"三高"——电子垃圾产生量高、环保标准高、工

① 据新华社2007年6月4日消息，这三组数据是：第一组，中国的历史累计排放量少，从1950年到2002年，50多年，中国化石燃料燃烧排放的二氧化碳只占世界累计排放量的9.33%；1950年以前，中国排放的份额就更加少了。第二组，中国人均排放水平低。这是国际能源机构2006年的统计，是最新统计，统计的是2004年的数据。2004年人均二氧化碳的排放量，中国是3.65吨，仅为世界平均水平的87%，为OECD国家的33%。另外，1950～2002年的50多年间，就世界平均排位来说，中国人均二氧化碳排放量只占到第92位。第三组数据，就是中国单位GDP二氧化碳排放的弹性系数小，也就是说根据国际能源机构的统计测算，从1990年到2004年，15年间，单位GDP每增长1%，世界平均二氧化碳排放要增长0.6%，但是中国仅仅增长0.38%，也就是说我们的弹性系数小。

人工资高，而想方设法把电子垃圾运到第三世界发展中国家。绿色和平组织的长篇翻译报告《流向亚洲的高科技废物》中如此介绍：贵屿是中国广东潮汕地区一个面积52平方千米，人口20万左右的小镇，始于1995年的电子垃圾产业，使该镇雇用了十几万来自安徽、湖南等地的民工，每年处理逾百万吨来自美国、日本、韩国等地的电子垃圾。[①] 近20年来，因为年均吞电子垃圾300万吨，贵屿成为了“电子垃圾第一镇”。垃圾处理手段极原始，只能通过焚烧、破碎、倾倒、浓酸提取贵重金属、废液直接排放等方法处理，造成了非同寻常的生态恶果。虽说在某种程度上垃圾也可以弥补资源的不足，特别是诸如铁、铜、铝等关系经济安全的原生矿的奇缺，但随之而来的环境污染和对居民健康的损害，以及随着垃圾一同流入的害虫问题和走私问题都日益严重，而出口国对此是漠不关心的。

另一方面，某些发达国家借用国际社会的相关机制，以环保为借口干涉他国内政。“绿色壁垒”就是其中的一柄双刃剑。

面对全球日益严重的生态灾难，出于保护生态环境和人类安全的目的，以及由于消费者环境意识提高、全球绿色消费运动兴起和贸易保护主义抬头，国际和地区之间出现“绿色壁垒”，它把贸易与环境这两个原本在世界贸易史上互不相干的问题用一条绿色的纽带捆绑在一起。应该看到，“绿色壁垒”在客观上对国际环境公正有着积极的意义；但也必须承认，“绿色壁垒”是发达国家以环保标准、绿色标志和市场准入条件为借口阻止发展中国家的产品进入其市场，按照绿色环保要求或标准建立具有屏障作用的制度或规则，它使发展中国家在国际贸易中处于明显不利的地位。所有的“绿色壁垒”都是双向的，壁垒构造者并不能单纯地阻止不符合绿色标准的产品进入，它既阻止进入，也阻止输出或禁止或不鼓励生产。发展中国家应该充分利用“绿色壁垒”，提高环境标准，有效地防止发达国家进行污染物转移、环境殖民政策，具体包括污染废弃物的国际贸易、投资污染密集产业、落后技术的转移、臭氧层损耗物的生产和消费转移等等，避免成为发达国家的垃圾场，迫使发达国家花大力气在其内部解决污染物的问题，也促使自身提高科学技术水平，减少对环境的污染和破

---

① 《流向亚洲的高科技废物》，《世界环境》2004年第6期，第10～23页。

坏。“绿色壁垒”是近年来“绿色浪潮”的产物。“绿色浪潮”是对工业化后果深刻检讨以后而对绿色的、美好的地球环境的强烈渴望。应该说，这是人类理性程度提高的表现。

为此，国际环境公正要以维护国家独立、主权和不干涉他国内政为原则，建立一个更加公正合理的国际政治经济新秩序，以尊重生命和自然界、保护生物多样性和自然多样性、维护全球可持续发展为目的，确保全球各国平等地参与解决国际环境问题的权利，倡导协调和合作，反对生态殖民主义借口环境保护干涉他国内政、阻碍他国发展。维护和平，反对军备竞赛，使各国能够更多地把有限的资源用于保护我们这个“共有的家园”；要让每一个人都清楚，我们生存在同一个“地球村”中，为他人敲响的丧钟，也是为我们自己敲响的丧钟。发达国家对“全球生态赤字”理应承担更大的责任，应积极向发展中国家提供更多的经济和技术援助，增强欠发达国家保护环境的能力。发展中国家在共同而有差别的环境责任中同样大有可为，必须结束杀鸡取卵、竭泽而渔的开发行为，避免走“先污染后治理”的老路，可以在一些地区构造“循环经济”“环境补偿制度”“工业生态园”“全过程无害化控制”“绿色化学体系”等，来维系人与自然之间的协调发展，努力走出一条可持续发展的道路。

族际环境公正、域际环境公正、群际环境公正、性别环境公正关心的是同一国家不同民族、地区、群体、性别在保护环境问题上权利与义务的对等性。人与自然之间的和谐是先发民族与落后民族、富裕地区与贫困地区、城市与乡村、强势群体与弱势群体、男性与女性在环境权利与环境义务所交织的环境利益之间的统一和平衡。环境对人类的影响既是普遍的，相互作用的，又是有差别的，对不同的人有不同的影响，人们获取环境的利益和对环境造成的破坏也是不相同的。漠视民族、地区、群体的大小、强弱、发达与否，泛泛地强调“共同责任”，是不现实的，若此，我们就没有“共同的未来”；同样，借口民族、地区、群体的大小、强弱、发达与否，推卸各个民族、地区、群体所应承担的有差别的环境责任也是不现实的，若此，我们同样没有“共同的未来”。环境公正强调人类是同一性与差异性相统一基础上的差别共同体，强调族际、域际、群际、性别之间葆有公正，正是为了使人们拥有“共同的未来”——和谐社会。

从我国来看，自改革开放以来，我国的经济建设取得了骄人的成绩，但也不可避免地出现了诸多环境不公正的现象，有的还触目惊心。

环境不公正现象体现在东西部区域之间的域际问题。西部是我国大江大河的源头和生态环境的天然屏障，但长期以来对森林和矿产的不间断甚至过度的开发，使生态环境遭到破坏，有的已经严重影响到作为大江大河源头的生命力。一直以来，西部始终苦“为他人作嫁衣裳”，保护环境的成果主要被发达地区无偿享用。近年来的南水北调、森林禁伐、西部地区退耕还林，最直接的受益者都是发达地区，但“谁受益谁补偿”的原则并没有得到根本落实。由此可见，作为主要资源的提供者和生态环境的天然屏障，我国的西部地区却是环境恶劣、经济落后的代名词。在中央和地方、发达地区和贫困地区的关系问题上，国家没有建立一个再分配制度来确保环境公正。比方说，长江、黄河的上游流域通过森林保护对社会做出了重大贡献，因此就不应该要求他们因为使用自己的资源而付费，社会应当确保让渡自己的自然资源权利的人们得到补偿。但是，一些思路比较好的政策到位之后，如增加保护区数量、退出农田和其他土地恢复自然栖息地等，其实际的实施成本却要由地方来负担。这种要贫困地区就自然保护为富裕地区来掏腰包的举措难道是公正的吗？因而，如果只是通过一次性注入资金去种树，或者给一大笔钱建设自然保护区或保护站等诸如此类的项目去寻求解决这个问题，而不是建立一个公正合理的再分配制度的话，就会因为制度的缺失而不可能从根本上解决域际环境公正问题，摆脱不了内在的体制弱点。

最为明显的是城乡之间的环境不公正现象。在我国农村，资源的保有权是保护环境的重要驱动力之一。当前，贫困地区的人们并不拥有他们赖以为生的资源的所有权，因此他们缺乏以可持续的方式管理这些资源的动力。由于他们只能拥有森林或农业用地的使用权，因此，出现了一种趋势——一旦有机会利用这些资源，他们就尽可能地竭泽而渔。这是当前农村环境破坏的一个原因。

但是，农村的环境污染不仅是农民自身行为的结果，也是城市发展的代价。防治农村的污染还没有引起普遍重视，防治污染的资金几乎全部投到工业和城市，而对农村环保设施的投入几乎为零。一些城市通过截污来改善城区水质，转二产促三产以提高城区空气质量，靠转移生活垃圾到乡村来美化城市的面貌，这些举措也带来了城市环境的表面好转，赢得了一些所谓“环保模范”的荣誉。然而，在与这些城市毗邻的农村，农民却喝着不干净的水，吸着被附近城市工厂污染的空气，用排污管道汇入的河水灌溉耕地，闻着露天堆放的从城里转来的生活垃圾。

另外，群体差别也造成了所处环境的不公平。富裕人群拥有较强的消费能力，他们人均资源消耗量大，人均排放的污染物多，而贫困人群往往是环境污染和生态破坏的直接受害者。即便是处于比较恶劣的生态环境之中，富裕人群也可以通过各种方式享受医疗保健，以补偿环境污染给生活质量带来的损害，甚至以“良禽”自居“择木而栖”。但贫困人群却没有这么优越的“待遇”，没有能力像候鸟一样夏北冬南地更改生活住所，更没有办法应对环境污染带来的健康损害。

此外，必须注意到不同性别在环境伤害上的差异。女性作为母亲，与自然作为万物的孕育者一样，具有某种可比的隐喻。透过这种隐喻，我们发现，自然的受制与女性的被压迫都受到父权制这一机制的影响。因此，解放自然与解放妇女是一个并行不悖的同一过程。在这方面，生态女性主义给了我们许多启发。

以上种种不公正现象实际上都是通过损害他人的环境利益、经济利益、生存利益来获得自己的不法利益。从现实看，环境不公正因为东西部、城乡、阶层、性别的差别而产生，弱势地区和弱势群体往往成为环境污染的直接受害者。因此，不同的环境主体具有不一样的环境愿景，关注与人们生活和生存密切相关的环境问题是他们致力于解决环境危机的现实动机，充分重视环境利益上的差异性是环境保护得到切实保障的前提。

环境公正与社会公正是密切相联系的。如果任凭环境不公正发展下去，社会的不公正将会加剧。环境的差别拉开的不仅是民族、区域、阶层、性别之间的环境层次，更拉远了人们之间的心理距离，恶化了人与人之间、人与社会之间的关系。科学发展观的核心是以人为本，这表明人的因素在促进社会发展的过程中发挥着主导作用。如若失去了人与人的关怀、信任、和谐，那么整个社会系统就缺少了和谐的支点，从而失去了稳固的根基与繁荣的未来。因此，在某种意义上，环境不公正现象比环境污染更可怕。环境公正不仅关系到环境保护事业自身的发展，更关系到和谐社会的实现。正如环保部副部长潘岳所言，中国本来就是传统工业文明的迟到者，我们不能在生态文明的路上再次落后。环境是经济发展、社会发展的基础和前提，环境危机既具有社会性特征，又具有自然性特性。"经济危机可以通过宏观调控加以化解；社会危机需要付出巨大政治成本才能平息；而环境危机一旦发生，将变成难以逆转的民族灾难。"①

环境公正要求我们完善有关的法律、法规和制度，规范计划、财政、税收、金融、国有资产投资等经济调节手段，深化体制改革，以合理配置社会资源，形成有利于国民经济稳定、健康、持续发展的产业结构、增长方式和消费模式，营造和保持符合社会经济总体安全要求的宏观环境；同时，经济主体在选择自身活动的内容或方式时应以法律制度为指导，充分注意个别目标与社会目标保持相互衔接的要求，自觉强化对自然资源、生态环境的保护。作为《21 世纪议程》的参加国与缔约国，中国要逐步取缔高消耗、高污染和高消费的传统发展模式，并将可持续发展模式融入立法者和整个社会民众的普遍法律意识之中，融入环境公正的价值取向中，这将对我国的西部开发、中部崛起、东北振兴、东部腾飞等战略目标的实现，东中西部、南北部的平衡发展有着重要意义。

三　历时态公正

中国政府非常清楚，拥有 13 亿人口对当代中国、对未来发展意味着什么。为此，党的十六大以来，我国政府以前所未有的决心和从容坚定的实践为环境保护做出了切实的努力。十八大召开前夕，环保部部长周生贤对此总结道：党的十六大以来，党中央、国务院把生态环境保护摆在更加重要的战略位置，推动我国环境保护从认识到实践发生重要变化。环境保护在经济社会全面协调可持续发展中的作用显著增强，投入和能力建设力度明显加大，污染防治和主要污染物减排成效明显，环境质量逐步呈现稳

① 黄一琨：《环保总局的声音》，《经济观察报》2005 年 1 月 24 日。

中向好态势。节能减排和环境保护成为贯彻落实科学发展观的一大亮点，成为倒逼经济发展方式转变的重要抓手，成为维护广大人民群众切身利益的民生工程和民心工程。①

概括起来，这十年的环境保护工作之所以"力度大、发展快、效果好"，对于环境公正有着深刻全面的影响，首先是因为我们确立了科学发展观的指导思想。在科学发展观的统领下，党中央、国务院提出建设生态文明，建设资源节约型、环境友好型社会，让江河湖泊休养生息，推进环境保护历史性转变，探索中国环境保护新道路等一系列加强环境保护的新理念。国家首次将节能减排作为国民经济和社会发展规划的约束性指标，把环保总局升格为环境保护部，出台一系列加强环境保护的政策举措，着力使经济社会发展与人口资源环境相协调，为环保事业发展提供了强大的思想动力和政治保证。

具体地说，从实践角度看，体现在以下几方面。在资源能源利用方面：2008 年"限塑令"颁布 4 年来，全国每年减少塑料购物袋 240 亿个以上，相当于节约石油 480 万吨，这约占大庆油田年产量的 1/8；节能产品惠民工程实施区区 3 年，5.2 亿只节能灯、5000 多万台节能空调、460 多万辆节能汽车"飞"入寻常百姓家；2002 年以来，中国成为世界上投资清洁能源力度最大的国家，单位国内生产总值能耗下降 12.9%。同时，我国实行"最严格的耕地保护制度""最严格的节约用地制度""最严格的水资源管理制度"，坚守 18 亿亩耕地红线不动摇。在治理环境污染方面："十一五"期间，全国二氧化硫排放量减少 14.29%，化学需氧量排放量减少 12.45%，基本完成了"十一五"规划纲要的目标任务；2002 年，空气质量达标城市的人口比例仅占统计城市人口总数的 26.3%，而 2011 年，325 个地级以上城市中，空气质量达到二级以上（含二级）标准的比例为 89.0%。在生态系统保护方面：第五次和第七次全国森林资源清查结果显示，10 年间我国森林面积由 23.9 亿亩增加到 29.3 亿亩，森林覆盖率由 16.55% 提高到 20.36%；全国沙化土地面积逐年缩减，实现了从"沙进人退"向"人进沙退"的历史性转变；2002 年七大水系重

① 《积极探索环境保护新道路》，《人民日报》2012 年 9 月 19 日。

点监测断面中，仅有 29.1% 满足一类水质要求，而 2011 年提高到 61.0%；2002 年近岸海域一、二类海水比例为 49.7%，而 2011 年提高到 62.8%；2011 年水土流失治理面积达到 47.16 万平方千米。

从经验角度看，在保护环境、促进环境公正方面，我们取得了一系列来自中国模式的中国经验。一是坚持在发展中保护、在保护中发展，以环境保护优化经济发展。必须把环境保护放在经济社会发展大局中统筹考虑，大力推进环境保护与经济发展的协调融合，构建资源节约、环境友好的国民经济体系。二是坚持优先解决损害群众健康的突出环境问题，切实维护群众环境权益。必须充分了解和满足人民群众对于良好生态环境的新期待和诉求，加快解决一批积重难返的环境问题，切实改善环境状况。三是坚持从再生产全过程制定环境经济政策，统筹推进消费、投资、出口等方面的环保工作。必须坚持从生产、流通、分配、消费的再生产全过程系统防范环境污染和生态破坏，努力促进发展方式和消费模式加快转型。四是坚持促进人与自然和谐相处，让江河湖泊等重要生态系统休养生息。必须充分发挥环境保护作为生态文明建设主阵地和根本措施的作用，采取最严格的环境保护措施，给自然以人文关怀，让不堪重负的自然生态系统休养生息。五是坚持动员全社会力量，建立最广泛的环保统一战线。必须充分调动一切因素，动员全社会力量共同参与。全社会牢固树立生态文明意识之时，就是我国生态环境全面改善之日。①

从理论角度看，在促进环境公正、建设生态文明方面，我们深刻地体会到，生态文明建设以人与自然、人与人、人与社会和谐共生、良性循环、全面发展、持续繁荣为基本宗旨，强调在产业发展、经济增长、消费模式改变的进程中，尽最大可能节约能源资源和保护生态环境。建设生态文明既要重视经济发展，又要保护好生态环境，实现又好又快发展。当前，要建设低投入、高产出，低消耗、少排放，能循环、可持续的国民经济体系，建立节约型生产方式、生活方式和消费模式，建设资源节约型社会、环境友好型社会、气候适应型社会，着力推进绿色发展、循环发展、低碳发展。在生产方式上，要改变高投入、高消耗、高污染的生产方式，

---

① 《积极探索环境保护新道路》，《人民日报》2012 年 9 月 19 日。

使生态产业在产业结构中居于主导地位，成为经济增长的主要源泉；在生活方式上，要改变对物质财富的过度追求和享受，大力推进消费方式生态化，使人的生活与自然界相适应；在价值观上，要树立人与自然和谐的环境伦理观，尊重自然、顺应自然、保护自然。

当然，成绩是骄人的，问题也是尖锐的。

环境绩效评估（Environmental Performance Evaluation）是环境管理中的重要内容，环境绩效指数不仅表明当代人利用、保护环境资源的状况，也显示出当代人在共享环境保护成果方面的差异，而且还涉及后代人利用环境资源的公平性问题。然而，由美国耶鲁大学和哥伦比亚大学联合推出的“年度全球环境绩效指数排名”显示，中国排名一路在下滑，2006 年第 94 名，2008 年为第 105 名，2010 年只排到第 121 名。耶鲁环境保护法律和政策中心主任丹尼尔·埃斯蒂说：“排名靠前的国家重视环境，而美国、中国等国，为了大力发展工业，没有对环境保护投入太多关注。”[①]这表明，当前我国的环境资源状况已经影响到和谐社会的建构，影响到后代的可持续发展。和谐社会不仅是空间层面当代人之间的全面公正的社会，也是时间层面代际的持续公正的社会。代际环境公正主张以空间同一性、时间差异性为维度的当代人与后代人之间在环境利益上的公正。它的基本要求是，当代人在进行满足自己需要的发展，建构和谐社会时，要维护支持继续发展的生态系统的负荷能力，以满足后代的需要和利益。也就是说，当代人与后代人享用自然、利用自然、开发自然的权利均等，要尊重和保护子孙后代享用自然的平等权利。

但是，在这种利益格局中，人们多数时候只看到当代、自我，后代的需要和利益很少被纳入当代人的视野。人口膨胀、资源短缺、环境污染、生态失衡，已严重威胁后代人的生存发展权。2010 年 10 月 31 日，联合国人口基金决定把这天在加里宁格勒出生的婴儿认定为世界上第 70 亿个居民。人口的急剧膨胀，已使地球不堪重负，而全球的都市化正在改变人类的生活环境，加剧全球的资源危机和环境恶化。在过去的 20 年中，世

① 《年度全球环境绩效指数排名　冰岛第 1 中美排名均下降》，《国际在线专稿》2010 年 1 月 28 日。

界的能源消耗增加了50%，而到2020年，还将增加50%。大量事实说明，工业文明的发展造成对自然资源的过量开采，已严重威胁到子孙后代的生存发展。

代内公正和代际公正其实是一个问题的两个方面：一方面，只有在代际公正的关照下，才能真正有效地恰当地解决代内公正问题，没有这样的眼光，所谓的和谐社会不过是短时间的平衡和矛盾的暂时消解，无法获得持久的动力和内在的支持；另一方面，代内公正问题的解决，既会化解代际公正问题，创造财富和生态环境等物质基础，又会创造经济、政治、社会、文化等多种制度条件。

当代人所享用的环境利益，在某种意义上说是祖先的"遗产"，同样，后代人也应该享用当代人留给他们的环境"遗产"。一个没有环境"遗产"的社会是不可能具有美好环境想象的社会，注定无法建筑和谐社会大厦。

如果说，人们过去对环境公正的渴求还是潜在的、不自觉的，那么，当生态危机触手可及，当环境困境兵临城下，当生存发展无时无刻不受到环境影响之时，环境公正已经凸现为当代社会的一个棘手问题。正在努力构建和谐社会的当代中国，有能力、有可能，也有必要率先为世界创造一个典范：让环境公正成为实现和谐社会的基本前提。

当然，如同考察任何公正问题一样，审视当代中国环境公正这一现实问题需要历史的视角、辩证的思维：既要从纵向的比较、发展的眼光来看待中国环境公正的现实进步，也要从社会的呼唤、未来的要求、国外的经验来发现当代中国环境公正的不足。看不到当代中国社会在环境公正问题上的努力和成就会一叶障目，牢骚满腹，失去前进的方向；看不到当代中国社会在环境公正上的缺憾和问题就会夜郎自大，裹足不前，失去崇善的动力。因此，当代中国社会必须从现实出发，以和谐为目标，着眼于全球，着力于地区改善和追求环境公正。

第一章　谁之环境　何种正义

——解读环境公正

大量事实表明，人与自然的关系不和谐，往往会影响人与人的关系、人与社会的关系。如果生态环境受到严重破坏、人们的生产生活环境恶化，如果资源能源供应高度紧张、经济发展与资源能源矛盾尖锐，人与人的和谐、人与社会的和谐是难以实现的。

——胡锦涛

在浩瀚的历史长空中，公正，如同一颗耀眼的明星，长期以来，一直被人们极目注视，津津乐道，孜孜以求。

人类在各种生活领域，无不追求公正。在当代中国，制度公正、政治公正、司法公正、经济公正、教育公正、医疗公正、环境公正等尤为突出，是人们热议和关注的焦点。有鉴于此，2005 年胡锦涛总书记用了分量很重的话来说明社会公正的重要性："维护和实现社会公平和正义，涉及最广大人民的根本利益，是我们党坚持立党为公、执政为民的必然要求，也是我国社会主义制度的本质要求。"[①] 2007 年温家宝总理在会见"两会"的中外记者时指出，要让正义成为社会主义制度的首要价值。2010 年 3 月在回答记者提问时，温家宝总理重申："我们国家的发展不仅是要搞好经济建设，而且要推进社会的公平正义、促进人的全面和自由的

---

① 胡锦涛：《在省部级主要领导干部提高构建社会主义和谐社会能力专题研讨班上的讲话》，《人民日报》2005 年 6 月 27 日。

发展，这三者不可偏废。集中精力发展生产，其根本目的是满足人们日益增长的物质文化需求。而社会公平正义，是社会稳定的基础。我认为，公平正义比太阳还要有光辉。”2012 年 3 月在回答记者提问时，他又一次强调：公平正义是社会主义的本质特征。党和国家领导对公正的追求也体现在党的文献之中。党的十七大报告鲜明地指出：要通过发展增加社会物质财富，不断改善人民生活，又要通过发展保障社会公平正义，不断促进社会和谐。实现社会公平正义是中国共产党人的一贯主张，是发展中国特色社会主义的重大任务。党的十八大报告再次深刻指出，公平正义是中国特色社会主义的内在要求。

第一节 环境公正：始源含义与拓展含义

在当代中国，我们始终不可忘记“发展是第一要务”，因为没有发展，作为世界人口的第一大国，我们不但不能解决国内的民生问题，而且不能获得自身的国际地位；但是，我们同样时刻不可忘记的是“环境是发展的第一前提”，因为环境一旦破坏，谈论发展势必如同缘木求鱼、空中建阁。从此意义而言，环境公正是一切社会公正的基础和前提；没有环境公正，其他各种公正就是无源之水、无本之木。

然而，在大多数人看来，环境公正似乎是一种“奢侈品”，因为在一个仍以温饱为头等大事的国度，人们看重的是人与人、人与社会之间的公正，诸如制度公正、政治公正、经济公正等，似乎并不急于求得人与自然之间的环境公正，似乎谈论这种公正还是一个可望而不可即的“未来需要”。

事实果真如此吗？其实不然。环境公正反映的不仅仅是人与自然之间的某种正义、公平，而且必然包含着在环境利益上的人际公正、制度公正、政治公正等，环境不公正会导致和进一步加剧社会不公正。2004 年“环境发展与合作——绿色中国第五届（国际）论坛”在北京举行。时任国家环保总局副局长潘岳在会上做了题为“环境保护与社会公平”的演讲，成为论坛上热议的话题，他认为“环境不公加重了社会不公”。与会人士认为，体现人与自然和谐的环境生态与体现人与人和谐的社会公平，从未像今天这样紧密相连。而污染防治投资的城乡不公平、东西部地区资源开发与享用的不公平、富裕人群与贫困人群选择生活环境的不公平等，正日益成为发展中国环保事业乃至构建和谐社会的阻碍。[①]

为了扭转环境不公正加重社会不公正的趋势，以环境公正促进社会公正，以社会公正促进社会和谐，必须重视对环境公正的需要，必须在全社会高扬环境公正的旗帜。2013 年 4 月 8 ~ 10 日，习近平总书记在海南考察时强调，保护生态环境就是保护生产力，改善生态环境就是发展生产力。良好生态环境是最公平的公共产品，是最普惠的民生福祉。

党的十六届四中全会提出了构建社会主义和谐社会的宏伟目标。和谐社会总的说来就是人与人、人与社会、人与自然和谐相处的社会。这种和谐社会具有两大向度：一是社会的公平正义，二是人与自然的和谐相处。胡锦涛同志指出："大量事实表明，人与自然的关系不和谐，往往会影响人与人的关系、人与社会的关系。如果生态环境受到严重破坏、人们的生产生活环境恶化，如果资源能源供应高度紧张、经济发展与资源能源矛盾尖锐，人与人的和谐、人与社会的和谐是难以实现的。"[②]

建构和谐社会就是建构一个公正的社会，没有公正就没有和谐。如果说，社会公平正义旨在促进人与人、人与社会的和谐，那么，人与自然的和谐就迫切需要另一种公正——环境公正。

一 环境公正的始源含义

"环境公正"，又叫"环境正义"或"环境公平"，是 20 世纪 80 年代以来伴随着西方环境保护运动的深入发展而提出的一个全新命题、一种令人耳目一新的环境思想。

1962 年，美国海洋生物学家 R. 卡逊出版了《寂静的春天》，这是思想界对环境问题所发动的第一个冲击波。该书以杀虫剂造成的环境污染问题向世人发出了全面反省人类活动对自然环境的影响的信号。卡逊的疾呼振聋发聩："控制自然"是一个妄自尊大的想象产物！这本书的出版，引

① 潘岳：《环境保护与社会公平》，《世界环境》2005 年第 1 期。

② 《十六大以来重要文献选编》（中），中央文献出版社，2006，第 715 页。

起了巨大震动，被赞誉为“划时代的作品”。如同当年《汤姆叔叔的小屋》引发了一场关注奴隶命运的战争一样，《寂静的春天》也点燃了关注环境命运的火把。

以此为契机，美国爆发了史无前例的现代环境保护运动。这场运动如排山倒海一般势不可当，很快波及其他西方国家，从而在西方国家掀起了声势浩大的绿色和平运动，其中心是保护环境、反对核试验和维护世界和平。1970 年 4 月 22 日，在美国哈佛大学学生丹尼斯·海斯的倡导下，美国发动了一场规模空前的环境保护运动，2000 多万人高举受污染的地球模型、巨幅宣传画和图表等，高呼“保护人类生存环境”等口号示威游行，使绿色和平运动达到了高潮。由于这场运动声势浩大、影响深远，因此，4 月 22 日这一天被确定为地球日。

然而，这场由白人中产阶级领导的轰轰烈烈的环境保护运动的重心在于提高美国人民，特别是白色人种的环境质量，并不关注有色人种面临的严重环境问题。长期以来，美国的种族歧视根深蒂固，黑人、印第安人、亚洲人、南美人等有色人种，与白人之间横亘着不可逾越的楚河汉界，被迫承受着不合理的环境负担，例如，他们居住的社区被强行建造危险化学品工厂、危险废弃物填埋场等。然而，正如鲁迅先生所说“不在沉默中爆发，就在沉默中灭亡”，人的忍耐终究是有限的，一场以有色人种为主角的新环境运动日趋酝酿成熟。

美国北卡罗来纳州瓦伦县是整个北卡罗来纳州有毒工业垃圾的倾倒和填埋点，该县主要居民是非洲裔美国人和低收入的白人。1982 年，该县居民在联合基督教会的支持下，举行游行示威，组成人墙封锁了装载着有毒垃圾的卡车的通道，以此抗议在该县阿夫顿社区附近建造多氯联苯废物填埋场。这次抗议第一次把种族、贫困和工业废弃物的环境后果联系在一起，从而在社会上引起了强烈反响，并引发了美国国内一系列穷人和有色人种的类似行动，这次抗议因此被称为“瓦伦大区抗议”①。环境正义运动的序幕由此正式拉开。

① 参见侯文蕙《20 世纪 90 年代的美国环境保护运动和环境保护主义》，《世界历史》2000 年第 6 期。

1987年，联合基督教会种族正义委员会的一份关于“有毒废弃物与种族”的研究报告公布，使长期隐藏于美国社会底层的环境公正问题被推到了环境保护关注的前沿。报告统计表明，美国境内许多少数民族社区长期以来一直被选为有毒废弃物的最终处理地点。在国家环境保护局和州环境保护机构所确定的有毒废弃物填埋点中，有40%集中在以下三个地区：亚拉巴马州的埃默尔（Emelle）、路易斯安那州的苏格兰维尔（Scotlemdvile）和加利福尼亚州的凯特勒麦市（Kettleman City），而这三个地区恰恰都是少数民族的聚集区，埃默尔的非洲裔人口占78.9%，苏格兰维尔的非洲裔人口占93%，而凯特勒麦市人口中有78.4%为拉丁美洲裔。这份报告所揭示的种族因素很难使人不把它与环境政策制定者的种族偏见联系起来。[①] 有人把这种种族偏见形象地称作“环境种族歧视”。

环境种族歧视是环境不公正的重要表现，它激起了有色人种的强烈愤怒，因而出现了各种各样的民间团体。

同年，一本只有28页的名为《必由之路：为环境公正而战》的小书出版，书中详细介绍了1982年美国瓦伦县居民因不满环境种族歧视而举行的示威游行活动，并首次使用了“环境公正”一词来称谓这场新的社会运动。一个新的概念就此正式诞生，许多学者都选择使用“环境公正”这个词，“环境公正”也逐渐成为通用的词语。

环境公正的观点最早由美国的研究者提出时，它主要关心的问题是美国国内的有毒废弃物被不成比例地放置在非洲裔美国人的居住地。

1982年美国瓦伦县事件的爆发标志着环境公正运动的正式兴起，因为它将一个早在20世纪70年代就已经为一些学术团体和公民权利组织所提出的问题呈现在广大公众的视野中：环境保护中存在不公正的现象。

初始意义上的环境公正是一场环境运动，它的指向和目标是反对将有色人种的场所作为垃圾场，要求国家、政府改善这些地方的人居环境。因此，环境公正观点虽然反对弱势群体的家园被当成社会的垃圾场，它的终极目标却不是将这些垃圾及有毒废物送回原生产者（虽然这可以是其达

① 参见文同爱《美国环境正义概念探析》，载《武汉大学环境法研究所基地会议论文集》，2001。

成终极目标的一种手段），而是从根本上防止不当的资源剥削行为的发生、危害环境的废弃物的生产与扩散。人类对待大自然的方式终究会复制于人群间的关系；当有些企业或资本家肆无忌惮地剥削与破坏大自然时，必定会有另一些弱势群体要被迫承受后果。因此，唯有当人类社会能以一个新的、友善的态度与永续经营的方式对待大自然时，人类社会中的剥削关系才有可能获得改善。[①]

环境公正运动起源于个人及其社区经历的对环境危害、人居条件等观念和文化的差异性理解，但它最为直观地识破了环境危机的种族差别，即在承担环境危害方面，不同的人所具有的压力是截然不同的。其他国家的学者很快就跟着指出，族群、阶级、性别与地域的不平等也是环境公正的最重要关怀之一。

在20世纪80年代以前，无论是有色人种还是环境危机的研究者主要将这种垃圾掩埋的不公正行为看成美国本土的种族主义，90年代之后，环境公正正式登上国际舞台并逐渐成为环境保护中的关键词。

美国第一届“全国有色人种环境领袖会议”在1991年10月通过了一份包括17条“环境正义基本原则”的报告。这些原则主要包含下列内容。

第一，环境正义强力主张应尊重我们赖以生存的地球、生态系统以及所有物种间的相互依存关系，不容有任何生态破坏。对土地及可再生资源进行合乎伦理道德的，以及平衡的、负责任的利用，以维持地球的可持续发展。

第二，环境正义要求所有公共政策应以所有人类的互相尊重和平等为基础，不允许有任何歧视或差别待遇，所有人类在政治、经济、文化及环境上均享有基本的自主权。

第三，环境正义强力主张停止生产有毒物质、放射物质及有害废弃物，呼吁全面反对核试验，反对生产任何危害空气、水、土地和食物的产品。

---

① 纪骏杰：《环境正义：环境社会学的规范性关怀》，载《第一届环境价值观与环境教育学术研讨会》，成功大学台湾文化研究中心筹备处，1996。

第四，环境正义认为所有工作者均有权享受安全及健康的工作环境，并认为环境不正义是违反国际规范的行为，因此要保障环境不正义的受害者能够得到完全的赔偿、伤害的修缮以及好的医疗服务。

第五，环境正义主张应建立城市和乡村的生态政策，以净化并重建与自然和谐的城乡；尊重所有社区的纯洁文化，使所有人类都有平等的接近大自然的机会。

第六，环境正义主张对我们这一代及下一代人类，以文化多样性为基础，加强社会及环境议题的全民教育。

这些原则包含了国内和国际、代内和代际的环境议题，并道出了人类与自然间关系的基本主张，意义重大。它一方面关怀被人类破坏的自然环境，另一方面更是认为强势族群与团体对于弱势者的迫害是造成自然环境被破坏的主要原因，因而主张人与自然以及人与人之间应该平等而和谐地相处。

二　环境公正的拓展含义

环境公正自诞生以来，其外延就不断拓展。目前，我们可以从以下各方面对它进行多层次的划分。

从性质上看，可以分为程序意义上的环境公正、地理意义上的环境公正和社会意义上的环境公正。[①] 程序意义上的环境公正强调同等待遇原则，实质是形式上的分配公正，即各类国际国内环境公约、法规，各种环境规章制度和评估标准都应当是普遍适用的，每个国家、地区、个人在涉及与自己相关的环境事务时，都应当拥有知情权和参与权。地理意义上的环境公正强调在环境问题上付出与所得是对称的，即容纳废弃物的地方应该从产生废弃物的地方得到补偿，实质是环境利益上的补偿公正。社会意义上的环境公正强调在整个社会中保障个人或群体应得环境权益的重要性，即不同国家、不同民族、不同群体所承受的环境风险应该比例相当。

从共时态和历时态来看，环境公正可以分为种际环境公正和代内环境公正、代际环境公正。

① 朱贻庭主编《伦理学大辞典》，上海辞书出版社，2002，第161页。

种际环境公正是指人与大自然之间的环境公正，强调的是人类与大自然之间应该保持一种适度、适当的开发与保护关系，既不能为了人类的利益而破坏大自然的持续生存，也不能因为保护自然环境而不顾人类的生存与发展需要，具体来说就是要求人类要有意识地控制自己的行为，合理地控制自身利用自然和改造自然的程度，自觉维护自然生态系统的完整稳定，保护生物的多样性。

代内环境公正是指不同民族、地域、群体、性别之间的环境公正，强调的是在同一时空下享用自然资源的权利与保护自然环境的义务之间的对应，任何主体既不能只享用或多享用自然资源而不尽或少尽保护环境的义务，也不能只尽或多尽保护环境的义务而不享用或少享用自然资源。代内环境公正可以分为发展中国家与发达国家之间的国际环境公正、后发民族与先发民族之间的族际环境公正、落后地区与发达地区之间的域际环境公正、弱势群体与强势群体之间的群际环境公正、男性与女性之间的性别环境公正。

代际环境公正是指当代人与后代人之间的环境公正，强调的是当代人与后代人在利用自然资源问题上应该保持恰当的比例，既不能为了当代人的利益过度利用自然资源而使后代人无自然资源可用，破坏甚至毁灭后代人赖以生存的自然资源基础，也不能为了子孙后代的需要而使当代人放弃使用眼前的自然资源。理想的状态应该是使自然资源既满足当代人合理的生存与发展需要，又不对后代人满足自身生存与发展需要的能力构成威胁。

环境公正的实质是基于人之差异性与同一性相统一的社会正义，从权利和义务相对称的角度，强调的是不同国家、不同地区、不同人员结成有差异的共同体，承担有差异的环境责任。从哲学的角度来看，环境公正根源于人的三重属性的存在。人具有的类存在、群体存在和个体存在三种样态。与此对应，环境公正也有三种不同的实现形式：人的类属性与种际环境正义相对应；人的群体属性对应于群际环境公正，包括代际公正、代内公正；与个人属性相对应的是个体之间的环境公正，如富人与穷人之间、男性与女性之间的环境权利与义务的对应。

经过30多年的演化，环境公正得到极大的拓展，例如：（1）在地域上，从狭隘的“不要在我后院”观念上升到“不在每个人的后院”的

“飞地意识”；（2）在组织上，从美国境内的单个团体成长为作为组织结构的运动网络；（3）在范围上，从关注有色人种在环境保护中遭受的危害到关心阶层、性别、阶级、国际、代际在环境保护中应有的权利和义务；（4）在内涵上，把“生态正义”与“环境公正”作为一个相互联系的整体，[①] 就是说，环境不只是一个外部自然或与人没有关系的自然，而是人们生活的场所；（5）实质上，环境公正不只是一个关心物种、关心所有生命形式的运动，也不只是一个关心自我利益、本土利益的运动，它关心的是与环境相关的人的活动的意义，关心的是人与人之间的社会公正。

第二节　环境不公正：社会根源与理论根源

环境不公正是社会不公正的重要导火线，如果任凭它发展下去，社会的不公正将会加剧。环境的差别拉开的不仅是区域、城乡、阶层之间的环境层次，更拉大了区域、城乡、阶层之间的发展水平，甚至拉远了人们之间的心理距离，恶化了人与人、人与社会之间的关系，从而加剧了社会的不公正。

在我国，环境不公正问题已经凸显。

一　环境不公正的现象扫描

有个西方学者在其题为《建立中国环境正义的研究模式》一文中指出，现在中国的环境分配不正义表现为四种类型：其一，地理或自然的分配不正义，这是因为受地理位置、大气条件、生物多样性、人口密度和其他自然条件的影响形成的。其二，工业格局和分布的结果，污染工业多的区域的环境就比污染工业少的区域的环境差，居住在污染工业高度密集地区的人口承受着更大的环境负担。其三，基于法定标准，在中国全国统一

① 英国著名环境政治学家布赖恩·巴克斯认为，生态正义是一种关心所有生命形式有其好生活的正义观，而环境正义是一种因为关心所有生命形式而与人类好生活联系在一起的正义观。在某种意义上，生态正义是基础性的正义，而环境正义应该满足生态正义。Brain Baxter, *Ecologism: An Introduction*, Edinburgh: Edinburgh University Press, 1999, pp. 145 - 163. 中文版参见〔英〕布赖恩·巴克斯特《生态主义导论》，曾建平译，重庆出版社，2007，第 113 ~ 115 页。

的环境法律体系之下，地方立法机关有权根据特殊的地方情况制定地方环境规则和污染控制标准。因此，在较严格的环境标准的区域和较宽松的环境标准的区域之间就会出现不同的环境损害。其四，是可以被称为以“经济能力为基础的”或者“经济发展为基础的”的分配不正义问题，简言之，随着中央政府逐步放松对地方的控制和各地区经济发展水平的拉大，富裕地区比贫困地区有能力获得更多的经济和技术资源来改善地方环境。[①] 这四个方面，概括起来，可以认为是自然环境的不公正、城乡环境的不公正、法制环境的不公正和贫富环境的不公正。

按照我们的分类，当前中国环境不公正的现象主要存在以下几个方面。

（一）自然环境的不公正

天公造物，十个手指不一样长。环境亦然。就我国东西部而言，西部地区地势高、气候恶劣、干旱少雨、植被稀疏、多风多灾，而东部地区地势低、气候温和、四季分明、风调雨顺、山清水秀。西部地区自然地理环境的恶劣，给人们生存活动带来诸多困难：海拔高、缺氧、紫外线强，使得西部地区人们劳动所付出的代价比东部地区要高得多，并使人容易衰老，容易患高原疾病。自然环境的客观差异性虽然并不能直接体现为价值意义上的不公正，但这种差异性却能够与主观方面结合起来造成劳动条件、劳动能力和劳动效果等方面的社会差异性。这就不难解释，《中国生态文明地区差异研究》所表明的，除了重庆和四川之外，西部省份的 EEI 值均低于全国平均水平。[②]

---

① Ruxiu Quan, “Establishing China’s Environmental Justice Study Models,” 14 The Georgetown International Environmental L. Rev. 2002, pp. 478 - 480.

② 《我国首份省市区生态文明水平排名出炉》，《中国经济周刊》2009 年 8 月 17 日。EEI 为 Eco-efficiency 的缩写，即生态文明水平或生态效率，其概念源自 20 世纪 90 年代经济合作与发展组织（OECD）和世界可持续发展商业委员会的研究和政策中，通常作为企业和地区提高竞争力的有效途径。EEI 为某地区产生的单位生态足迹（指经济发展对生态环境的总体冲击，生态足迹等于生产所消费的所有资源和吸纳其废弃物所需要的有用土地的面积）所对应的地区生产总值，它与 GDP 成正比，在生态足迹一定条件下，GDP 越高，其水平亦越高，与生态足迹成反比，在地区生产总值一定的情况下，生态足迹越小，其水平越高。生态文明水平的测度主要通过下列公式实现：EEI = GDP/地区生态足迹。

（二）区域环境的不公正

区域环境的不公正，主要表现为江河上下游地区环境保护与环境受益的不对等、东西部地区环境资源利用与环境保护责任承担的不协调。长期以来，我国资源丰富的西部不发达地区毫不吝啬地不断将资源输往东部发达地区，如今已积累了强大发展力量的东部发达地区却没有拿出更多的“慷慨”，给予西部不发达地区足够的补偿。西部不发达地区在国内区域竞争中日趋落后，我国区域差距的鸿沟越拉越宽，严重影响着我国社会的和谐。

西部地区是我国大江大河的源头和生态环境的天然屏障，西部地区的生态环境、大气环境等自然环境状况的好坏直接影响到我国东部地区乃至全国人民生存和发展的条件。1998 年发生在长江的百年一遇的特大洪水对长江中下游地区的危害，2000 年上半年历史上罕见的极度频繁的沙尘暴对北京等地的侵袭，使人们更加意识到西部自然环境对其他地区人们生存和发展的重要性。但是，西部地区禁伐森林、退耕还林、退耕还湖、退耕还草等限制发展、保护环境的成果却主要被发达地区无偿享用了，这就是区域环境不公正。

（三）城乡环境的不公正

城乡也是区域的范畴。谈到中国的城乡差距，许多人形象地比喻为“城市像欧洲，农村像非洲”。城市高楼林立、交通四通八达，农村平房趴地、出行艰难。我国城乡之间不仅贫富悬殊，而且环境差距也很大。我国城乡环境不公正突出表现为城乡之间所享受的环境保护政策和待遇的不公正。近几年国家环保部公布的环境状况公报显示，我国环境污染治理投资全部投到城市和工业，农村环保投资为零。《2010 年中国环境状况公报》表明，2009 年，全国环境污染治理投资为 4525.2 亿元，占当年 GDP 的 1.35%。其中，城市环境基础设施建设投资 2512.0 亿元，工业污染源治理投资 442.5 亿元，建设项目“三同时”（建设项目中环境保护设施必须与主体工程同步设计、同时施工、同时投产使用）环保投资 1570.7 亿元。

这样的决策，其合理性何在？或许有人以为城市是“人造美女”，不施粉黛，其状难堪，而乡村则“天生丽质”，无须再涂脂粉。事实并非如此，因水而生、靠地而存、以美自居的农村，却有数亿人饮用脏水，数亿亩耕地遭受污染，每年吞吸着数亿吨的生活垃圾。可见，并非农村环境不需要再“打扮”了。从某种意义上说，城市环境的改善是以牺牲农村环境为代价的。城市居民物质需求的满足多半来自对乡村生态资源的掠夺性开发，而产生的垃圾和废弃物却由相对贫困的农村居民来消受。如工业“三废”（废水、废气、废渣）的排放，使不少耕地遭到污染，有些地方植物大面积死亡、粮食绝收，形成局部的所谓生态“死区”。工业毒害了我们的生活环境，城市居民深受其害，但是更多的负担和灾害却转嫁给了农村，公正的天平就是这样倾斜的！

（四）群体环境的不公正

现实生活中，高收入阶层和低收入阶层相比，后者居住在污染或严重污染地区的机会要明显高于前者。富人在占有较多环境收益的同时，却不愿意多尽环境保护的义务。富人在致富的过程中，当然付出了自己的努力。但是，从根本上来说，富人的财富不是凭空变出来的，而是自然和社会的产物，具有自然性、社会性的特点。按照“取之于谁，用之于谁”的原则，富人在占有大量财富之后，理应以适当的方式对自然和社会进行回报。在有些西方发达国家，这种回报甚至是强制性的，例如征收个人所得税和遗产税等。

此外，由于手中的财富增加，富人群体的消费能力和消费水平相应提高，富人所消耗的资源也就比穷人要多，与此同时，富人排放的废气、废物也比穷人多，所以富人群体给环境造成的破坏和污染比穷人群体要大得多，这一点已经为现实生活中的许多事实所证明，例如小汽车的拥有者（富人）享受了舒适和便捷，但也污染了公共环境，给广大人民带来喧嚣的噪声和浑浊的空气。截至 2012 年底，全国机动车保有量为 2.4 亿辆，机动车驾驶人达 2.6 亿人，其中，汽车驾驶人年增长 2647 万人，首次突破 2 亿人。城市机动车排放污染问题日益突出。我们并非一味反对机动车保有量的增长，问题是：谁来对机动车的排污承担责任？在现实生活中，富人群体在攫取财富和享受富裕生活的同时，履行保护环境义务的意识却不是很强，与社会公众的期待有比较大的差距。

（五）国际环境的不公正

当今世界，全球性环境危机的日益加剧使得越来越多的人在谈论全球气候变暖、臭氧层空洞和生物多样性减少等问题。尽管国际社会也采取了一些措施，但在解决这些问题方面所取得的进展并不尽如人意，往往是事与愿违。根本原因在于发达国家不能公正地承担与其责任相对称的环境义务，而是过多地责备广大发展中国家，企图通过牺牲发展中国家的经济发展来解决上述问题。中国作为发展中国家中的一员，同样面临着国际层面的环境不公正。

西方一些发达国家不仅利用手中的“金钱”和“大棒”，肆无忌惮地从发展中国家直接掠夺资源、财富，还反过来冠冕堂皇地以支援和合作的方式，利用发展中国家人口多、劳动力成本低、环境立法宽松等弱势，把在本国由于产业结构升级而淘汰的“夕阳产业”（技术落后的高消耗、低产出、高污染的传统产业）不断向发展中国家转移。中国作为人口最多、发展最为迅速、劳动力成本低、环境立法相对滞后的发展中国家，自然成为西方发达国家“夕阳产业”转移的首选目标。这些“肮脏企业”短期内会带来 GDP 的增长，但长远来看，则从根本上破坏了我国进一步发展的自然资源和生态环境基础。

更为严重的是，西方发达国家还直接将大量生产和消费之后的垃圾、有毒废弃物通过贸易向发展中国家转移，中国也是西方发达国家这种转移策略的目标之一。在 20 世纪 80 年代，这种转移活动曾经达到非常猖獗的程度。为了及时、有效控制有毒废弃物的越境转移，1989 年 3 月联合国通过了《控制危险废料越境转移及其处置巴塞尔公约》，但是这个公约的执行效果并不乐观，国际上的有毒废弃物越境转移并没有相应减少。英国有关方面的数据显示，中国是世界上最大的废塑料处理场，每年有 300 多万吨世界各地的废塑料运到中国，其中仅英国每年就向中国出口 20 多万吨废塑料。这些有毒废弃物的储存和处置对我国相关地区及其居民造成了严重的环境伤害。

（六）代际环境的不公正

国家环保部部长周生贤认为，发展在某种意义上就是燃烧。烧掉的是资源，留下的是污染，产生的是 GDP。科学发展就是烧掉的资源越少越好，留下的污染越小越好，最好是零排放。前者是“资源节约”，后者是“环境友好”，总括起来就是又好又快——烧掉的资源少，留下的污染小，GDP 能搞多少算多少，搞得快比搞得慢好，搞得代价小比代价大好，这就是良性发展，就是科学发展，也是又好又快地发展。[①] 单纯追求 GDP 的发展，不是真实意义上的发展，是短期的、盲目的发展。只有与资源环境相协调的、科学的、可持续的发展才能保证代际的环境公正。

但是，一些地方只图眼前利益，只顾一己之私的不可持续性发展随处可闻。在一些地区，高污染、低技术，高投人、低产出的乡镇企业对环境造成了毁灭性的破坏。例如，天津市西堤头镇最大的特色就是化工厂云集，全镇共聚集了 94 家化工厂。这些化工厂包围了村庄，毒水、毒气、毒渣未经处理随意排放，导致毒水横流、毒气弥漫、毒渣遍地。生存环境遭到严重破坏，赖以生存的自然资源受到严重污染，村民随时面临死亡的威胁。又如，在云南、贵州、四川三省，农村的局部地区，土法炼硫已经使基本的农业生产环境被污染，有的就是停产 20 年也不能恢复正常的农业生产；为了出口发菜获利，人们盲目采挖，使内蒙古二连浩特市周围 200 多平方千米的土地沙化或严重沙化……

这种威胁不仅是对当代人生活环境的威胁，更是对后代人赖以生存和发展的自然资源的威胁。当代人的狭隘利益和短期行为给后代人的生存与发展环境带来威胁和破坏，当代人实际上是在充当后代人的掘墓人——我们图得了自己的繁华，却断了子孙生存的资本。这就是当代人与后代人之间的代际环境不公正。

二　环境不公正的社会根源

环境公正问题不仅关系到我国环境保护事业自身的发展，更关系到社会主义和谐社会的实现。中国工程院院士李文华认为："生态文明的基本价值理念是生态平等，这种平等包括人与自然的平等，当代人与后代人的平等，国家与国家、民族与民族、地区与地区、行业与行业之间的平等。长期以来，生态无价、资源无偿的观念根深蒂固地存在于人们的意识中，

① 周生贤：《中国特色环境保护新道路的哲学思考》，《环境保护》2009 年第 11 期，第 8 ~ 15 页。

也渗透在社会和经济活动的体制和政策中。与治理环境污染相比，自然生态保护方面还存在着结构性的政策缺位，特别是相关的生态保护的经济政策严重缺失，无法解决诸如森林、自然保护区等领域的生态保护问题。这种生态保护及其经济利益关系的扭曲，不仅使生态保护工作面临很大困难，而且威胁着地区间和不同人群间的和谐。比如，我国的森林大都分布在偏远山区，当地人为了保护森林资源，丧失了发展的机会成本，而其他地区的人享受着森林提供的多项服务，却不尽任何责任，这样的‘免费午餐’是以牺牲保护者的利益为前提的。在这类生态保护问题的背后，有一个共同的问题，就是如何在公平的原则下，处理好利益相关者之间的矛盾。”①

造成我国当前环境不公正的原因错综复杂，既有历史的原因，也有现实的原因；既有社会结构、社会体制的原因，也有理论上、学理上的原因。

从历史来看，中国自近代以来在经济上就一直处于落后地位，自给自足的小农经济占有相当大的比重，经济发展速度缓慢既在一定程度上缓解了资源环境的压力，也使社会整体差距相对较小，整个国家是一派安贫乐道的景象，环境不公正问题并不十分明显。但是，当西方列强的大枪大炮向我们开来时，中国传统农业以天养人、靠天吃饭的局面受到了工业化、现代化的冲击，其所依赖的环境资源难以为继，由此导致的环境资源问题上的利益冲突必然引起环境不公正乃至社会不公正。

从现实来看，在工业化、现代化的刺激下，我国的工业化、城市化、现代化进入快速发展的轨道，由此对资源环境的消耗和破坏十分严重。全国人大农业与农村委员会 2011 年 2 月审议《发展改革委关于落实全国人大常委会对国家粮食安全工作情况审议意见的报告》时透露，随着近几年城镇化进程的加速，房地产用地和企业用地不断扩张，耕地一再受到侵蚀，目前中国耕地面积仅约为 18.26 亿亩，比 1997 年的 19.49 亿亩减少 1.23 亿亩，中国人均耕地面积由 10 多年前的 1.58 亩减少到 1.38 亩，仅为世界平均水平的 40%。18 亿亩耕地红线岌岌可危。② 俗话说，“万物土

① 曹志娟：《生态文明建设的核心是统筹人与自然的和谐发展——访中国工程院院士李文华》，《中国绿色时报》2007 年 11 月 30 日。

② 《中国耕地面积仅约为 18.26 亿亩 逼近最低要求》，《南方日报》2011 年 2 月 25 日。

中生，有土方有粮”，如此少的耕地资源，21世纪谁来养活我们？农业生产资源如耕地、淡水、动物、草地、植被等的破坏仍未得到有效控制，农业生态污染和破坏十分严重。在工业方面，由于科学技术落后，我国工业大多属于高投入、低产出、高污染的“两高一低”类型，加上工业布局不合理、污染处理能力有限，给环境带来较大危害。在城市化方面，城市的快速扩张和发展，加速了大气污染、水污染、噪声污染和固体废弃物污染，加重了对原始自然生态及土地的破坏和污染。在上述几方面的环境破坏和环境污染中，由于区域、城乡、群体之间在资源环境问题上固有的利益冲突，不可避免地出现环境不公正。

从社会根源来看，当代中国的环境不公正问题是整个社会处在转型时期各种社会不公正问题的一个缩影，是社会结构、社会体制以及思想意识形态等都处在转型时期而导致结构、制度、文化、价值等多重失范的结果。

（一）城乡二元社会结构失范

中国自古以来就是一个农业大国，新中国成立后实行的以大城市保护主义为导向的城乡分割政策，造成了将整个中国社会分裂成城市和农村两个部分的城乡二元社会结构。即使在当今中国，硬性的城乡二元结构（户籍制度、城乡人才流动等）虽然有所松动，但是软性的城乡二元结构（收入差距、医疗制度、教育制度等）不但没有改变反而更加强化了。城乡二元社会结构的突出表现就是“一国两策”，即城市有城市的一套政策，农村有农村的一套政策。城市往往是各级领导者云集的地方，是权力的中心地带，是政策的“生产工厂”，这就必然导致城市和农村在民主权利、教育、医疗、环保等方面的政策差异，处于权力边缘地带的农村难以公正地享受到与城市同等的政策待遇。

在城乡之间，环境问题的含义和表达方式存在很大的差异，我国社会主义现代化进程对环境问题的城乡分布格局和后果产生了深远的影响。新中国建立之初，工业、工厂被看成是先进和现代化的象征，当然会选择设在人口密集、引人注目的地方——城市。在中国的各大城市，最中心的地方大多是工厂林立。在图画上描绘的一杆杆直冲云霄的烟囱与一缕缕随风飘散的黑烟，曾经是几代人心目中的理想社会形象。那时的农村虽然承受着城乡二元分割的不公正，却有着新鲜的空气、洁净的水源、蔚蓝的天空、美丽的河山，虽没有物质的富足，却有着闲暇之余的惬意。但是，随着经济发展步伐的加快，整个国家尤其是城市的环保意识开始觉醒和强化之后，为了保护城市的环境，从20世纪90年代开始，城市开始陆续把工厂（尤其是大气污染、水污染和噪声污染严重的工厂）从中心城区迁移到城市的边缘地带、郊区甚至其他落后地区。昔日的乡村果真变成了过去的“图画”！

在工厂迁移战略的作用下，近些年来，中国各大城市中心地带的大气、水、噪声污染都已经大大减轻了。但与此同时，中小城市、城镇、农村的环境污染却越来越严重了。工厂在中小城市、城镇、农村越来越多无疑是其中最主要的原因。许多乡村特别是乡镇企业发达地区和工业开发项目比较多的地区，河道发黑，杂草丛生，垃圾成堆，不少农田土壤有害元素含量严重超标、板结硬化，在这些地方已经很难找到一块净土、一方净水。一段时间以来，人们以为环境改善了，殊不知，由于经济增长方式没有改进，环境污染在根本上依然故我，只是走了一条“以城市包围农村”的道路——环境污染转嫁了！

在我国现存的城乡二元社会结构下，城市由于人口少，资源需求容易得到满足，而农村由于人口多，人口和资源的关系非常紧张。相对于农村而言，城市居民的生活比较富足，环保技术比较先进，环保机构比较健全，环保人员比较稳定，环保设施比较完善，环保意识相对较强。而目前，我国农村在环境问题上享受不到与城市同等的政策待遇，国家对农村环保的投资几乎为零，绝大部分地区没有环保机构和相对固定的环保人员，农村环保技术落后，环保设施几乎没有，农民的环保意识相对淡薄，环境利益诉求渠道非常狭窄且不通畅，这使得农民在环境维权问题上的付出相对较大，以至环境维权的收益十分微薄，收益与付出相比显然是得不偿失。在城乡二元社会结构的背景下，城市与农村在环境问题上的巨大反差，不仅直接导致而且进一步加剧了城乡之间的环境不公正。

（二）政府权力运行失范

从理论上说，政府的权力是人民群众赋予的，为全体人民掌好权、用好权是政府的天职。政府权力运行应该最大限度地体现它的公共性、服务性、公正性，政府权力应该是用来为全体人民谋利的，应该是用来提高全体人民的生活水平和生活质量的。环境问题实质上是一个涉及所有人利益的公共问题，政府在环境问题上是否有所作为、有多大作为是检验政府权力运行是否体现公共性、服务性和公正性的重要标准。当代中国出现的各种环境不公正与我国各级政府在环境问题上的不作为、少作为、乱作为不无关系，正是各级政府在环境问题上权力运行的失范，导致了群际、域际、代际的环境不公正。

在环境问题上，政府权力运行的失范集中表现为政出多门、决策不当、监管不力等现象。

在政策制定方面，政府创造了市场，并赋予市场以主体地位，但政府并没有彻底退出市场，甚至政府本身的行为就具有市场化倾向，这就使得同是政府机构的各个部门之间为了自身的利益各自为政，导致环保目标的冲突。例如，在环境问题上的利益冲突和博弈中，省市一级政府的环境政策往往将重心放在城市，甚至不惜牺牲农村的环境利益来保护城市的环境；而县乡一级政府从保护当地的环境出发，一方面希望上级政府加大对本地环保的投入，另一方面又不得不维护当地经济发展而造成环境压力。

在环境决策方面，由于环境保护和经济发展之间本身存在一定矛盾，因而寻求经济发展与环境保护之间的协调并非易事，在两者出现对立时，往往是经济发展占据上风，而环境保护不得不做出让步甚至牺牲，这就是典型的“先污染后治理”的经济发展模式。特别是在经济欠发达地区，政府面临着加快发展的强大压力，政府官员有着多出政绩、快出政绩的强烈冲动，在巨大的经济利益驱动下，政府决策自然更容易倾向于优先考虑发展经济，而将环境保护搁置一边，甚至不惜以牺牲环境为代价来换取经济的一时发展。然而，“先污染后治理”的路子在中国根本走不通。如果按照目前的污染水平发展下去，随着今后我国的经济总量翻两番，污染负荷还可能增加 4 至 5 倍。发达国家人均 GDP 达到 8000 美元的时候，能够回过头来治理污染，而我们根本走不到那个阶段，环境的危机和其他问题将夹杂在一起提前到来。此外，还有国际的压力。现在一系列的国际规则都是有利于发达国家的。比如绿色贸易壁垒使我们的生态成本和环境成本转移不出去。由于我国经济发展过快，西方100多年的环境问题已在中国的20年中集中体现。在这种前提下，“先污染后治理”的路子在我国根本走不通。因此，站在环境决策角度看，从根本上来说，要保护环境，关停污染企业只是手段，促进产业升级、结构调整，转变经济增长方式才是最终目的。

在环境监管方面，由于污染制造者、污染受害者和环境执法者之间利益关系错综复杂，存在各种非正当的利益动机，很容易发生权力寻租行为，从而使环境执法成为表面文章。环境执法很多时候成为环境罚款，执法过程中尺度不严、标准不一、力度不大、威慑不强，基本上丧失了环境执法的真正效力。此外，在环境监管中，由于政府机关和企业的价值观念仅仅局限在本区域，仅仅从本区域的狭隘利益、眼前利益出发，缺乏整体利益、长远利益的价值目标，因而对诸如大气污染、水污染等企业环境污染问题重视不够，特别是在巨大经济利益面前，大气污染、水污染对本区域的影响被严重低估甚至完全忽视，更有甚者认为污染的空气被风吹走了，污染的水排入江河流走了，根本没有看到这“一吹一流”对其他地区造成的影响和危害。

（三）社会价值取向失范

在当代中国的环境问题上，整个社会价值取向的失范主要表现在对自然资源的价值认识狭隘、模糊。相当一部分地区、相当一部分群体只看到自然资源的经济性价值，而看不到自然资源的其他价值，从而使自然资源落入经济利益的计量和盘剥中，过分追求自然资源的经济价值，淡化甚至掩盖了自然资源的其他价值。在这种狭隘认识指导下，其实践结果可想而知。经济利益诱使着人们的行为，大举向自然进攻，借助高科技的力量与天斗、与地斗，对树木森林乱砍滥伐，对鱼虾乱捕滥捞，对飞禽走兽乱打滥杀，对矿产乱开滥采……大凡能带来经济利益的自然资源几乎无一能逃脱人们的铁拳利器。

美国环境伦理学家霍尔姆斯·罗尔斯顿先生认为大自然承载着14种价值——生命支撑价值、经济价值、消遣价值、科学价值、审美价值、使基因多样化的价值、历史价值、文化象征的价值、塑造性格的价值、多样性与统一性的价值、稳定性和自发性的价值、辩证的价值、生命价值、宗教价值。很显然，经济价值只是大自然所承载的诸多价值中的一种。相比于罗尔斯顿先生的远见卓识，我们的认识是多么的狭隘、目光是多么的短浅。这种狭隘的认识、短浅的目光直接导致了实践中的急功近利，盲目追求经济发展，忽视环境保护，忽视自然资源的可持续性，在一定程度上加剧了环境不公正。

众所周知，环境资源具有公共性的特征，即产权界定不清晰。例如，空气、阳光、水、土地、湖泊、森林、候鸟等自然资源并非某个地区、某个人所独有。同保护其他公共物品一样，保护环境需要人们具有良好的公共伦理，即要以高度自觉的道德情怀去关爱自然、保护环境，有时甚至需要有佛教那种“普度众生”的高尚宗教情怀。

然而，在市场经济大潮中，人们的价值观念、利益观念和道德观念具有很强的私有性，无论是作为个体的人与人之间，还是作为群体的地区与地区之间、部门与部门之间、团体与团体之间、企业与企业之间，在自我利益高于公共利益的思想观念下，作为公共性物品的自然资源就难免成为人们相互争夺的对象。于是，我们经常可以听到、看到某县与另一县、某村与另一村为了争夺环境资源而发生冲突，甚至不惜动用武力，最终导致群体性事件的发生。尽管在社会主义中国，我们一直倡导集体主义，也一直用集体主义来教育我们的国民，但是在强大的经济利益面前，能真正做到为了保全公共利益而牺牲自我利益、严守高尚无私的集体主义的单位和个人又有多少?

这种过分追求自我利益而忽视公共利益的价值取向，反映在环境问题上就是缺乏一种整体意识、长远意识，容易导致“各人自扫门前雪，莫管他人瓦上霜”的自我中心主义，从而进一步加剧了域际、群际、代际的环境不公正。

三　环境不公正的理论根源

当代中国出现的各种环境不公正现象，是环境问题在现代化建设进程中的实践表现，实践是理论指导下的实践，实践的不公正根源于理论的不完善、理论的滞后。

从理论上说，造成当代中国各种环境不公正的原因主要有三个方面。

（一）人类中心主义与非人类中心主义之争

人类中心主义与非人类中心主义是环境伦理学上的两大基本派系，这两大派系的理论主张各不相同。

人类中心主义的基本主张是：只有人与人之间才存在直接的道德义务，人对非人存在物只负有间接的义务；人与自然的关系不具有任何伦理色彩，人之所以要对人之外的存在物给予道德关怀，是因为把自然当作履行人与人之间的义务的中介而纳入了道德关怀的视野。换句话说，我们人类对环境问题和生态危机负有道德责任，主要源于我们对人类自身生存、发展和对于子孙后代利益的关注，而并非出于对自然事物本身的关注。人类中心主义的核心观念是：道德只是调节人与人之间关系的规范，人的利益是道德原则的唯一相关因素；人是唯一的道德代理人，也是唯一的道德顾客，只有人才有资格获得道德关怀；人是唯一具有内在价值的存在物，其他存在物都只具有工具价值。①

人类中心主义认为：在这个世界上，除了人这样的理性存在者，没有什么东西能评价自然事物的美与丑、好与坏；如果没有人类，四川的九寨沟、湖南的张家界、江西的庐山、山东的泰山、安徽的黄山等都是毫无价值的；如果没有人这样聪明能干的环境改造者和物品制造者，煤、石油、金银铜铁等就是永远沉睡在地下的毫无价值的东西，是人类发现了它们对人的有用性，才赋予了它们价值。

非人类中心主义则认为：人类之外的其他存在物也具备获得道德关怀的资格，因而人对人之外的其他存在物也负有直接的道德义务；人保护自然，既是为了人自身，也是为了自然存在物本身；人对自然存在物的义务不能完全还原为人对人的义务。非人类中心主义指责人类中心主义犯了混淆道德代理人与道德顾客的错误：人类中心主义试图把人所具有的某些特殊属性当作人类高于其他存在物且有权获得道德关怀的依据，但是要在人身上找出某种所有人都具有而其他存在物不具有的特征是不可能的，像听力、视力、自我意识等，都是人和动物所共有的。为什么具有这类能力的

① 参见杨通进《整合与超越：走向非人类中心主义的环境伦理学》，载徐嵩龄主编《环境伦理学进展：评论与阐释》，社会科学文献出版社，1999，第18页。

人有权获得道德关怀而具有同样能力的动物就无权获得道德关怀呢？这符合人类追求自由、平等、博爱的本性吗？

人类中心主义与非人类中心主义争论的焦点不在于是否要保护环境，在保护环境问题上两者的态度是一致的，都主张人类应该保护环境。但是，对于人类为什么要保护环境，两者出现了严重分歧。

人类中心主义认为，保护环境仅仅是为了人类自身的可持续生存与发展，换句话说，人类自身的利益是保护环境的根本动因；非人类中心主义则认为，保护环境不仅仅是为了人类自身的利益，同时也是为了保护与人类同处一个地球的其他存在物的利益。人类中心主义与非人类中心主义在环境保护动因上的巨大不同，直接决定了两者在环境保护实践中执行力度和结果的不同。人类中心主义仅仅从人类自身的利益出发去保护环境，一旦人类自身生存与发展的利益与资源环境发生矛盾，这种“保护”就会变得软弱无力，有时甚至将“保护”变成了“破坏”。在现实生活中，人类中心主义的这种影响随处可见，这也是造成诸多环境不公正问题的重要理论根源。

（二）环境意识的缺失

20世纪60年代末70年代初，当我们颇有些自负地评论西方世界环境公害是“不治之症”的时候，环境污染和破坏早已经在我国急剧地发展和蔓延着，但我们丝毫没有觉察，即使有觉察，也是一副满不在乎的样子，认为这是微不足道的，是与西方国家的公害事件完全不同的。因为按照当时极“左”路线的理论，社会主义制度是不可能产生污染的，环境污染和破坏是资本主义社会所特有的，谁要说社会主义有污染、有公害，谁就是“给社会主义抹黑”。[①] 在那种只准颂扬、不准批评的极端气候下，地大物博、环境优美的颂歌，吹得人们醺醺欲醉。这种状况在相当长时期内禁锢了国人的思想意识，直至今天这种影响依然清晰可见。

从目前环境保护宣传的情况看，我国基本上采取了以环保认知为重点，通过提高人们的环境保护意识，进而促进其环境保护行为的宣教模式。总体来说，这一模式取得了较好的效果，表现在人们的环境保护意识

---

① 参见曲格平《我们需要一场变革》，吉林人民出版社，1997，第14页。

不断提高，对环境问题重要性的认识有所强化，形成了一定规模的环境保护意识较高的群体。由联合国开发计划署、国家环保总局宣传教育中心和商务部中国国际经济技术交流中心共同发起的“中国环境意识项目”在《2007 年全国公众环境意识调查报告》中肯定了中国公众环境意识有所提高，但也指出，在公众对本地区环境问题产生原因的分析中，“企业只注重经济效益而忽视环保”“人们的环境意识差”“政府对环境问题重视程度不够”等主观原因位列前三。

该调查表明：就环境保护的价值取向看，公众对环境保护重要性、必要性、紧迫感有较高的认同，同时也表现出较强的责任感。然而在保持经济发展、提高人们生活水平与环境保护的关系方面，又表现出一定的功利性。从公众的环境保护行为看，公众实际采取的环保行为主要以能降低生活支出或有益自身健康的行为为主，而与降低生活支出及自身健康无关或须增加支出的环保行为则相对较少。但是，总体来看，公众对于环境科学知识的实际知晓率偏低。调查结果表明：在白色污染、垃圾分类、环境污染中的“三废”、温室效应、有机食品、生物多样性、世界环境日等 7 个概念中，被访者对 7 个概念的平均知晓数量为 3.5 个，平均确切含义认知数量为 2.6 个。具体来看，有 18.5% 的被访者没有听说过 7 个环境科学概念中的任何一个，而仅听说过一两个的占 18.8%，听说过 6 个以上（含 6 个）概念的占 28.2%；在回答听说过的被访者中，有 14.2% 的人没有正确指出一项其听说过的环境科学概念的确切含义。调查显示，环保总体意识较低人群和环保总体意识较高人群，分别约占被调查者总数的 64%、36%。[①]

与环境意识缺失相对应的是，我国城乡居民的环境保护行为消极，在公共场所的环保行为容易失当。尽管我国关于环境保护的电影、电视、书报杂志并不少，但很少有人会自觉去收看或阅读，即使看了或读了也难以变为自觉的环保实践。在环保实践中，很多人对有关环境保护的公益劳动、公益活动并不热衷，甚至表现得相当冷淡。这无形中反映出了一个实

① 中国环境意识项目办：《2007 年全国公众环境意识调查报告》，《世界环境》2008 年第 2 期，第 72 ~ 77 页。

质性问题：每一个人都对他人的环保行为缺乏信心，结果每一个人都在自觉不自觉地破坏环境。

（三）环境伦理思想的滞后

西方发达国家的环境污染和破坏问题引发了大规模的群众性环境保护运动，并催生了丰硕的环境伦理思想，形成了各具特色的环境伦理学派。中国的环境污染和破坏问题并未引起国人的足够重视，更不用说大规模的群众性环境保护运动，这种局面导致中国长期缺乏本土的环境伦理思想，环境伦理学在中国也并未得到足够的重视。

作为一门学科，中国的环境伦理学研究大致开始于20世纪80年代中期，至今大约30年的时间。对于任何一门新兴学科的发展和成熟来说，30年左右的时间是远远不够的。总的来说，中国的环境伦理学研究尚处在试验和探索的阶段。就目前我国环境伦理学研究的现状来看，有两个问题值得深入反思。

一是理论与实践脱节的问题。我国学者研究的重心放在对环境伦理的理论研究上，很少关注具体的、现实的环境问题，很少把理论原则、规范影响和作用于具体的环境政策、环境法规，更不用说影响和作用于具体的工业项目、工程建设等。这种理论与实践脱节所产生的严重后果既不利于理论，也无益于实践。一方面，由于脱离实践，理论研究缺乏源泉和动力，难免闭门造车，使环境伦理成为少数研究者的话语游戏，即使这种研究所产生的环境伦理思想很先进、很成熟，也终归是曲高和寡，难以成为大众的意识和习惯而被束之高阁；另一方面，由于理论没有深入实践，导致实践的盲目性，涉及环境问题、生态问题等的工业项目、工程建设等没有经过环境伦理的审查和论证就以经济效益可观的名义冠冕堂皇地迅速开工建设，给环境问题留下诸多隐患，这些隐患将在日后的社会生活中逐步显现。例如，2007年上半年在全国多个水域发生的蓝藻事件就不是孤立的，而是我们长期亏欠环境的结果。

二是引进与创造“两张皮”的问题。我国的环境伦理学到20世纪90年代后才有了较快的发展，相比于西方国家的环境伦理学，我国的环境伦理学还只能算是一株幼芽，而且这株幼芽本来就带有明显的“外部输入”的痕迹。我国主要是通过学者们译介西方环境伦理学者的研究成果来推动我国环境伦理学的研究和发展的。直到今天，对西方环境伦理思想和基本理论的介绍、辨析仍然是我国环境伦理学研究中的重要内容，是一种学术潮流。这种研究状况能够使我国的环境伦理学研究及时跟踪和了解西方环境伦理学研究动态。但是，在引进和创造方面，引进的积极性、狂热性和创造的疲软性、冷淡性形成鲜明的对比，重引进轻创造，忽视对我国现实生态问题的关注，忽视对中国传统环境伦理思想的挖掘和吸收，注意了引进、介绍，却忽视了自产、创造，即没有根据中国自身的经济状况、文化传统、价值观念、文化心理等来形成具有中国特色、中国风格、中国气派的环境伦理理论。这种引进和创造“两张皮”的现象，导致我国的环境伦理学缺少自己的话语和理论立足点，难以找到介入现实生活的途径，从而难以为广大人民群众所接受和认可，也就很难解决当代中国面临的各种环境问题。

西方环境伦理思想固然反映了人类对环境问题的一些基本认识，但是它有其自身产生和发展的特定文化背景和现实基础，我们必须思考的是西方环境伦理思想是否在中国具有普遍适应性的问题。我国的环境伦理学在经历了早期的模仿、移植后，必须走出具有自身特色的道路，必须建立具有中国特色、中国风格、中国气派的环境伦理思想，而这在很大程度上依赖于对中华民族优秀传统文化的挖掘和吸收，依赖于对我国现实存在的环境问题的关注和思考，其中当然也包括对我国目前存在的各种环境不公正问题的关注和思考。唯有这样，我国的环境伦理学发展才能既紧跟国际潮流，又符合本国实际；既具有宽广的理论视野，又具有坚实的民众基础和可行的实践途径。

第三节　环境责任：共同性与差异性

由于我国法制进程的缓慢和人们法律意识的淡薄，过去很长一段时期内，我们一直认为，环境是无主之物，造成环境污染和生态破坏的组织和个人，只要对其他组织和个人的人身、财产没有造成直接伤害就是合法的，不必承担任何环境责任。但是，随着我国环境问题的日趋严重，环境危机愈演愈烈，国家对环境保护的投入也越来越大，政府不堪重负，并且形成越治理污染越严重，防不胜防、治不胜治的恶性循环。为此，不少人对这种做法提出疑问和反对：个别人追求经济利益给环境造成的危害凭什么要全体纳税人或受害人来承担？为了解决这个问题，国内一些学者提出了体现环境公正和责任公平精神的环境责任基本原则。

一 环境责任的原则规定

法律和道德是调节人们日常行为规范的两大锐利武器。法律调节的是人们日常生活中比较重要的社会关系，规范的是人们日常生活中必须作为或不作为的基本行为，具有强制性。然而，在现实生活中，仍有大量对社会和他人的影响没有达到必须由法律加以规范的程度的行为处于人们自由意志的支配下，所谓“法无规定不为罪，法不禁止即自由”，在环境保护领域也是如此。法律禁止任何单位和个人超标排污，强制所有对环境有影响的规划和建设项目必须进行环境影响评价，禁止任何人捕杀珍贵、濒危的陆生和水生野生动物……但仍然有许多看似微不足道的个人行为，虽然并不违法，累积起来却足以影响整个生态环境。例如，个人购车行为虽然合法，但是车辆的增多不但会造成城市交通的拥挤，而且汽车排出尾气的日益增多势必会造成空气质量下降，二氧化碳的累积也会导致温室效应。作为维持社会秩序的法律不是万能的，这在面对人们的日常环境行为时表现得尤为明显，因此，我们需要道德来调节日常生活中的行为。

道德通过社会舆论、传统习俗和内心信念来调节人们的日常行为，是一种非强制性的规范。如果说法律对应的是一种义务，那么道德对应的就是一种责任。道德是通过唤起人们的责任感来调节人们的日常行为的，我们所熟知的家庭责任、社会责任等就是这样。对于个人而言，权利可能是最重要的，但是作为家庭中的一员、社会中的一分子，责任就显得尤为重要。因为生活在这个世界上的每一个人都是社会人，尤其在社会分工如此细致、商品交易如此频繁的今天，个人对家庭、对社会的依赖性更强了，离开了家庭成员和其他社会成员的服务和创造，孤立的个人是无法生存的，家庭、社会为我们每一个人提供了生存、发展的物质条件和精神条件，我们每一个人也就有责任为家庭的幸福、社会的发展做出自己的贡献。在环境问题上同样是如此。自然环境为我们的生存和发展提供了一切可能的条件，我们也就有责任去保护我们赖以生存的自然环境，环境责任由此被提上议事日程。

面对日益严重的环境危机，人们对环境责任的呼声越来越高。少数人对环境的污染和破坏严重威胁到人类的整体利益已经是不争的事实，环境责任的存在和提出，正是基于人类的整体利益所受到的客观威胁，所以只要环境危机存在，环境责任就存在。然而，环境责任不只是几句空洞的口号，环境责任的实现需要依赖具体的实践原则，总的来说，环境责任的基本原则有以下几个方面。

（一）污染者负担原则

污染者负担原则是指对环境造成污染的单位或个人，必须采取有效措施对污染源进行控制，对被污染和破坏的环境进行治理，对由此而遭受损失的其他单位或个人进行必要的赔偿或补偿。就像民法中“欠债还钱”、刑法中“杀人偿命”等朴素的法律原则一样，污染者负担原则主要追究环境肇事者的责任——谁污染，谁赔偿。空气、土地、河流和海洋等环境要素并非某些组织或个人的私有财产，而是全体社会成员所共有的公共财产，这些公共财产正在被少数组织或个人的生产行为、消费行为所侵害，使得环境污染和破坏日益严重。

从经济学的角度来看，生产经营活动所造成的环境污染和破坏属于生产经营成本，倘若生产经营者不承担这种成本，而由国家和社会用全体纳税人缴纳的税收来负担，即由全体受害的单位和个人来承担少数生产经营者对环境污染和破坏的损害后果，显然是损公肥私、损人利已，严重违背人类公平、公正的基本精神。

（二）开发者养护原则

开发者养护原则是指对环境资源进行开发和利用的单位或个人，有责任对环境资源进行维护、恢复和整治。构成地球生态系统的各种环境要素和自然资源之间是相互联系、相互影响、相互作用的，任何一种开发和利用行为都不仅可能对原有环境资源造成不同形式、不同程度的改变和破坏，而且还会对周围的环境和生态系统造成影响，而盲目的开发和利用活动更加会导致资源环境的破坏以及生态系统的失衡。对环境资源的开发和养护是紧密相连的，开发的目的是利用，养护的目的则是为将来更好地利用创造条件。开发过程中的维护和开发后的整治、修复可以尽可能减少资源开发对环境和生态系统的影响，可以节约和更好地利用不可再生资源。也只有把开发和养护相结合，才能实现资源的可持续利用，从而实现生态系统的良性循环和经济的可持续增长。

从我国目前的资源环境现状来看，尽管资源总量比较丰富，但人均资源占有量很低，而且自然资源和自然环境的破坏十分严重，因此明确科学开发和利用自然资源、防止生态破坏的开发者养护原则具有十分重要的意义，可以有效地促进自然资源的节约使用和合理利用，提高资源环境的使用效益。有关单位和个人在开发和利用自然资源时，应该采取积极措施保护好我们的资源环境。要在具有代表性的各种类型的自然生态系统区域内建立自然保护区，保护区内不得建设污染和破坏环境的设施；对已经受到污染和破坏的环境要及时进行修复和整治。

（三）利用者补偿原则

利用者补偿原则也叫谁利用谁补偿原则，是指开发和利用环境资源的单位或个人应当按照国家有关规定承担经济补偿责任。现代社会生态危机的日趋严重使人们越来越意识到环境资源并非是一种取之不尽、用之不竭的公有物，而是具有相当价值的稀缺品。环境资源的价值主要表现在它的稀缺性和再生产能力两个方面。

在我国，绝大多数资源都是属于稀缺资源，有相当一部分资源是不具备再生产能力的，使用了多少就意味着少了多少。为了防止资源枯竭和盲目开发利用，在社会主义市场经济条件下的环境资源开发利用行为必须遵循价值规律，必须有偿使用环境资源。凡是开发利用环境资源的单位和个人，都必须按照有关部门规定的标准缴纳资源开发费（税）和环境补偿费（税）等有关税费。

（四）破坏者恢复原则

破坏者恢复原则也叫谁破坏谁恢复原则，是指造成环境污染和资源破坏的单位和个人必须承担将受到污染的环境和遭到破坏的资源予以恢复和整治的责任。破坏者恢复原则强调的是，造成环境污染和资源破坏的单位和个人即使付费，也不能逃脱对资源环境进行恢复和整治的责任，这一原则重在有效制约环境污染和资源破坏的行为。例如，1991 年发布的《中华人民共和国水土保持法》第 27 条明文规定："企业事业单位在建设和生产过程中必须采取水土保持措施，对造成的水土流失负责治理。本单位无力治理的，由水行政主管部门治理，治理费用由造成水土流失的企业事业单位负担。"

需要指出的是，污染者负担原则、开发者养护原则、利用者补偿原则和破坏者恢复原则作为环境责任的四大基本原则，主要是针对已经发生的污染和破坏而言的，是要求环境肇事者承担的事后责任。在资源环境危机日趋严重的今天，这种事后承担责任的方式能否起作用以及能起多大作用，从根本上取决于责任主体（有关单位和个人）对资源环境的责任意识。倘若责任主体对资源环境缺乏责任意识，那么这种事后承担责任的方式就很难真正起作用，就很容易流于一种形式，对资源环境的保护和改善起不到任何实质性作用。在环境责任问题上，责任主体的责任意识就显得尤其重要，特别是在我国环境日益恶化的今天更是如此。

二　环境责任：共同性

人的自由度是裁定人的责任的前提。人们越是自由，对其行为所承担的责任越大。保护环境的责任源自生存的自由，只要人们的生存是自主的、自由的，人们所应承担的保护环境的责任就内在于这种生存境况之中。哈里·法兰克福认为："在一个人与他的行动的产生相认同这个程度上，他要为这些行动负责并且为此获得了道德责任；此外，这种行动与他和这些行动的产生相认同是怎样引起的，这个问题和他是否自由地操纵这些行动或者为操纵它们而负道德责任这个问题无关。"①

在从野蛮走向文明、从贫穷落后走向繁荣发达的历史过程中，人类所赖以生存的物质资源无一不是大自然所恩赐的，阳光、空气、水，哪一样不是天造地设的？但是，在人类数千年的漫长文明史中，我们却以为这种恩赐是取之不尽用之不竭的，只顾得上向大自然索取，却无暇顾及回报，"君欲取之必先予之"的朴素辩证法早已在索取中"集体遗忘"。然而，

① 〔美〕约翰·费舍等：《责任与控制——一种道德责任理论》，杨韶刚译，华夏出版社，2002，第 172 ~ 173 页。

自然以其特有的方式提醒着人类：没有回报的索取必然导致灾害。

长期以来，我们对自然的盘剥不仅让生活富裕起来，城市繁华起来了，也给地球留下满目疮痍。大自然在痛哭，在呻吟！[①]

——森林：撕裂的地球之肺

森林是陆地上最重要的贮炭库。森林除了具有涵养水源、保持水土、防风固沙、调节气候、净化水质和保持生物多样性等多种生态功能之外，还具有强大的固碳释氧功能，所以被称为“地球之肺”。然而，人类保护森林的措施却远远跟不上无情的利斧。生物学家指出，当大面积的原始森林被人为砍伐光后，往往会造成生活在其中的众多植物和动物相继灭绝。这样，即便人们事后通过“人工造林”逐渐恢复了部分植被，也无法有效弥补因毁林开荒所造成的严重生态灾难，而且人类无法有效维持地球物种多样性将引起更加严重的连锁反应。

面对千疮百孔的“地球之肺”，有人绘描了一幅蕴意深刻、发人深省的漫画：生活在“水泥森林”里的城市人排着长队等候进入博物馆观看地球上已经很难看到的稀有物种——活着的树。这幅画以浪漫、形象和夸张的手法向人类发出了呼号：救救森林吧！其实，若有一天，这个地球只剩下“水泥森林”，人类恐怕无法排队观赏什么了，因为我们已经进入“肺癌晚期”！

在我国，这种情况更为忧虑。第七次全国森林资源清查显示，中国森林资源呈现六个重要变化：一是森林面积、蓄积持续增长。森林面积净增2054.30万公顷，全国森林覆盖率由18.21%提高到20.36%，上升了2.15个百分点。森林蓄积净增11.23亿立方米，年均净增2.25亿立方米，继续呈现长大于消的良好态势。二是天然林面积、蓄积明显增加。天然林面积净增393.05万公顷，天然林蓄积净增6.76亿立方米。天然林保护工程区，天然林面积净增量比第六次清查多26.37%，天然林蓄积净增量是第六次清查的2.23倍。三是人工林资源快速增长。人工林面积净增843.11万公顷，人工林蓄积净增4.47亿立方米。未成林造林地面积

① 参见宋国涛等《中国国际环境问题报告》，中国社会科学出版社，2002，第398～402页。

1046.18万公顷，后备森林资源呈增加趋势。四是森林质量有所提高。乔木林每公顷蓄积量增加1.15立方米，每公顷年均生长量增加0.30立方米，每公顷株数增加57株，混交林比例上升9.17个百分点，有林地中公益林面积比例达到52.41%，上升15.64个百分点，森林龄组结构、树种结构和林种结构发生可喜变化。五是森林采伐逐步向人工林转移。天然林采伐量下降，人工林采伐量上升，人工林采伐量占全国森林采伐量的39.44%，上升12.27个百分点，以采伐天然林为主向以采伐人工林为主的战略转移稳步推进。六是个体经营面积的比例明显上升。随着集体林权制度改革的推进，有林地中个体经营的面积比例上升11.39个百分点，达到32.08%。个体经营的人工林、未成林造林地分别占全国的59.21%和68.51%。作为经营主体的农户已经成为我国林业建设的骨干力量。[①] 然而，中国林业科学研究院林业可持续发展研究中心提供的资料显示，中国仍然是一个少林国家，林产品供需矛盾依然突出，与世界差距巨大。中国人均森林面积和蓄积量只排世界的第134位和第122位；森林覆盖率仅为世界平均水平的61.3%，单位面积森林蓄积量仅为世界平均水平的84.8%。此外，中国森林资源还存在分布严重不均的情况。中国七大主要流域土地面积占陆地面积的50%，森林面积占70%以上，森林蓄积量占全国的60%以上。其中仅长江流域和黑龙江流域的森林面积、蓄积量就约占全国的50%。中国五大林区（东北内蒙古、东南低山丘陵、西南高山、西北高山、热带）的土地面积占陆地总面积的40%，其中森林面积就约占80%，森林蓄积量更占全国的90%以上；而生态脆弱的西部地区森林覆盖率不足10%。同时，中国木材供需压力大，而且森林质量低，生产功能差。[②]

——**臭氧层：不能自保的保护伞**

众所周知，地球被一层大气紧紧笼罩着，从地面算起，从下往上大致可以分为五层，分别是对流层、平流层、中间层、电离层和散逸层。距离地面最近的对流层与人类关系最为密切，给人类带来了云、雨、雾、风、

---

① 《五年内中国森林资源呈现质量有所提高等六个重要变化》，新华网，2009年11月17日。

② 新华网，2005年5月10日。

霜、雪等复杂的天气现象。对流层上方的平流层中有一臭氧层，其浓度约为10%，厚度约为30千米，能大量吸收来自宇宙的辐射，特别是可以吸收掉99%的太阳辐射到地球的紫外线，从而使地球上的人类和其他生物免受紫外线的伤害。所以，臭氧层被誉为“人类的保护伞”，如果失去了这个“保护伞”，由于紫外线的强烈辐射，人类和其他物种将难以在地球上生存。

这并不是耸人听闻，而是正在发生的活生生的事实，地球上许多地方已经出现了各种不祥的征兆。看看南极臭氧空洞之下的地面生物吧：在智利南端临近麦哲伦海峡的地区，河里许多原本欢蹦雀跃的鱼成了呆木乱撞的“盲鱼”，草原上原本喜欢四处游荡的羊群因患了白内障而成了整天闷闷不乐的“盲羊”，陆地上原本连蹦带跳的兔子成了任由猎人捕杀的“盲兔”，天空中原本自由飞翔的小鸟成了双目失明的“盲鸟”……这是一幅多么令人悲哀而又发人深省的景象！

可又有谁能想到，造成臭氧空洞的罪魁祸首竟是人类在工业和日常生活中频繁使用的制冷剂——氟氯烃。20世纪50年代以来，由于工业的迅速发展，人们越来越广泛地使用性质比较稳定、不易燃烧、易于贮存、价格便宜的氟氯烃类物质做制冷剂、喷雾剂、发泡剂、清洗剂等。这些物质可以在大气中长期滞留，对臭氧层造成严重破坏，使臭氧层出现空洞，从而使地球上的人类和其他生物因失去了“保护伞”而难以健康生存。

——酸雨：频频降临的空中死神

《2010年中国环境状况公报》指出，全国酸雨分布区域主要集中在长江沿线及以南—青藏高原以东地区。主要包括浙江、江西、湖南、福建的大部分地区，长江三角洲、安徽南部、湖北西部、重庆南部、四川东南部、贵州东北部、广西东北部及广东中部地区。在监测的494个市（县）中，出现酸雨的市（县）249个，占50.4%；酸雨发生频率在25%以上的160个，占32.4%；酸雨发生频率在75%以上的54个，占10.9%。

酸雨是指一种酸性降水现象，酸雨中的主要酸性物质是硫酸盐、硝酸盐和少量有机酸。酸雨使土壤和水体酸化，营养物质流失，并导致有害元素铝等析出，对土壤、森林、植物、水生物造成严重破坏，以致使森林衰亡、农业减产、湖泊酸化，给国民经济造成巨大损失。酸雨还会对各种建筑物、物质材料、文物古迹造成巨大的腐蚀和破坏。因此，它被人称为“空中死神”。

酸雨产生的主要原因是二氧化硫和其他硫化物、氮氧化物、各种挥发性有机物等进入大气层，这些有害气体在大气层中进行一系列复杂的光化学反应，最终生成硫酸和硝酸。酸雨的形成与人类活动密切相关。人类活动造成的酸雨成分中，以硫酸为最多，硝酸次之，盐酸、有机酸也占有一定比例。硫酸主要是燃烧矿物燃料释放出的二氧化硫形成的，其中最大的排放源是发电厂、钢铁厂、冶炼厂等，还有家家户户用来做饭的小煤炉。硝酸是由氮氧化物形成的，氮氧化物气体主要是在高温燃烧的情况下产生的，例如，汽车、火车、摩托车、助力车等的发动机燃烧时以及矿物燃料在高温燃烧时都会排放出氮氧化物。盐酸（氯化氢）的人工源除了使用氯化氢的工厂以外，焚烧垃圾（塑料制品中有大量的氯）和矿物燃料燃烧时也都会释放出这种气体。

自然的呻吟，就是对人类的警告！面对这声声呼号，我们依然能寝食相安吗?

以上所列几种问题如同其他环境问题一样，具有全域性特点，具有危害下一代的特征，它的形成、缓解、克服绝不是一两个人、一两个地区、一两个民族、一两个国家的事，而是关系到生活在同一个地球上的所有人、所有地区、所有民族、所有国家的生存和发展。面对日益严峻的环境危机，所有人、所有地区、所有民族、所有国家都应该承担起共同的保护环境的责任，不管是富人、发达地区、先发民族、发达国家，还是穷人、落后地区、后发民族、发展中国家都要有强烈的环境责任意识，这种环境责任意识来自对整个人类共同的生存和发展利益的考虑，来自生活在同一个地球上的客观事实。

事实上，自人类降生于地球始，地球就是人类唯一的共同家园。环境危机以其残酷的事实和无可辩驳的理由向人们昭示了地球村的意义和内涵，向人们呈现了人类共同利益的真实性和价值性。无论人类的社会单元（地区、民族、国家等）有多少，他们之间的利益有多大不同，在面对环境的共同威胁时，他们是同一个客体（都是环境威胁的对象），他们的利益在根本上是一致的，一旦地球无法继续供养人类时，任何社会单元都将受到威胁，都不可能独善其身。因此，为了人类的共同利益，不同的社会单元必须携起手来。正如《人类环境宣言》所说："为了人类的共同利益，必须应用科学和技术以鉴定避免和控制环境恶化并解决环境问题，从而促进经济和社会发展。"换句话说，人类共同利益已经成为在环境问题上世界范围内广泛合作的共同价值准则，这一价值准则决定了不同的社会单元应该承担共同的环境责任。

环境的破坏性不仅给发生地造成影响，而且会逾越其"边界"，在其他无辜的地方发生作用。这就是环境的独特性。面对生存与发展的共同利益，面对问题的发生与影响分离，人们只求自保，无法周全他者。面临环境危机的威胁和考验，生活在地球上的每一个人、每一个民族、每一个国家都要有一种共同的责任感和使命感，"环境国际歌"绝不是由无产阶级独唱，而应该是地球村每一个人都熟悉的旋律。

"地球兴亡，匹夫有责"！

三　环境责任：差异性

大型的合奏中总会有不和谐的声音。"地球兴"，生活在这个世界上的每个民族都有"兴"的机会；但是，"地球亡"，则任何一个民族都无处可逃！面临共同的危机，任何个人、任何地区、任何民族、任何国家都必须义无反顾地承担环境责任，这是没有疑义的。然而，各个地区、各个民族、各个国家该如何承担环境责任，其大小、多少、轻重如何，则共识不在，歧见迭出。

在环境保护实践中，考虑到环境保护主体之间的历史差异和现实差异，不同主体所承担的责任大小、多少、重轻应该有所差别。如果一味强调共同责任，而不考虑环境危机的基本原因、不区分责任主体的能力差异，那么所谓的"共同责任"就难以付诸实践，而只能停留在口头上。正如共同富裕不等于同步富裕，共同责任也绝不等于同等责任，环境问题上的共同责任是在差别基础上的共同责任。

在环境保护问题上，富人与穷人、发达地区与落后地区、先发民族与后发民族、发达国家与发展中国家所能承担的责任大小、多少、重轻是不同的。如果忽视这种差异性，要求穷人与富人、落后地区与发达地区、后发民族与先发民族、发展中国家与发达国家承担同等的环境责任，那么，无论是以富人、发达地区、先发民族、发达国家为责任标准，还是以穷人、落后地区、后发民族、发展中国家为责任标准，都不利于环境保护目标的实现。倘若以前一种情况为责任标准，那么由于这种标准超过了穷人、落后地区、后发民族、发展中国家所能承担的能力，对于他们来说就会是一种沉重的负担，从而很难达到预期的目标，甚至会成为根本无法付诸实践的空洞的、毫无意义的责任；倘若以后一种情况为责任标准，那么这种标准对于富人、发达地区、先发民族、发达国家来说显然是太低了，不利于迅速、及时改变日益严峻的环境状况。

国际社会明确提出环境责任是一种“共同而有差别的责任”，这主要是就发达国家与发展中国家而言的。甄别这种情况，对我们理解不同环境主体不同环境责任是有启发的。

在面临全球性环境问题时，任何国家都必须承担相应的责任、履行相应的义务，不能独善其身、坐享其成，但绝不意味着每个国家的责任相同、义务相等。换句话说，不同国家在承担全球环境责任时应当有所差别。1992 年通过的《里约热内卢环境与发展宣言》（简称《里约宣言》）明确指出：“各国应本着全球伙伴精神，为保存、保护和恢复系统的健康和完整进行合作。鉴于导致全球环境退化的各种不同因素，各国负有共同的但是又有差别的责任。”① 很显然，保护环境是发达国家和发展中国家的共同责任，但从全球环境恶化的历史和现实来看，发达国家和发展中国家所承担的责任应当有所差别。

从历史来看，发达国家的先发优势是建立在对殖民地国家的殖民主义统治扩张基础上的，是以牺牲殖民地国家乃至全球资源环境为代价获得的。发达国家自从资本主义萌芽后就迫不及待地开始殖民统治，从殖民地掠夺资源以满足它们的各种需要，不仅使殖民地国家成为它们的原料来源地、产品集散地和过剩资本的投资场所，而且使得殖民地国家的环境不断恶化。第二次世界大战结束后，尽管政治意义上的殖民地不复存在，但生

① 参见万以诚、万岍选编《新文明的路标——人类绿色运动史上的经典文献》，吉林人民出版社，2000，第 38 页。

态和环境意义上的殖民地却更加突出。发达国家在疯狂掠夺发展中国家资源的同时，又大肆向发展中国家转移垃圾和污染。发达国家在先发过程中，由于资本的扩张性、欠理智性，也由于经验的缺乏和环境意识的淡薄，毫无克制地向空气中排放废气、烟尘，向水域中排放废水、有毒化学物，向陆地上乱扔工业和生活垃圾，先是成为第一代环境污染的主要责任者，继而又成为臭氧层空洞、全球气候恶化、生物多样性丧失等第二代环境污染的主要责任者。

从现实来看，发达国家在取得已有发展成就时低成本甚至无成本地占用了世界环境资源，而仍处在欠发达状况的发展中国家已经没有类似的“免费的午餐”。由于发达国家的发展在先，相当多的昔日“朝阳产业”现在已经沦为“夕阳产业”，成为环境污染型或资源消耗型的产业，现在发展中国家要取得与过去相当的经济效益必须扩大生产规模，而扩大生产规模就意味着对环境造成更大的污染，意味着消耗更多的资源。这种现实表明，发展中国家要想取得与发达国家同样的进步，已经不可能再有低价甚至免费的环境成本，而必须支付比发达国家昔日更多的环境成本。发展中国家在不公正的国家政治经济秩序中一步步陷入贫困的泥潭，在摆脱贫困与环境保护问题上，发展中国家不得不把脱贫致富作为优先任务。在这种情况下，发达国家就应当更多地承担环境保护的责任，而不能强求发展中国家承担与发达国家同等的环境责任。

西方一些有良知的人士承认，南半球的贫困国家不但被剥夺了世界上原本属于它们的财富，而且还不得不忍受着北半球富裕国家在创造财富过程中所造成的环境恶果。作为生活在发达国家的池田大作毫不隐讳地指出：“今天，发达国家的权力欲、集团的利己主义已成为直接地（开发、战争）和间接地（对发展中国家的不照顾）破坏自然的主要原因。”[①] 发展中国家面临着摆脱贫困和维持基本生存与环境保护的双重压力，在不公正的世界政治经济格局中又处于弱势地位，这种困境使得发展中国家在经济发展与环境保护的矛盾选择中只能让经济发展优先。由此可见，在环境保护问题上，不能制定不分等级的所谓统一环境标准，不能确立不分南北

① 何劲松编选《池田大作集》，上海远东出版社，2003，第261页。

差异的均等环境责任。否则，不仅发展中国家的贫穷落后现状不能得到改变，而且发展中国家与发达国家之间的矛盾会进一步加剧，世界不平等的政治经济格局还将倾斜，全球环境恶化的状况也将愈演愈烈。

环境责任的差异性不仅表现在发达国家与发展中国家之间，同是发达国家或发展中国家，不同民族、不同地区、不同人群、不同性别之间所应承担和所能承担的环境责任也是有差异的。在我国，鉴于经济发展水平上的收入差距和地区差距，先富起来的人和东部地区理应承担更多的环境责任，也完全有能力承担更多的环境责任，而中西部地区则应该在大力发展经济的同时承担力所能及的环境责任。

第二章　同一个世界　不同的梦想

——国际环境公正

人类共同生存的地球和共同拥有的天空，是不可分割的整体。保护地球需要各国共同行动。在国际环境合作中，应该充分考虑各国经济发展不平衡的长期历史和不同国家的具体现实，综合规划，加强合作，协调行动，切实推进。发达国家应该充分认识到自己在长期发展过程中曾经对全球环境造成的那些历史影响，因而有责任承担更多的义务，发挥自己强大的经济和科技优势，积极帮助发展中国家解决环境问题。发展中国家在推进经济发展中要努力加强环境保护，并在全球行动中发挥力所能及的作用。中国作为一个发展中国家，愿意在公平、公正、合理的基础上，承担与我国发展水平相适应的国际责任和义务，为促进全球环境和发展事业作出应有的贡献。

——江泽民

有人关心昨天看到的野花是否依然在芬芳，有人担心明天的早餐在哪里。

有人奔走在 E 高速，声言“世界是平的”[①]；有人却面对高山，足不出村，“不知有汉，无论魏晋”。

有人唯豪宅别墅不居；有人天当被地当床，棍棚交架以为“家”。

---

① Thomas L. Friedman, *The World is Flat: A Brief History of the Twenty-first Century*, New York: Farrar, Straus and Giroux, 2006.

有人为了心爱的宠物一掷千金；有人面对亲友病入膏肓，却因囊中羞涩“忍看朋辈成新鬼”。

有人浪漫地呼唤“与狼共舞”；有人现实地呐喊“与天谋食”……

同在一个地球上，同在一片蓝天下，却难唱“同一首歌”，同是地球村村民，竟有着天壤之别！这究竟是人间的正道，还是上帝的玩笑？不同的环境主体，不同的环境想象，“环境保护”之谣难以共鸣。

第一节　一个地球与两个世界

地球的环境影响着、改变着人类，人类反过来也在影响着、改变着地球。科学家不断发出警告：由于人类对自然的盲目破坏，人类面临的生态危机正威胁着人类赖以生存和发展的基本条件。正如贝恰先生所说：“我们的破坏力已经超过了这地球上的生物的繁殖力，我们的污染已经凌驾了地球的再生能力。”[①]

地球正在哭泣，“丧钟”已经敲响。

“同是天涯沦落人”，有人听到了这沉重的晨钟暮鼓，有人依然陶醉于地大物博。发达国家和发展中国家在环境利益和环境责任的分配问题上进行着激烈的讨价还价，地球却可能在人类的争吵中毁于一旦。

一　一个千疮百孔的地球

所谓“人”，在科学家那里有着各种各样的解释，但是，直观地说，它就是指居住在地球上的智慧动物——迄今以来，在浩瀚的宇宙间，我们还没有寻找到比人类更智慧的高级动物，还没有发现比地球更适合人类居住的星球。所以，在人类寻求“迁居”其他星球的梦想得以实现之前，我们不得不栖居在这颗唯一的星球之上。过去，我们从来只为个体的生存状况担忧，无须为人类的整体生存境况深谋远虑；如今，面对这满目疮痍的地球，面对这从未有过的生态危机，我们不得不发古今忧思，替后代焦

① 〔日〕池田大作、〔意〕奥锐里欧·贝恰：《二十一世纪的警钟》，卞立强译，中国国际广播出版社，1988，第49页。

虑——人类还能在地球上住多久？何处是人类的新家？

——环境迅速恶化。工业革命以来，随着科学技术的应用和发展，环境问题犹如纸张包火，正由区域性问题扩展为全球性问题，大气污染、化学药物污染、噪声污染、固体废物污染、水污染及全球气候变暖、酸雨、沙尘暴、臭氧空洞等，地球之病，犹如癌症。这已不仅仅是环境问题，而且是一个社会问题，更是一个关系到人类生存和发展的问题。恶劣的环境迫使人们反思：地球曾经是并将永远是人类之家吗？

——资源即将枯竭。随着人口的急剧增加，为了满足人们的生产生活的需要，资源被大量利用，甚至遭到破坏。资源不合理利用和粗放型经济增长方式使原本有限的资源雪上加霜，导致资源的严重浪费和加速枯竭。美国学术团体全球生态足迹网络估计，人类在 2006 年 10 月 9 日这一天从地球过度索取了 23% 的资源，从此，人类开始吞食这个星球。① 整个 20 世纪，人类消耗了 1420 亿吨石油、2650 亿吨煤、380 亿吨铁、7.6 亿吨铝、4.8 亿吨铜。占世界人口 15% 的工业化国家消费了世界 56% 的石油、60% 以上的天然气和 50% 以上的重要矿产资源，各国间出现严重的不平衡。目前全球石油剩余可采储量为 1400 亿吨，按当前产量，静态保障期限仅为 40 年；天然气剩余可采储量为 150 亿立方米，静态保障期限仅为 40 年。②

“地球似乎成了人类进行巨大的自我竞技的舞台，人们为了实行对自然力的有力控制而投入了激烈的纷争，这似乎确证了黑格尔的历史是一个杀人场这句格言的真理性。”③ 全球范围内已经展开了资源争夺大战，国与国之间因资源而发生冲突甚至战争，如两伊战争、伊拉克战争。目前，资源外交已成为外交工作的一个重要内容。事实必将表明：未来的争夺将是对必需品的追逐——紧俏的、稀有的、昂贵的、受青睐的将不再是香车、宝石、名表等，而是石油、水、空气等资源。

——人口急剧膨胀。联合国发布的《2011 年世界人口状况报告》显

① 《参考消息》2006 年 10 月 11 日。

② 郑度：《可持续发展与环境伦理的思考》，《中国环境管理干部学院学报》2006 年第 3 期。

③ 〔加〕威廉·莱斯：《自然的控制》，岳长龄、李建华译，重庆出版社，1993，第 140 页。

示，预计在2025年之前，世界人口将达80亿，2083年之前将达100亿。据预测，在今后50年内，世界人口的净增长主要在发展中国家。亚洲人口将从目前的34亿多增加到55亿；中东北非的人口将比现在增加一倍；撒哈拉以南的非洲国家的人口将增加两倍，仅尼日利亚一国人口就将增至3.4亿。人口膨胀给国际社会带来了很大的压力，世界上任何国家都无法避免全球人口膨胀所造成的负面影响。那些人口增长幅度较大的发展中国家将在教育、公共医疗、卫生设施以及粮食和饮水供应等诸多方面承受沉重的负担。现在世界上大约有100个国家已不得不程度不同地依靠进口粮食维持生存，今后依靠进口粮食的国家还会进一步增多。全球“粮荒”在2008年的初步显现不过是拉开了各种潜在问题的一个序幕。在中东和非洲地区的一些国家，现在的饮水短缺问题已很严重，随着人口的继续大增，水资源危机将可能成为人类战争的导火索，直接危及社会的安定和政局的稳定。在资源稀缺的现状面前，“人多”并非“力量大”！在环境问题日益严峻的事实面前，地球作为人类的家园究竟还能维持多久？

这个关系人类生存和发展的重大问题——生态危机，绝不只是简单地标明自然界自身的状况出现不平衡的问题，不单是“天灾”，更是“人祸”，是反映人与自然关系出现严重裂痕的问题。费孝通认为，人类“必须建立的新秩序不仅需要一个能保证人类继续生存下去的公正的生态格局，而且还需要一个所有人类均能逐生乐业，发扬人生价值的心态秩序”①。美国经济学家加布尔雷思说，目前不是经济危机，而是人的道德与精神上的危机——高度的物质文明与相对低下的精神状态，而这正是片面追求物质消费的结果。罗尔斯顿认为全球生态环境破坏是足够数量和规模的局部生态环境破坏的综合效果。

地球在哭泣——

曾经的绿色家园，如今，地球却变成了黄色的星球；

曾经的蓝色甘泉，如今，水源却变成了黑色的污水；

---

① 费孝通：《中国城乡发展的道路》，载北京大学社会学人类学研究所编《东亚社会研究》，北京大学出版社，1993，第218页。

曾经的蔚蓝宇宙，如今，天空却变成了灰色的世界；

……

面对地球的哭泣、面对全球的生态危机、面对人类的“心态”问题，人类从此有了“家园的忧虑”——我们将何去何从？

二　两个你争我夺的世界

人类只有一个家——地球；但是，我们与谁共居一室？这个家庭中居住着不同的成员——肤色迥异、言语差殊、欲求相左，更为重要的是：不同的生存状况所导致的环境想象不可同日而语！发达国家的中产阶级焦虑的是昨天看到的野花是否还在开放，发展中国家的贫困人口发愁的是明天的早餐在哪里？

一个地球，两个世界！——关注地球的命运，就要关注两个世界的命运。

少数西方学者如阿提菲尔德、哈珀曾提过，西方环境伦理忽视了只有一个地球但有两个世界的事实。在人类近代史上，发达国家就凭借其“比较优势”对发展中国家进行赤裸裸的侵略，借此获得了发展的原始积累。如今，发达国家又凭借其在经济、技术等方面的优势优先占有全球的资源，获得了巨大的环境利益。

无论是从历史审视还是从现实观察，毋庸置疑的是，发达国家不论是从总量还是从人均水平来衡量，资源的消费和污染的排放量仍大大高于发展中国家。

在谷物消费方面，发达国家每人每年平均为716千克，发展中国家平均为246千克，澳大利亚每人每年800千克，非洲每人每年130千克。就乳类而言，发达国家每人每年平均消费320千克，发展中国家仅为39千克。富国每人每年平均消费肉类为61千克，穷国为11千克。[①]

在资源消费方面，美国不足世界人口的1/25，但总能源、石油、天然气和煤炭消费量均超过了世界总消费量的1/4，美国年人均石油消费量

① 参见〔美〕施里达斯·拉夫尔《我们的家园——地球》，夏堃堡译，中国环境科学出版社，1993，第179页。

为3.17吨，名列世界第一，是世界人均消费水平的5.4倍。如果全世界按美国人均消费水平消费石油，那么全球的石油储量使用将不足8年！2000年，全球钢、铝和铜人均消费量分别为125千克、4.1千克和2.5千克。日本人均钢消费量名列榜首，接近世界人均消费水平的5倍；德国和美国人均钢消费量分列第二和第三位，分别是世界人均的3.7倍和3.2倍。美、德、日人均铝消费在17~20千克，相当于世界人均消费水平的4~5倍，是中国人均消费量的6倍。①

在污染排放方面，占世界人口25%的发达国家，排放的二氧化碳却占全球的75%；全球消费的有关破坏臭氧层的113万吨受控物质中，发达国家就占了86%；全球现有的危险废物也主要来自工业化国家，其产量占世界的90%左右。《巴塞尔公约》及其修正案《反对出口有毒垃圾的协定》实际上成为一纸空文，垃圾跨国处理历来是发达国家的不二法门。

全球生态足迹网络估计，在全球，所有的人要过上像美国那样的社会物质生活，世界需要5个地球，而维持一个像英国这样的社会则需要将近3个地球的资源。发展中国家在追求经济发展过程中也面临着严重的环境问题，它们亟须一种既能实现社会经济效益又能实现环境利益的环境思想。发达国家与发展中国家在环境伦理观上存在许多矛盾，焦点在于环境利益和负担的分配上。

（一）发达国家的环境观念

近代以来，培根经验主义的自然观、笛卡儿崇尚分解的科学方法和牛顿力学的机械论世界图景导致人们将作为整体而存在的自然还原、拆卸、分解为各种孤立存在的基本单元，并作为人类征服、改造和统治的对象。这种分析主义的思维方式通过分析主体和客体、主观性和客观性等把人与自然对立起来。它导致人们为了自己的利益而不断索取资源和破坏世界。正是在这种思想的影响下，发达国家借工业革命的东风，不断挖掘世界资源，导致严重的资源浪费和环境破坏。曾经号称“欧洲下水道”“欧洲公共厕所”的莱茵河见证了工业化的环境后果。面对严重的生态危机，他们实行西方中心主义环境伦理观——对内实行环境利己主义，对外实行生

① 参见《专家驳斥中国威胁论的变种——中国资源威胁论》，新华网，2005年4月21日。

态殖民主义和西方环境利己主义。

环境保护运动的发展变化带动了环境伦理学的转向——“环境主义”主题的呈现。西方在呼吁实现“环境主义”的问题上，有三个非常引人瞩目的口号——“NIMBY”“NIABY”“NOPE”（“Not In My Backyard”“Not In Anybody's Backyard”“Not On Planet Earth”），即“不要弄脏我的家园”“不要弄脏所有人的家园”“不要弄脏地球这个所有生命共有的家园”。它们所针对的主要问题是如何处理有毒垃圾，在何处建造垃圾焚烧炉、放射性物资储存仓库和污染严重的企业等等。

自从1492年哥伦布发现了美洲新大陆，大批人迁徙到美洲以来，白人居民与黑人及有色人种的差距不断扩大。时至今日，他们在环境利益的享受和环境责任的承担上进行着斗争。

> 西方“环境公正”运动首先是从美国发起的，而美国的环境保护运动一开始就带有明显的白人中产阶级的利益倾向，“NIMBY”实际上就表达的是美国白人居民对环境保护运动的期望，他们希望环境保护运动能够充分满足自己的利益需要——使他们能够远离环境污染和各种环境公害，能够有机会亲近自然，满足自己的审美情趣等等，反对把垃圾焚烧炉和各种有害的工业企业建立在白人社区。美国白人的这种利益需要的确通过环境立法和其他途径得到了实现，大部分的垃圾填埋场和焚烧炉、放射物堆放仓库以及污染严重的工业企业都建在黑人和有色人种的社区中或相毗邻的区域里。正是在这种背景下，以黑人、有色人种和社会低收入者为主体的“环境公正”运动开始登上了历史舞台，“NIABY”这一口号就表达了他们的期望：与社会所有人平等地享受环境权益，公平地分担环境责任。①

黑人、有色人种和社会低收入者承担了大量的环境责任，却不能享受相对应的环境权益，他们发起的草根运动表明的正是对环境责任和环境权

① 李培超：《环境伦理学的正义向度》，《道德与文明》2005年第5期。

益不对称问题的关注。而白人凭借自身的比较优势充分地享受了环境权益，却只承担少量甚至不承担、逃避环境责任。这就在客观上造成了群际环境不公正。究其原因，是利己主义的环境伦理观在作祟。“几乎所有的社会都把负担分配给处于最不利地位的人，像穷人和有色人种。这样，这种政策更确切地应当属于环境法西斯主义的。”①

随着黑人、有色人种和社会低收入者对环境公正的强烈要求，西方一些发达国家出于国家利益和迫于国内压力，开始寻找向别国转嫁生态危机的渠道。这就必然会出现生态殖民主义和西方环境利己主义。

有些西方学者，或者赤裸裸地站在西方发达国家既得利益的立场上，鼓吹为了维护“富国”的现有生活方式，不惜牺牲“穷国”的生存权利；或者以“全球问题”“环境共有”为名，粗暴地干涉发展中国家按照本国的环境与发展政策开发利用本国的自然资源的权利，反对发展中国家加快发展本国的经济和技术；或者以人类环境文明的“救世主”自居，不顾发达国家与发展中国家社会经济文化的巨大差距，把自己的环境道德标准和行为方式强加给发展中国家，压抑发展中国家人民环境道德进步的历史主动性。这些西方环境利己主义的道德观念，是与人类道德文明的共同进步背道而驰的，在实践上严重损害了发展中国家的利益和全球的环境保护事业。②

当代实践中的西方环境利己主义主要表现在：发达国家利用其优势控制和消耗了全球大部分自然资源，却以保护生态环境为名干涉其他国家的发展，在环境与发展问题上实行双重标准；西方少数发达国家通过不平等的国际贸易体制从发展中国家获取廉价的出口原料，通过技术转移和跨国公司，将淘汰的、有害环境的技术与企业转移到发展中国家，还将有毒废物转移到发展中国家，使第三世界国家成为它们的“垃圾场”，有毒垃圾成为“发达国家送给穷国的礼物”，也使发展中国家为此付出沉重代价，加剧了广大发展中国家的生态环境的恶化。③

---

① 〔美〕戴斯·贾丁斯：《环境伦理学》，林官明、杨爱民译，北京大学出版社，2002，第270页。

② 王正平：《发展中国家环境权利和义务的伦理辩护》，《哲学研究》1995年第6期。

③ 参见王正平《发展中国家环境权利和义务的伦理辩护》，《哲学研究》1995年第6期。

工业革命以来，发达国家以不可持续发展的生产和消费方式过度消耗世界的资源，并在实践上实行生态殖民主义和环境利己主义，给发展中国家和全球生态环境带来严重破坏。发达国家理应偿还工业革命的“生态债务”，理应是全球生态危机的主要责任者。

（二）发展中国家的环境认识

2007年5月27日中央电视台《零点新闻》报道，福建闽江口在外来物种的侵袭下，正面临生态危机。这些年来，国际上不断给我国输入各种有害植物、昆虫等“外敌”，造成我国许多地方出现严峻的生态形势。这些看似自然流转的现象，其实隐含着严重的伦理关系：一些国家通过动植物的自然转移和社会废弃物的流通，正在把有害于自身之物加害于其他国家和地区。这正是国际层面的环境公正问题。

发展中国家的经济、政治、文化、历史背景等决定了西方环境伦理思想不可能完全适用于发展中国家。印度的古哈对纳斯的深层生态学提出了批评，认为以美国为主的西方发达国家的这套理论及其作用是对第三世界的伤害。

发展中国家环境伦理思想的提出应基于发展中国家环境与发展矛盾的特质。在现代化发展和经济全球化的进程中，发展中国家面临着人口与资源、经济与环境、环境与贫困、环境与发展、现代化与全球化等双重压力，因此，发展中国家的环境伦理就要着重研究如何缓解这个双重压力，以达到双重超越：“既要力争解决现有人口的温饱问题，又要在经济发展中控制人口，使人口增长和经济增长合理化；既要加速现代化，提高人民的生活水平，又要避免现代化的副作用；既要维护发展主权、争取发展机会，又要对子孙后代、对全球环境的安全承担责任；既要参与经济全球化，又要防范西方某些国家利用不平等的国际秩序对我们造成的伤害。”①

环境是发展的第一基础。没有环境，发展就是无源之水、无本之木。面对全球出现的生态危机，人们对环境也给予了更多的关注。1972年6月5日至16日在瑞典首都举行了有史以来的第一次环境会议，最后通过

① 曾建平：《环境正义——发展中国家环境伦理问题探究》，山东人民出版社，2007，第4页。

了《人类环境宣言》等报告。有人把《人类环境宣言》与《圣经》相比，说它是“人类社会的福音书”。它阐述了人类对生态环境的7项原则：“人类既是他的环境的创造物，又是他的环境的塑造者。环境给予人以维持生存的东西，并给他提供了在智力、道德、社会和精神等方面获得发展的机会。生存在地球上的人类，在漫长而曲折的进化过程中，已经达到了这样一个阶段，即由于科学技术发展的迅速加快，人类获得了以无数方法和在空前的规模上改造其环境的能力。人类环境的两个方面，即天然和人为的两个方面，对于人类的幸福和对于享受基本人权，甚至生存权利本身，都是必不可缺少的。”[①] 这是全人类发展的准则，也是思发展、谋发展的发展中国家的发展准则。

许多发展中国家在发展中片面追求经济效益，导致了许多环境事件。从某种意义看，所有的环境事件都是公共性问题，而公共性事件必然是道德问题。公共领域最严重的恶性事件，都是最典型的道德事件。我国就是其中的典型国家之一。《2011年中国环境状况公报》指出，2011年，环境保护部直接调度处置突发环境事件106起，较上年减少32%。其中，重大突发环境事件12起，较大突发环境事件11起，一般突发环境事件83起。从事件起因上看，生产安全事故引发的51起，交通事故引发的15起，企业排污引发的20起，自然灾害引发的6起，其他因素引发的14起。从污染类型上看，水污染事件39起，大气污染事件52起，土壤污染事件2起，海洋污染事件4起，其他污染事件9起。

环境事件不仅意味着环境的破坏，更表明当前的GDP增长是“污垢”的，而不是绿色的。2007年时任国家环保总局副局长潘岳披露，我国每年环境污染造成的损失已占当年GDP的10%左右；中国单位GDP能耗比发达国家平均高47%，产生的污染是发达国家的几十倍。2010年，中国经济总量升至世界第二位，全球经济占比升至9%以上。2000~2009年，中国对世界经济增长的累计贡献已经超过美国。但是，揭开GDP的面纱看，在经济水平、文化水平、人口素质、生活条件、环境条件等方面，我

① 许先春：《走向未来之路——可持续发展的理论与实践》，中国广播电视出版社，2002，第62页。

们的经济增长包含着巨大的环境代价，这些“负项”“减项”一旦计量起来，我们的有效增长实际上远远落后于欧美及亚洲的先进国家。2011 年，我国 GDP 占世界经济总量 10.48%，却消耗了世界 60% 的水泥、49% 的钢铁和 20.3% 的能源。严峻的环境形势使我们一向自以为骄傲的 GDP 大打折扣。

与此同时，发展中国家不仅要面对国内的环境事件，还要面对发达国家这座“大山”的压迫和侵略。在近代史上，殖民主义一开始就具有生态或环境殖民主义的印痕。2002 年 2 月 25 日，美国两个环保组织——“巴塞尔行动网络”（BAN）和“硅谷防止有害物质联盟”（SVTC）发表的长篇报告《流向亚洲的高科技废物》，披露了美国正在向包括中国在内的许多亚洲国家转移高科技垃圾，这种转嫁生态危机的做法在当地造成了难以逆转的生态灾难。报告中描述了我国沿海一些乡镇企业正是通过冶炼和回收“洋垃圾”来谋利的。[①] 有人说，中国的经济增长似乎是在污染自己的生存空间，为外国节约资源环境。环保研究专家用无可辩驳的事实证明：转移环境污染是一些国家的跨国公司进行对外直接投资的重要动机之一。一些发达资本主义国家严格限制企业在国内从事易造成污染的产品生产，从而促使企业通过对外直接投资，将污染产业向国外转移。因此，在发达国家对外直接投资中，高污染行业所占比重非常高。许多跨国企业在属国是“环保模范”，在地国却是“污染大户”。2007 年 8 月中旬，90 家跨国公司被发现上了污染中国的企业名单，而这些跨国公司绝大多数来自日本、美国和欧洲诸国，大部分上了名单的跨国公司，在本国都拥有良好的声誉，保护环境甚至已成了这些企业的竞争优势之一。中国公众与环境研究中心主任马军呼吁：“这种趋势确实值得我们警惕，如果再不加强我们的环境执法力度的话，那么我们的‘世界工厂’就要变成世界的垃圾厂了。”[②] 可见，发达国家的环境好转，实则包含着发展中国家多少难言的痛楚和血泪！

面对日益严重的环境危机，发展中国家认识到环境是第一基础。中国

① 《流向亚洲的高科技废物》，《世界环境》2004 年第 6 期，第 10～23 页。

② 晓德、何玉斌：《跨国公司在华污染调查："入乡随俗"成借口》，《国际先驱导报》2007 年 8 月 30 日。

提出构建社会主义和谐社会的伟大战略，而资源节约型、环境友好型社会是和谐社会的基本标志。这表明，“环境是第一基础”的共识已经在国家层面得到确立。同时，发展中国家不能不注重发展，因为只有发展，才能消灭贫困，消除环境问题。

发展是第一要务。西方发达国家通过几次科技革命获得了前所未有的发展，而发展中国家也迫切希望通过发展摆脱困境。正是在这种格局下，发达国家找到了转嫁污染的良机。“发达的资本主义国家为了保持经济上的领先地位，利用发展中国家对发展经济的急迫心理，大规模地进行一些劳动密集型和能耗严重的工业门类和技术的转移，这使得发展中国家在世界经济结构中的角色并没有得到根本的改变，除了继续承担原料供应、产品集散的工作外，还成为转嫁生态危机的窗口，因而，广大发展中国家在生态危机中所受到的伤害尤为严重”①。

发展中国家环境问题的根源之一在于贫困。由于经济技术的严重落后，生产力水平低下，许多发展中国家为了满足自己的温饱和生存欲望，只有也不得不依靠落后的、淘汰的技术对赖以为生的自然资源进行掠夺性开发，造成自然资源的严重破坏和浪费。这正如联合国粮农组织总干事萨乌马指出的：“真正的敌人是贫穷和社会不平等。怎么能让饥饿的人们在生存都无法保障的情况下，来保护自然资源和环境，以及为后代创造财富呢？”②

发展中国家只有尽快尽早消灭贫困，实现经济的发展，才能保护环境。环境和发展二者是相互联系、相互制约的。只有发展经济，才能为环保工作的开展、环境质量的提高提供良好的物质保障和技术支撑。实践证明，粗放型、不可持续的发展模式，不可能获得经济的持续、健康快速的良性发展。为此，包括我国在内的许多发展中国家制定了可持续发展的战略。2012 年温家宝总理在政府工作报告中强调，我们要用行动昭示，中国绝不靠牺牲生态环境和人民健康来换取经济增长。我们一定能走出一条生产发展、生活富裕、生态良好的文明发展道路。2013 年李克强总理在

① 李培超：《论生态伦理学的基本原则》，《湖南师范大学社会科学学报》1999 年第 5 期。

② 《联合国粮农组织认为贫穷加速环境恶化》，《人民日报》1992 年 6 月 2 日。转引自王正平《发展中国家环境权利和义务的伦理辩护》，《哲学研究》1995 年第 6 期。

答记者问时表示，我们不能以牺牲环境来换取人民并不满意的增长。节约资源和保护环境从认识到实践都发生了重要转变。2010年，中国化学需氧量排放总量为1238.1万吨，比上年下降3.09%；二氧化硫排放总量为2185.1万吨，比上年下降1.32%。与2005年相比，化学需氧量和二氧化硫排放总量分别下降12.45%和14.29%，均超额完成10%的减排任务。中国正在为实现经济发展和环境保护的双重超越而不懈努力。

（三）博弈中的两个世界

由于生存状况的巨大差异，两个世界在面对环境与发展的矛盾时，思路大相径庭："发达国家需要维护现有的及其后代的'高消费'、'高品位'的生活，理所当然地要维护资源消耗'大户'的可消耗性及其可持续性；而发展中国家则为了力争改善当前的生存状况，毫无疑问，需要保持适当的甚至是高速度的发展。"① 但共同点都是互相博弈，消耗世界资源，维护各自利益。

两个世界的博弈其实是围绕环境利益的分配和环境责任的承担等问题来展开的。正如联合国前秘书长安南在南非约翰内斯堡联合国可持续发展世界首脑会议上的讲话中指出：从国家心理角度看，发达国家希望的是能够继续从容地使用、消耗全球资源来"喂饱"高速运转的"胃口"，而由此造成的环境责任则由全球来共同承担；发展中国家希望自己的经济能够在以资源换取发达国家的帮助下迅速增长，使面黄肌瘦的国民展露笑容，而面对由此而来的环境责任则显得力不从心，甚至甘愿以环境代价换取经济增长。

因此，发达国家享用了更多的环境利益，理应承担更大的环境责任。联合国前秘书长安南指出：可持续发展是人类的共同责任，但是富裕国家必须率先领路。他们有财富，他们有技术，而且他们过多地造成了全球环境问题。而发展中国家也应反省自己的环境法规。某种程度上，发展中国家为了吸纳更多的国家投资发展经济，不得不设置环保法规的较低门槛，这样，很多中小企业的排污就有合法依据，即便是那些跨国企业，虽然他

① 曾建平：《环境正义——发展中国家环境伦理问题探究》，山东人民出版社，2007，第64页。

们历史悠久，资金雄厚，拥有先进的技术和防治污染的经验，完全有能力避免破坏环境，但他们在利益的驱使下更深谙“入乡随俗”之道，并没有遵守自己的环境承诺，而是降低环境标准，在属国和地国扮演着“神鬼”变脸的二重角色。

在潜意识中，两个世界都知道环境的重要性，都知道地球的负荷能力，但在行动上，他们都期望对方能拉地球一把，自己省却力气，谋取更多利益。地球环境资源就是在这样的心理意识中日复一日、年复一年地被消耗着、破坏着。

雾里看花，这好像是人类与环境的博弈；洞若观火，这就是两个世界的利益博弈。两个世界还在为环境利益和环境责任的分配进行博弈，而地球却在这种人与人的搏杀中日渐衰老，满目疮痍。

曾经美丽的地球正在成为人类遥远的梦境。

三 人类只有一个家园

尽管在环境利益和环境责任的分配上，两个世界的分歧对立，剑拔弩张，但两个世界共居一寓，人们更需要扪心自问的是：离开了地球，何处是人类的诺亚方舟？可是，人类认识到只有地球是唯一的家园也经历了一个长期的复杂的过程。

从罗马俱乐部的三个报告可以看出，人类是逐步认识到“只有一个地球”的。

1968 年 4 月来自 10 个国家的科学家、教育家、经济学家、人类学家、实业家以及文职人员约 30 人，在意大利的一位有远见卓识的工业企业经理、经济学家奥雷利奥·佩西博士的倡议下，聚集在罗马猞猁科学院，讨论现在和未来的人类困境这个令人震惊的问题，罗马俱乐部就是经过这次会议产生的。罗马俱乐部的使命就是要从全球的立场出发，对“世界性问题”，特别是“人类困境问题”提出忠告。在联合国《人类环境宣言》发布的 1972 年，罗马俱乐部公开发表了它的第一个关于人类困境的研究报告——《增长的极限》。他们认为地球是有限的，“任何人类活动愈是接近地球的能力限度，对不能同时兼顾的因素的平衡就变得更加明显和不可能解决”。在罗马俱乐部看来，当代社会的重要危险在于：

“人类似乎并没有认识到正在奔向地球的显而易见的极限。”因此提出要实现全球均衡状态。在此，罗马俱乐部给人类张贴了第一张公告——地球是有限的。[①]

1973 年，以“石油危机”为代表的全球性危机接二连三地发生，“人类在历史发展中正处于一个转折点上”。罗马俱乐部认为，采取这样一种消极态度只能导致灾难。当前最为迫切的，是我们绝不能回避未来的危险，而必须坚定地面对挑战，积极地、满怀信心地估量各种供选择的发展道路。若及早踏上一条新的发展道路，则能够拯救人类，使人类免遭灭顶之灾。为此，罗马俱乐部又于 1974 年发表了第二个研究报告——《人类处于转折点》。该报告提出了人类“有机增长”的概念。作者认为：真正解决人类困境的办法，必须从一开始就建立在地区多样性的基础上，并保持这种多样性。人类制定的发展道路要以地区利益而不以狭隘的国家利益为基础。它的目的应是在相互依赖的地区之间建立起持久的平衡和达到全球的和谐。在此，罗马俱乐部给人类张贴了第二张公告——“有机增长”。[②]

罗马俱乐部的第三个报告是其创始人和总裁奥雷利奥·佩西写的《未来的一百页》。他指出：“本书所写的，实际上就是说，只要能够明智地运用各种资源，最主要的是人力资源，那么人类就可以摆脱危机，而且几乎可以实事求是按照自己的意愿去建立未来世界。”在 1981 年 9 月为《未来的一百页》（美国版）所写的“序言”中，作者概述了本书的主题：人类社会的政治、经济、安全以及环境问题，正在成为我们时代前所未有的难题。全世界的人民和国家都要对这个混乱的和每况愈下的局面承担责任。如果对这种全球性的衰退趋势不加以阻止，必将威胁人类的生存。同时，改变这种趋势也是可能的，我们有力量拨正方向，从危机中解脱出来。为了人类的利益，为了改变人类的生活条件，全世界的人民和国家都要联合起来，在共同团结的精神下，学会明智地运用一切必要的知识和必要的手段。基于我们肩负的历史性责任，佩西进一步强调说：“全人类只有一个未来。”[③] 在此，罗马俱乐部给人类张贴了第三张公告——只

① 参见王伟主笔《生存与发展——地球伦理学》，人民出版社，1995，第 45 页。
② 参见王伟主笔《生存与发展——地球伦理学》，人民出版社，1995，第 56 页。
③ 王伟主笔《生存与发展——地球伦理学》，人民出版社，1995，第 63 页。

有一个未来。

罗马俱乐部的三个报告层层递进，昭示着一个共识："全人类只有一个地球，只有一个未来"。

达成这一共识的是1972年联合国人类环境会议通过的一份非正式报告《只有一个地球》。它所表达的基本思想是："毫无疑义，当前大多数的环境问题，都是来自人类对生态的错误行动。我们通常认为人类不是地球上的寄居者，而是地球的主人。我们把征服客观世界看作人类的进步，这就意味着常因我们的错误认识而破坏了自然界。尽管作为物种之一的人类，在破坏和污染了自然界之后仍能生存下去，但是在这样污秽的环境里，人类还能长期保持它的尊严吗?"① 地球不仅仅是人类的生存地，也是其他动物、生物的栖息地，而且它是唯一的。

为此，西方国家在呼吁实现"环境公正"的问题上提出了三个口号，这三个口号的内涵变化体现了人类对地球的认识在不断向前发展。"不要弄脏我的家园"仅仅反映了人们认识到要使自己的环境利益免受侵害，这是一种"部分环境利益观"，提出的是群体之间的环境正义；"不要弄脏所有人的家园"反映了人们要求保护一国或世界人类共有的家园，这是一种"全局环境利益观"，提出的是国家之间的环境正义；"不要弄脏地球这个所有生命共有的家园"反映了人们认识到地球不仅是人类共有的家园，也是其他存在物的栖息地，要求保护包括人类和非人类在内的环境利益，这是一种"全球环境利益观"，提出的是人种与物种之间的环境正义。

只有一个地球！除了地球，我们还能去哪儿?

第二节　"我们"有没有"共同"的未来

是的，人类只有一个未来，这是"我们"——两个不同世界的"共同未来"。

一个庄严的承诺似乎正在向人类走来，一个美丽的新境似乎正在向人

① 王伟主笔《生存与发展——地球伦理学》，人民出版社，1995，第27页。

类招手。然而，如果人们不加区分地称呼人类是“我们”（其实这里包含了太多的省略，太多的争议——“我们”是需要一种美国式的依靠庞大的资源消耗而支撑的繁华生活，还是需要一种埃塞俄比亚式的资源消耗微乎其微、穷困度日的生活？抑或，我们既不需要繁华，也不需要贫穷，而是需要第三条道路?），那么，“我们”之间必然是同床异梦，“共同的未来”必然是海市蜃楼！

一　公有地悲剧与救生艇伦理

美国著名微生物学家和地理学家凯里特·哈丁以“救生艇伦理观”来揭示他所理解的“共同未来”。他的所谓“救生艇伦理观”是由“公有地悲剧”和“救生艇上的生活”两部分理论组成的。

哈丁把地球有限的环境资源比作一块人类的“公有地”。他认为人的自由选择权根本无法与良好的环境和谐共存。他举例说，如果我们设想一个对每个人都开放的牧场，每一个人都寻求个人的最大利益，那么，每一个牧人就会尽可能将其牲畜全部赶到这个牧场（即公有地）上，其结果会使得公有地由于过多的牲口而变得牧草稀少，但这恶果要由全体牧民来承受。[①] 哈丁说：“具有理性的牧人得出了结论，他所追求的唯一可见的东西是给他的牛群增加一只，再增加一只……这正是每一个分享公有地有理性的牧人所得出的结论。但这种结论中蕴藏着灾难。人人都一叶障目不见全局，只想到在有限的世界上无限地增加他的畜群。每个人都追求自己的最大利益，都相信自己在公有地上的自由，最终的结果必然是所有人的毁灭。公有地自由只能带来全体人的毁灭。”[②]

哈丁的“公有地悲剧”说，关键是要限制人类对“公有地”的“自由选择权”。尽管它在一定程度上考虑到了在利用地球有限资源时的行为后果，但在当前发达国家与发展中国家存在着巨大差距，发达国家消耗了地球的大部分资源，而发展中国家希望利用资源开发来发展本国经济。哈丁所谓的要限制人类对“公有地”的自由选择权，实际上是对发展中国

① 王正平：《发展中国家环境权利和义务的伦理辩护》，《哲学研究》1995 年第 6 期。

② 转引自王正平《发展中国家环境权利和义务的伦理辩护》，《哲学研究》1995 年第 6 期。

家进行一种政策干预。换句话说，发达国家充分利用人类对“公有地”的自由权取得领先地位后，对发展中国家发展经济进行干预。他们在使用人类对“公有地”的自由选择权上采用双重标尺，其实是一种环境利己主义行为。没有发展中国家的未来就没有共同的未来，哈丁的“公有地悲剧”说，还包含着一种“环境公有”的假说。它看起来像是表明发达国家与发展中国家有一个共同未来，其真正意图是借口地球环境的整体性和相互依赖性，粗暴地干涉发展中国家的环境主权，占用发展中国家的环境资源，真是“醉翁之意不在酒”。

如果说哈丁“公有地悲剧”说的实质是否认人类有共同的未来，那么哈丁“救生艇上的生活”理论的实质则是赤裸裸地宣称这个人类的未来仅仅是而且只能是富国的。哈丁在“救生艇上的生活”理论中认为，在地球资源有限，发展中国家的人口出生率超过发达国家的情况下，作为发达国家的“富国”与作为发展中国家的“穷国”利益是尖锐对立的。他说：“每个富国都相当于比较拥挤而富裕的救生艇。世界上的穷人则挤进另一个拥挤得多的救生艇上。比方说，穷人渐渐地从他们的救生艇上掉了下来，在水中游了一会，希望被允许进入富人的救生艇，或者希望以某种别的方式得到一点船上的‘好处’。在富人救生艇上的乘客应该怎么做？这是‘救生艇伦理观’的中心问题。”① 虽然哈丁承认每个富人的救生艇有一个现有载重量和实际载重能力之间的差额，允许对生态变化作出某种程度的灵活反应。但是，他所要证明的伦理观是“反对任何不在船上的人得到救生艇上的‘好处’”。哈丁尽管意识到他的道德态度对许多人来说是讨厌的和不公平的，但他争辩说，“其他选择都是自杀”。哈丁声称，每个出生在穷国的人都是“对环境各个方面的一种消耗”。多一个人就会多占富人救生艇上一块有价值的地方，就会使其安全系数缩小，因此也就多一份危险，同时也影响了船上原来居民可以得到的利益。因此，“维持那些穷国的人们的生存，必然导致公有地的毁灭”。②

哈丁的根本观点是，西方富国的个人不仅要生存，而且要尽可能地以

① 转引自王正平《发展中国家环境权利和义务的伦理辩护》，《哲学研究》1995 年第 6 期。

② 〔美〕R. T. 诺兰等：《伦理学与现实生活》，姚新中等译，华夏出版社，1988，第 450 页。

他们已经习惯的方式生存下去。并且，还要“诚心诚意地为他们的子孙后代着想”。要达到此目的，富国必须对穷国“采取某种强制的行动”。这明显是对穷国的不公正，但富国为了自身的利益，必须如此。因此，哈丁指出：“在‘公有地’问题上其他选择更令人惊恐和不可想象。不公正比全面毁灭更为可取。”①

哈丁“救生艇伦理观”几乎赤裸裸地向世人展示了这样一幅“共同的未来”的图景——富裕国家“坐船头”，贫穷国家“水中游”！

在这里，哈丁以为，救生艇的承载力（carrying capacity）是有限的，为了发达国家的生存，“公正”必须让位于“强权”——谁叫“我们”天生富贵，“你们”却天生羸弱呢！

哈丁的这套理论实质上是以国际层面的富裕与贫穷为条件的，按说也适用于地区层面（富裕地区与贫穷地区）、群际层面（富裕阶层与贫穷阶层）及人际层面（富人与穷人），如果是这样的话，人与人之间岂有合作、和谐可言？“我们”还有所谓的“共同的未来”吗？日本著名环境伦理学家岩佐茂一针见血地指出：“哈丁探索的是牺牲‘穷国’（发展中国家）的人民，让‘富国’（发达国家）的人们，说得更清楚一点是让美国的国民怎样生存下去的问题。”它缺少的是人类伦理的最基本要素——公正，因而是“反人类的”理论！②

二　可持续发展：两个世界的梦想

“地球只有一个，但世界却不是，我们大家都依赖着唯一的生物圈来维持我们的生命。但每个社会、每个国家为了自己的生存和繁荣而奋斗时，很少考虑对其他国家的影响。按有些国家消耗地球上资源的速度计算，留给后代的资源将所剩无几。而为数多得多的其他一些国家消耗量远远不足，他们的前景就是饥饿、贫困、疾病和夭折。”③ 面对全球正出现

① 参见王正平《发展中国家环境权利和义务的伦理辩护》，《哲学研究》1995 年第 6 期。

② 〔日〕岩佐茂：《环境的思想：环境保护与马克思主义的结合处》，韩立新等译，中央编译出版社，1997，第 106 页。

③ 世界环境与发展委员会：《我们共同的未来》，王之佳等译，吉林人民出版社，1997，第 30 页。

的生态危机，面对正受到威胁的未来，人们认识到：社会的经济目标不是经济的“量”的扩张和 GDP 的增长，而是“生活质量”的全面提高。为此，需要对传统的发展模式进行全面的反思，确立新的发展模式。

1972 年，“罗马俱乐部”发表了《增长的极限》的报告，最早提出了可持续发展问题。1987 年，世界环境与发展委员会在《我们共同的未来》报告中指出：“可持续发展是既满足当代人的需要，又不对后代人满足其需要的能力构成危害的发展。”① 1992 年以可持续发展为指导方针制定并通过的《里约宣言》和《21 世纪议程》等一系列纲领性文件，标志着可持续发展观的形成。《里约宣言》对可持续发展的模式做了进一步的完善：“人类应享有以与自然和谐的方式过健康而富有成果的生活的权利，并公平地满足今世后代在发展和环境方面的需要，求取发展的权利必须实现。”1993 年联合国又对此做了重要补充：“一部分人的发展不应损害另一部分人的利益。”总之，可持续发展是一种以自然资源的可持续利用和良好的生态环境为基础，以经济可持续发展为前提，以谋求社会的全面进步为目标，注重社会综合发展，力图实现代内平等和代际平等的新型发展观。②

可持续发展环境伦理观最终目的是构建一个人类共同的未来。这个共同的未来要求以可持续发展为核心，实现国与国、人与人、人与社会、人与自然的可持续发展。可持续发展环境伦理观为“共同的未来”提供了实现的必然性和可能性。

在当代环境伦理学的发展过程中，形成了许多理论模式和学说，归纳起来主要有三类：第一类为现代人类中心主义，即浅环境论，其基本观点是将道德目的的重心放在人类，只承认人类在自然中的道德地位和作用，自然仅具有对人类的工具价值，主张为了人类世代的整体利益，人类应当保护自然。第二类是非人类中心主义，即深环境论，如动物权利解放论、生物中心论、生态中心论等，都将道德目的的重心放在自然，承认动

① 世界环境与发展委员会：《我们共同的未来》，王之佳等译，吉林人民出版社，1997，第 52 页。

② 参见王南林、朱坦《可持续发展环境伦理观：一种新型的环境伦理理论》，《南开学报》2001 年第 4 期。

物或是生物或是生态自身具有内在价值，主张为了自然的利益，人类应当牺牲自己的利益。第三类将道德目的的中心放在人与自然的关系上，主张内在价值不单独归于人类，也不单独归于自然，而是归于人与自然和谐统一的整体，在这个和谐统一的整体中，人又占有其特殊的位置，这种理论的代表就是可持续发展环境伦理观。① 学者余谋昌在论及以何为中心建构环境伦理的价值尺度时指出："走出人类中心主义，但也不是以生态中心主义建构新的价值尺度，这里并不是二者必择其一的。如果硬要说以什么为中心的话，那就是以'人－自然'这一系统为中心。这一系统的健全和完善是目的。它超越人这个子系统，又超越自然这个子系统，是在它们的更高层次：'人－自然'巨系统，以'人－自然'系统的整体性为目标，以此建构新的价值尺度就是'人与自然界的和谐'。"② 可持续发展环境伦理观强调实现"人与自然界的和谐"，创建人类共同的未来。

极端人类中心主义和极端非人类中心主义都把人与自然的关系看成是对立的，难以真正反映人与自然之间的关系，更难以解决当前面临的全球性生态危机，也就谈不上人类共同的未来。而可持续发展环境伦理观恰恰对两者进行了整合，走出人类中心主义和非人类中心主义的阈限，以更高的立场来确立人与自然的关系。"它成为了一种包容性更强、内容更丰富、体系更完备的理论。一方面，它汲取了生态中心论、动物权利解放论、生物中心论等非人类中心主义关于动物或生物或生态具有内在价值的思想，承认它们不仅有工具价值，也有内在价值和权利；把道德关怀的范围扩展到自然界，以达到人与自然和谐统一的整体。另一方面，在人与自然和谐统一的整体价值观基础之上，它还承认现代人类中心主义关于人类特有的'能动作用'，确认人类在人与自然和谐统一体中处于'道德代理人'的地位，这有利于人类环境道德实践的自觉开展。"③ 与非人类中心主义相比，它在实践中具有更强的适用性。以人与自然和谐统一的整体价

① 王南林、朱坦：《可持续发展环境伦理观：一种新型的环境伦理理论》，《南开学报》2001 年第 4 期。

② 余谋昌：《创造美好的生态环境》，中国社会科学出版社，1997，第 222 页。

③ 参见王南林、朱坦《可持续发展环境伦理观：一种新型的环境伦理理论》，《南开学报》2001 年第 4 期。

值观为基础，承认人的“道德代理人”地位的可持续发展环境伦理观为我们共同的未来的实现提供了必然性。

可持续发展环境伦理观是在一系列环境与发展会议、联合国报告等的基础上达成的共识，它的基本思想已为世界各国政府所认同，也被全球民众所接受。“它反映了环境与发展问题上的两大矛盾：人与人之间的矛盾和人与自然之间的矛盾。人与人之间的矛盾，即当代人在利用资源、保护环境上的矛盾，及当代人与后代人的发展与生存之间的矛盾。可持续发展观念内在地要求通过政府规范、法制约束、文化导向等人类活动的有效开展，通过观念更新、风俗教化、道德感召等人类意识的不断进步，去逐步调适这类关系，并使之达到公正。人与自然之间的矛盾，即人的生存与环境的承载力之间的矛盾。”[①] 在当前全球生态危机的笼罩下，各国都面临着环境与发展问题上的两大矛盾，且都亟须解决这两大矛盾，可持续发展环境伦理观为这两大矛盾的解决提供了一种伦理思路，因此必会受到各国的欢迎。

此外，它提供了检验发展的三个维度：数量维（发展度）、质量维（协调度）、时间维（持续度）（中国科学院可持续发展研究小组，1999年）。如何实现数量和速度协调地、持续地发展也是摆在各国面前的一个难题。这三者中缺一不可，相互联系。可持续发展环境伦理观正是要建构一种数量与速度并行的、协调的、可持续的发展。可持续发展环境伦理观绘制的不是发达国家的未来，而是包括发展中国家在内的全人类的共同未来，它为各国政府和全球民众接受及采纳，这为我们共同的未来的实现提供了可能性。

当然，实现我们共同的未来也面临着一些困境，特别是来自发达国家与发展中国家的激烈斗争。由于发展中国家和发达国家的贫富差距不断拉大以及在消耗环境资源上的巨大差异，发展中国家成为贫困和环境责任的承担者，而发达国家却是富裕和环境利益的享用者，因此两个世界在关于可持续发展的态度与行为上极不一致。发达国家和发展中国家的激烈斗争

① 曾建平：《环境正义——发展中国家环境伦理问题探究》，山东人民出版社，2007，第60页。

主要是在环境利益和环境责任的分配上，发达国家实行环境利己主义和环境法西斯主义，导致两个世界在享用环境利益和承担环境责任上严重不对称，发展中国家成了环境恶化的重要受害者。因此，当中国学者向来访的环境伦理学家罗尔斯顿提出，可持续发展的核心环境伦理问题是什么时，罗尔斯顿回答，是如何建立平等的国家秩序问题和各国生态环境的环保问题。

人们期望，可持续发展不仅要使在利益上存在严重分歧的两个世界有着共同梦想，而且要使这两个世界在立场上成为一个世界，一个共同体，希冀这个统一路径能够带领全世界迎来“共同的未来”。奥运会所期待的“同一个世界，同一个梦想”昭示的不是呼唤，而是行动！

第三节　环境问题与国际公正——以气候谈判为例

全球气候变暖日益成为国际事件和热门话题，被认为是极端天气事件——酷热干旱、冰寒地冻、强雨洪水、热带风暴——的肇事者。为了应对这种人类的共同威胁，国际社会绞尽脑汁。自 1992 年《联合国气候变化框架公约》诞生以来，各国围绕应对气候变化迄今进行了整整 21 年的谈判。这一系列谈判表面上是为了应对气候变暖，本质上是各国为了自己的经济利益和发展空间进行角逐。政府间气候变化专门委员会（IPCC）评估结果表明：全球气候正在变暖，而导致变暖的主要是人类燃烧化石能源和毁林开荒等行为向大气排放大量温室气体，从而加剧温室效应。自 1992 年启动气候谈判以来，气候谈判总体上呈现发达国家与发展中国家两大阵营对立的格局。从排放趋势看，发达国家历史排放量多，当前和未来排放量总体呈下降趋势；发展中国家历史排放量少，当前和未来排放量总体呈增加趋势。这样，谁先减排、减排多少、如何减排，以及如何提供资金、提供气候友好型技术帮助发展中国家等问题就成为谈判的关键的、复杂的、敏锐的问题。围绕气候问题的各种谈判而产生的是是非非、曲曲折折反映出：环境危机并不是一个简单的“唇亡齿寒”“城门失火，殃及池鱼”的问题，而是一个交织着各种复杂利益的国际公正问题。而讨论这个问题必须回到问题的原点：气候变化究竟是一个什么性质的问题？

这个发问至少包含这么几层含义：第一，气候问题是一种自然衍化的结果还是也包含着人为因素？第二，气候变化是科学问题还是社会问题？第三，气候伦理是个体性存在还是集群性存在？从哲学层面看，第一个问题意在：如果气候变化只是或主要是受自然因素影响的，那么，为此而设计某种伦理必定是竹篮打水；如果气候变化一定会受到人类活动的影响，那么，气候伦理就有了可能的前提。第二个问题意在：全球变暖如果与人类排放的二氧化碳没有关系，而是人为设计的骗局，那么，气候变暖显然便成为一个政治陷阱，这虽然是伦理学需要研究的问题，却不属于气候伦理，而是一种国际伦理，是伦理学上常常研究的一般性问题；如果全球变暖确实与二氧化碳相干，那么，气候伦理的前景无限，适应于减排的各种正义问题得以凸显。第三个问题意在：全球变暖是不是一定会导致恶果？如果不会，则不存在需要气候伦理的问题；如果会，那么，预防这些恶果究竟需要个人的努力还是集群的努力？当然，即使主要依赖于集群的努力，个人在减排方面依然是有努力的方向和空间的，而这是在为构建低碳社会做出某种贡献，而不是改善或改变气候的积极作为。

一　气候问题：气候变化还是气候神话

在由休谟开启先河，而为摩尔明确提出在事实与价值之间划界时，摩尔的确意识到这么一个重要差别："善性（goodness，好）的性质是什么"与"什么事物是善的（good，好）"，即"是"与"应该"是两个不同的问题。此后的西方伦理学几乎都要面对摩尔的这个"开放问题论证"。当代自然主义一般观点认为可以从事实属性中合逻辑地引出好、正当或善等属性。关键在于怎么界定这种事实。[①]

然而，不管如何界定这种事实，例如塞尔（John Searle）提出了制度性事实或惯例性事实，我们在探究"事实"与"价值"的问题时，不可忘记的是，始终是把"事实"确定为"人类行为活动的事实"即行为事实或社会事实，而不探讨无关人类活动参与的事实——"自然事实"与

① 龚群：《关于事实与价值关系的思考》，《陕西师范大学学报》（哲学社会科学版）2010年第1期。

“价值”的关系。在我们看来，无论如何证解“事实与价值的关系”，都不外乎基于人的行为事实来探究它与价值的关系，而只要有人参与的叙事，似乎便可能存在伦理性问题。当然，这是一个非常广泛的判断。但即便如此，这里尚且留存可值辩驳的余地。倘若谈论纯粹的自然事实与价值的关系，结果会如何呢？我们认为，没有人为因素直接参与或间接参与的事实与价值的关系问题是伪伦理命题，诸如天晴、下雨、刮风、打雷等自然现象。

天晴、下雨、刮风、打雷等自然现象是关于气候变化的问题。什么是气候？一般而言，是指某一长时期内（月、季、年、数年到数百年及以上），气象要素和天气现象的平均或统计状况。它有一定的稳定性，主要反映的是某一地区冷暖干湿等基本特征，通常由某一时期的平均值和离差值（距离平均值的幅度）加以表征。而所谓气候变化，是指气候平均状态和离差值两者中的一个或两者一起出现了统计意义上显著的变化。离差值增大，表明气候状态不稳定性增加，气候变化敏感性也增大，有些地区极端天气气候时间（厄尔尼诺、干旱、洪涝、雷暴、冰雹、风暴、高温天气和沙尘暴等）的出现频率与强度增加。[①] 对于人类来说，不仅需要关注气候变化状况，更要关注引起气候变化的原因。然而，很遗憾，到现在为止，关于这点，科学界几乎没有取得共识。

有科学家认为，气候变化是自然因素调整所导致的结果。他们认为，气候系统所有的能量基本上来自太阳，所以太阳能量输出的变化是导致气候变化的原因之一，也就是说太阳辐射的变化是引起气候系统变化的外因。引起太阳辐射变化的另一原因是地球轨道的变化。地球绕太阳轨道有三种规律性的变化：一是椭圆形地球轨道的偏心率（长轴与短轴之比）以10万年的周期变化；二是地球自转轴相对于地球轨道的倾角在21.60°～24.50°的变化，其周期为41000年；三是地球最接近太阳的近日点时间的年变化，即近日点时间在一年的不同月份转变，其周期约为23000年。[②] 也有

① 丁一汇：《气候变化的基本事实和科学应对》，中国气象报社，2009年12月1日，http：//www.cma.gov.cn/ztbd/2009qhbh/2009qhft/200912/t20091201_52535.html。

② 《全球气候变化的原因》2007年12月14日，http：//old.blog.edu.cn/user4/262928/archives/2007/1995239.shtml。

科学家认为，人类的活动，包括人类燃烧化石燃料以及毁林会引起大气中温室气体浓度的增加、硫化物气溶胶浓度的变化、陆面覆盖和土地利用的变化等，这些都会引起气候变化。关于人类活动会导致气候变化的问题，反对者认为，这些变化不会改变气候变化的性质，充其量只会影响到天气的变化。天气与气候是不同的。所谓天气，是指一个地方在短时间内（几分钟到几天）气温、气压、温度等气象要素及其所引起的风、云、雨等气象现象的综合状况，如晴转阴、雷雨、大风、冰雹、寒潮、台风等。简言之，人类活动会影响到短时间的天气变化，而不可能改变长期的气候变化的趋势。

如果说存在气候伦理，那么，当前所应探究的主要课题就是“人类应该如何采取伦理行动应对地球升温”？或者，也可以说，正是当前的气候变暖问题才导致气候伦理呼之欲出。那么，现在需要问的是：人类活动是不是导致了气候变暖？如果这个问题成立，当然，探讨气候伦理便顺理成章；但如果不成立，那么，伦理地对待地球以使气候变暖的趋势得到遏制的伦理意图便是虚幻的。对此，当前主流派的声音甚嚣尘上，做出了肯定的回答：近百年的气候变化由自然的气候波动与人类活动共同造成，而近50年的全球变暖主要是由人类活动造成的，这是两句不可分割的结论。①

主流派认为，太阳辐射的变化、地球轨道的变化、火山活动、大气与海洋环流的变化等是造成全球气候变化的自然因素，而人类活动，特别是工业革命以来的人类活动是造成目前以全球变暖为主要特征的气候变化的主要原因，其中包括人类生产、生活所造成的二氧化碳等温室气体的排放、对土地的利用、城市化发展等。联合国政府间气候变化专门委员会于2007年发表的第四份评估报告指出，全球气温上升是由人类活动导致的，其可能性超过90%。这份由全球130多个国家和地区约2500名科学家共同完成的报告指出，自1750年以来，全球大气温室气体浓度由于人类活动而显著上升，现在已远远超过工业化时代之前数十万年间的水平，其中二氧化碳浓度达到65万年以来的最高点。报告在详细计算了各种人类活

① 丁一汇：《气候变化的基本事实和科学应对》，中国气象报社，2009年12月1日，http：//www.cma.gov.cn/ztbd/2009qhbh/2009qhft/200912/t20091201_ 52535.html。

动对气候的影响后认为，可以肯定，进入工业时代以来，人类活动对气候的净影响是气温升高。主流派的意见导致了国际上政治层面的重大决策，制定的《联合国气候变化框架公约》与《京都议定书》，正在成为各国政府关于应对气候变暖的决策依据，这是当前构建气候伦理的思想前提。

然而，在重视这些研究成果时，我们不可忽略反对方的研究结论。反对派认为，是气候变暖才导致大气中二氧化碳增加，而不是相反。气候变化主要是自然因素导致的，人类活动对此的影响微乎其微。其代表是，俄罗斯科学院天文观测总台宇宙研究室主任、69 岁的著名天文学家哈比布拉·阿卜杜萨马托夫。他认为导致全球气候变暖的主要原因是太阳活动；温室效应与人类工业活动之间的必然因果关系并不成立，因为实在是缺乏两者存在必然联系的证据。《英国皇家学会学报》2009 年 12 月刊登了一篇论文，称宇宙射线才是地球变暖的主要原因。美国《地球物理学研究通讯》2009 年 12 月也发表了一篇文章，说美国宇航局的卫星数据表明，大气层中的水蒸气的温室效应要大于二氧化碳的温室效应。① 因此，这些人认为，说当今世界的气候问题是全球变暖，这完全是一个气候神话，是弥天大谎。

到目前为止，这两种意见难分伯仲。如果主流派是正确的，那么，气候变化就不仅是一个自然事实，而且也是社会事实。当今世界围绕全球变暖的人为因素进行干预就不仅需要从气象学、气候学、地理学等等自然科学层面做出努力，而且还需要从政治学、经济学、社会学、伦理学等人文社会科学层面进行分析。这应当是我们谈论气候伦理的基本前提。但如果反对派的意见是正确的，那么，气候变化就是一个纯粹的自然事实，与价值无涉，人类的伦理行为不足对其有任何影响，如何应对气候变化的问题仅仅是一个需要从科学层面加以发现、认识、分析、预测、应对的自然性问题。

二　气候变化：科学命题还是社会命题

作为前述延伸的第二个问题是：当今世界究竟是在变暖还是变冷，或

---

① 白海军：《碳客帝国：碳客资本主义和我们的圣经》，中国友谊出版公司，2010，前言。

者暖冷变化只是一种历史曲线的反映？这是一个科学问题还是社会问题？自然界的任何变化是否均会构成政治事件，以至于导致伦理问题？

一直以来，“气候如何变化”被认为是自然现象使然，与人的活动无关。但是，由于气候变化又直接影响着人类的生产生活活动，因此，为了掌握气候变化的更多特征乃至规律，从19世纪初开始，科学家就研究与气候变化有关的大气辐射过程，气象学在20世纪初得到迅猛发展。为了取得全球气候的历史讯息，人们开始研究诸如树木年轮、冰盖所得冰芯和珊瑚骨骼留下来的历史痕迹，由此还派生出年轮气候学和冰芯气候学这些专门学科。在这许多学科学术成果中，结论无一不指向同一结果：地球气候的长期变化与太阳活动（也就是太阳黑子发生的多少）密切相关。因此太阳辐射的变化被认为是引起气候系统变化的一个外因。20世纪70年代末，卫星观测的应用使得人类可以在大气层以外准确地测量太阳辐射输出的变化，这才知道太阳辐射量并不是完全不变的，特别在太阳黑子异常活动的周期中存在着一定的差异。许多科学家认为太阳黑子数多时地球偏暖，少时地球偏冷。但太阳辐射的变化影响气候的机理尚不清楚，也缺乏严格的理论或者观测事实支持。①

科学家们认为，在气候系统的自然变化中，最重要的方面是大气与海洋环流的变化或者脉动。这种环流变化是造成区域尺度气候要素变化的主要原因。在年际时间尺度上，厄尔尼诺和南方涛动是大气与海洋环流变化的重要例子，它们的变化影响着大范围甚至半球或全球尺度的天气与气候变化，是目前制作季、年际气候预测的基础与依据。长期以来世界上许多气象学家一直致力于这方面的研究，旨在提高全球与区域的气候预测水平。②

另一个影响气候变化的自然因素是火山爆发。火山爆发之后，向高空喷放出大量硫化物气溶胶和尘埃，可以到达平流层高度。它们可以显著地反射太阳辐射，从而使其下层的大气冷却。

关于这些因素对于气候变暖的影响，主流科学家们认为，太阳辐射的

① 《引起气候变化的原因》，2007年2月28日，http://www.cma.gov.cn/qxkp/cyqxzs/200805/t20080506_2784.html。

② 《引起气候变化的原因》，2007年2月28日，http://www.cma.gov.cn/qxkp/cyqxzs/200805/t20080506_2784.html。

变化、地球轨道的变化都不是引起近代全球变暖的主要原因，同时基本排除了影响气候变化的另一个自然因素——火山爆发是引起近百年全球变暖主要原因的可能性。他们认为，有非常强有力的证据显示，显著的全球变暖不能完全用自然的原因来解释。从近几年的变化以及对未来80年的预测可以看出，主要是人类的行为造成的，如排放温室气体。排放温室气体的人类活动包括：所有的化石能源燃烧活动排放二氧化碳，在化石能源中，煤含碳量最高，石油次之，天然气较低；化石能源开采过程中的煤炭瓦斯、天然气泄漏排放二氧化碳和甲烷；水泥、石灰、化工等工业生产过程排放二氧化碳；水稻生长过程、牛羊等反刍动物消化过程排放甲烷；土地利用变化减少对二氧化碳的吸收；废弃物排放甲烷和氧化亚氮。其中对气候变化影响最大的是二氧化碳。它产生的增温效应占所有温室气体总增温效应的63%，且在大气中的存留期很长，最长可达到200年，并充分混合，因而最受关注。[①] 温室气体的增加主要是通过温室效应来影响全球气候或使气候变暖的。地球表面的平均温度完全取决于辐射平衡，温室气体则可以吸收地表辐射的一部分热辐射，从而引起地球大气的增温，也就是说，这些温室气体的作用犹如覆盖在地表上的一层棉被，棉被的外表比里表要冷，使地表辐射不至于无阻挡地射向太空，从而使地表比没有这些温室气体时更为温暖。[②]

上述问题属于纯粹的科学问题，也就是说，全球气候变暖是如何导致的，究竟是由自然因素（如上所述），还是人类活动导致的，抑或二者兼有，是一个科学性的问题。在这个问题没有得到科学解释之前，人类所设立的种种解决方案，无论是政治的、法律的、经济的，还是文化的、伦理的、艺术的，都欠缺有力的科学依据。但是，自从“气候门”事件爆发以来，人们又相信，“二氧化碳排放导致气候变暖，危及人类生存”是发达国家炮制的一个伪命题，是发达国家为了遏制包括中国在内的新兴经济国家发展提出的一个政治命题。

---

① 《引起气候变化的原因》，2007年2月28日，http://www.cma.gov.cn/qxkp/cyqxzs/200805/t20080506_ 2784.html。

② 《全球气候变化的原因》，2007年12月14日，http://old.blog.edu.cn/user4/262928/archives/2007/1995239.shtml。

2009年11月中旬，在哥本哈根气候变化大会召开前夕，一名黑客入侵了英国东英吉利大学气候研究中心的计算机系统，盗载了上千封电子邮件和3000多份有关气候变化的文件，其中包括研究中心主任菲尔·琼斯等人与美国等其他国家同行近10年来的通信，然后将这些文件上传到由气象科学家主办的“真实气候”网站上。在这些被公开的电子邮件中，一些媒体发现，写进IPCC的气候变化评估报告中的气象数据有篡改的痕迹，琼斯与另一名科学家对一些气候变化的数据进行了改动，增加了气温上升的年数、删去了气温正在下降的数据，用以证明“二氧化碳排放导致气候变暖，危及人类生存”是一个科学事实。世界舆论由此认为，这些气象学家利用各国政府对气候变化问题的关心，用一些不实数据制造气候变暖的假象，营造恐慌心理，然后从政府或其他机构手中“骗”得了更多的科研经费。而实际上，全球变暖并没有那么严重，在很大程度上是被人为“夸大”和“扭曲”了。

对普通大众来说，全球气候变暖到底是真是假，导致变暖的主要因素到底是什么，也许是一个太过复杂的学术问题。但对于政治利益集团来说，把使得气候变暖的科学命题变成了“二氧化碳排放导致气候变暖，危及人类生存”的政治命题，却有着深刻的政治意图。

我们知道，在气候谈判中，存在三大阵营，分别是：欧盟；以美国为首，包括加拿大、澳大利亚等国的“多碳”集团；包括中国、印度、巴西等在内的77个发展中国家。欧盟在低碳经济方面定出的标准最高、最严，在发展低碳经济方面，欧盟拥有各方面优势，故此在全球气候会议上表现得最为积极；按照美国宣布的目标，其减排仅相当于在1990年的基础上减少4%，与发展中国家呼吁的包括美国在内的发达国家到2020年将温室气体排放量至少减40%的目标相去甚远，加拿大和澳大利亚都附和美国，皆因两国的排放量均严重超标；发展中国家（即77国集团）则在北京发表声明，要求发达国家承担更大的减排责任，非洲等穷国更要求为它们提供资金、技术，协助完成减排目标。设计“二氧化碳排放导致气候变暖，危及人类生存”政治事件的始作俑者，其意图被著名经济学家郎咸平及与其持同样观点者分析为两个方面：一是为了获取丰厚的经济利益。某些发达国家可以利用环保方面的先行优势占据国际的道义高地，同时为自己的低碳产业开辟广阔的市场，一手推卸历史责任，一手通过碳排放权交易、征收碳关税牟取暴利。二是为了通过所谓低碳化限制发展中国家，特别是为中国、印度等国的发展设置上限，打压新兴经济体快速健康发展的势头，以长久保持已有的领先、主宰地位。[①]

不过，即使是这种意图也可以在伦理上进行掩饰。埃里克·波斯纳和卡斯·森斯坦恩在《气候变化正义》一文中，深入分析了气候变化所带来的正义问题。他们认为，国际上往往将美国的经济实力和历史责任作为大力减排、给发展中国家提供减排支持的理由，这是站不住脚的。其中涉及的正义问题包括分配正义和矫正正义。由此，他们得出结论：一条适宜的应对气候变化的路径应该以福利主义思想为基础，而矫正正义的思想则与之无关。在这里，波斯纳和森斯坦恩为美国拒绝签署《京都议定书》、消极对待温室气体减排进行辩护的企图是十分明显的。因为他们关于矫正正义的结论是站不住脚的，单独从现有的温室气体存量上看，确实无法追溯"已经去世很长时间"的人的责任，但问题是发达国家除了对现有的存量做了很大的"贡献"之外，现在和将来的排放也占了全球的大多数。[②]

显然，如果"二氧化碳排放导致气候变暖，危及人类生存"是一个真实的科学命题，它便同时是一个政治命题、社会命题。那么，如何来分配碳排量便涉及各国的经济发展状况及其伦理考量。诚如杨通进博士所透彻分析的那样，这三大集团在气候政策上的分歧，既源于各自的利益诉求，也源于对不同伦理原则的坚守。目前，对国际社会影响较大的分配排放权的伦理原则主要有历史基数原则、历史责任原则、功利主义原则、平等主义原则和正义原则。发达国家主要援引历史基数原则和功利主义原则来为自己的立场进行辩护，而发展中国家则更多地主张把历史责任原则和平等主义原则作为谈判的基础。[③]

然而，对于气候伦理而言，似乎首先必须分析：气候变化问题是一个

---

① 郎咸平：《财经郎眼：气候变化的惊天骗局》，广东卫视，2010 年 1 月 17 日，http://www.56.com/u92/v_ NDkwMzQyMDk.html。

② 黄卫华、曹荣湘：《气候变化：发展与减排的困局——国外气候变化研究述评》，《经济社会体制比较》2010 年第 1 期。

③ 杨通进：《全球正义：分配温室气体排放权的伦理原则》，《中国人民大学学报》2010 年第 2 期。

科学问题、环境问题，还是一个包括能源、经济和政治在内的社会问题？对于把气候变化问题当作纯粹科学问题、环境问题而言的人来说，有理由认为，当前亟待解决的是探索气候变化的自然影响因素及其规律。全球气候变暖还是变冷，或者暖冷变化只是一种历史曲线的反映，这是科学家们的事情，并非任何自然事实都会与价值相关，并非任何自然现象都是政治事件，都需要伦理学加以干预。倒是主流派所创设的“气候变暖”话题值得开掘，如果它不是一个气候变化的问题，而是一个政治陷阱，那么，制造“气候变暖”的意图何在？这已不是从科学视野来回答的自然性问题，而是一个关乎气候变暖究竟会给世界不同国家带来何种发展路径选择的社会问题。当然，这必然须要从伦理角度来辨析。但如果这样，它已是无关乎“气候伦理”的问题了，而是国际伦理问题，是关于谎言与欺骗的一般伦理问题。而对于把气候变化问题当成社会问题的人来说，我们的确不仅需要从国际层面建立温室气体减排的伦理原则，而且需要从国家层面建立可操作的温室气体减排的伦理规范，梳理其中的各种伦理纠结和困境。

三　气候伦理：个体性存在还是集群性存在

全球变暖也好，变冷也罢，会给人类带来何种影响？如果这种影响不足以导致人类生活的混乱，不会遏制人类的可持续发展，那么，谈论气候变化的伦理问题是否必要？人类的活动是否足以改变气候问题，人类的活动究竟是就个体而言的还是就集群而言的？

气候作为人类赖以生存的自然环境的一个重要组成部分，它的任何变化都会对自然生态系统以及社会经济系统产生影响。全球气候变化的影响是全方位的、多尺度的和多层次的，既包括正面影响，也包括负面效应。但目前它的负面影响更受关注，因为不利影响可能会危及人类社会未来的生存与发展。①

有些科学家不认可“负面影响”，他们怀疑全球变暖带来“灾变说”，

① 丁一汇：《气候变化的基本事实和科学应对》，中国气象报社，2009 年 12 月 1 日，http：//www.cma.gov.cn/ztbd/2009qhbh/2009qhft/200912/t20091201_52535.html。

即气候变暖一定会导致灾难吗？当然，他们不会幼稚到怀疑气候变暖会导致海平面上升。但在一些海岛被淹没的时候，对一些高纬度国家来说，结霜期会缩短，农作物的生长期也就延长。举例来说，中国东北这个粮仓就是得益者。怀疑者也不仅仅是凭空想象，他们也有证据，比如人类历史上在10～13世纪时气候就曾经变暖，于是农耕民族开始大举向北迁移，开垦了大量农田，这是一个从亚洲到欧洲的普遍现象，并不局限于某一地，因此这是一个历史事实。而且，当时的事实也表明，气候变暖所产生的灾难也并不明显。①在“怀疑派”中，代表人物之一是丹麦统计学家贝索恩·罗姆伯格。在2001年的《怀疑论的环保主义者》一书中，罗姆伯格对气候变化风险必定盖过其他一切风险的观点提出了质疑。他认为，在现时期，世界性的贫困、艾滋病的蔓延、核武器才是更大的问题，试图阻止气候变化所付出的代价将大大超过任由它发生的代价。为此，《时代》杂志2004年将罗姆伯格称为世界100名最有影响的人物之一。②

这种质疑声音虽然相对主流派来说比较微弱，但却传递出来一个重要信念：全球变暖必定会导致“恶果”吗？必定会导致人类不可持续发展吗？如果答案是“不会”，那么，提出所谓气候伦理便是空穴来风。

或许当前我们最不需要的恰恰是这种乐观主义的态度，因为从环境变化的情况来看——无论导致这种变化的原因是不是气候变暖——自然生态系统的破坏程度和范围都已经超出人们的想象。因此，出于对人类未来可持续发展的谨慎考虑，保持某种程度上的悲观主义，即审慎地看待地球所遭遇的种种问题是有必要的。正如池田大作理性地指出：“尽管表面看来是大自然独立的现象，但若从本质的观点来看，可以认为是包含人类在内的整个生命世界在起作用，而形成了异常变化的几个原因……有必要严肃考虑人类行为对自然运行、自然界的协调所产生的影响，严格限制那些哪怕很微小的孕育着危险的行为。”③

---

① 白海军：《碳客帝国：碳客资本主义和我们的圣经》，中国友谊出版公司，2010。

② 黄卫华、曹荣湘：《气候变化：发展与减排的困局——国外气候变化研究述评》，《经济社会体制比较》2010年第1期。

③ 〔英〕汤因比、〔日〕池田大作：《展望二十一世纪》，荀春生、朱继征、陈国樑译，国际文化出版公司，1985，第37页。

主流派科学家的研究表明，气候变化会给人类造成难以估量的损失，适应气候变化会花费不小的代价。他们认为，全球气候的确在变暖，将带来的恶果至少表现在以下几方面。

导致冰川消融，人类的水源告急。资料表明，全球冰川正在因气候变暖而以有记录以来的最大速度在世界越来越多的地区融化着，到20世纪90年代，全球冰川更呈现加速融化的趋势。冰川融化和退缩的速度不断加快，这意味着数以百万的人口将面临着洪水、干旱以及饮用水减少的威胁。

极端气候增加。暴雪、暴雨、洪水、干旱、冰雹、台风、沙尘暴……极端气候在近几年异常频繁地光顾地球，这些都与全球气候变化大背景有关。IPCC 2007年第四次评估报告表明，“自20世纪70年代以来，干旱的发生范围更广、持续时间更长、程度更严重，特别是热带、亚热带地区”。极端天气气候事件发生的频率提高、强度增强。

粮食减产。全球变暖带来干旱、缺水、海平面上升、洪水泛滥、热浪及气温剧变，这些都会使世界各地的粮食生产受到破坏。气温升高还会导致农业病、虫、草害的发生区域扩大，危害时间延长，作物受害程度加重，从而增加农业和除草剂的施用量。

海平面上升。全球有超过70%的人生活于沿岸平原；全球前15大城市中，有11个是沿海城市或位于河口。据政府间气候变化专门委员会的《排放情景特别报告》（SRES）估计，从1990年到21世纪80年代，全球海平面将平均上升22到34厘米。

物种灭绝。《联合国气候变化框架公约》认为，“地球上大部分的濒临绝种生物——大约25%的哺乳类动物以及12%的雀鸟——有可能于几十年内绝种。这是由于气候变化影响到它们所栖息的树林、湿地及牧场，而人类发展亦阻碍了它们移居到其他地方”。IPCC 2007年第四次评估报告也指出，未来60~70年内，气候变化会导致大量的物种灭绝。气候变化导致的物种灭绝将会比地球历史上5次严重的物种灭绝的规模还要大。

空气污染。燃煤电厂和交通系统造成空气污染。

为此，一些伦理学家开始具体探索其中隐含的伦理问题。英国神学家、爱丁伯格大学伦理学教授迈克尔·诺斯科特的著作《气候伦理：全球变暖的伦理学》从基督教、人和自然的关系出发，认为在一个快速的气候变化时代，为了给人类创造一个新的未来，迫切需要在基督教的良知之上增添伦理的信仰。这种伦理的信仰首先要解决的问题，就是工业化国家为何、如何与发展中国家合作应对气候变化挑战。詹姆斯·加维的代表作《气候变化伦理学》的结论是，人人都必须立即大幅减少能源的消费。[①]

由此可见，在提出气候伦理的人们看来，全球变暖带来的后果是肯定的，已经影响到人类的可持续发展，已经在空间维度和时间维度影响到人伦关系。在空间维度，气候伦理涉及人与人、人与社会，以及人与自然之间的关系，更涉及国与国、国家集团之间的关系，因此可以说，气候伦理涉及个体、组织、国家之间的多层次、多向度的复杂联系；在时间维度，涉及代际分配、代际公平等核心问题。

但无论“气候变暖导致人类不可持续发展”这个前提是否成立，人们在论述气候伦理时无疑把每个人的幸福计算在内，也便把改善或改变气候状况的伦理责任落实在每个人身上。恰恰在此，我们需要提出争辩。

环境伦理学家帕斯莫尔在他的名著《人对自然的责任》中说：环境问题不是根据环境伦理学精神通过伦理方式去解决的社会问题，而是要根据社会和政治哲学精神通过政治行为去解决的社会问题。他的理由是，个体的伦理行为对环境问题（比如污染问题）的解决在本质上是没有用的，“它也许能够满足我们的良心或给我们一种道德上的优越感。但是，它对污染问题之解决的有用性是如此之小，以至于可以被视为毫无意义”。[②]这番话对于今天的环境伦理学来说几乎不值一辩；但是，这番言论倒是适合于评价气候伦理（如果有的话）。就是说，如果存在气候伦理，那么，它一定不是针对个体行为的问题，而是针对集群行为的。

从伦理学的原理来看，任何伦理行为，如果发生的话，行为者一定知道其行为对客体产生的影响及带来的利益。无论是出于道义论，从善行者本人的意愿出发，还是出于功利论，从善行指向的客体后果考虑，行为者

① 黄卫华、曹荣湘：《气候变化：发展与减排的困局——国外气候变化研究述评》，《经济社会体制比较》2010 年第 1 期。

② John Passmore, *Man's Responsibility for Nature*, London: Duckworth, 1974, pp. 4 - 5, 67.

本身在做出行为时是“确知”行为对于客体的意义的。即便是在环境伦理学的整体主义学说（例如环境善行为对于生态系统的后果）中，这种情形也是确知的。但对于气候改善或改变来说，一种善行为对于它意味着什么，几乎无法获得任何确切认识。因此，如果气候变化还存在人为的因素，这有赖于全球各个国家和政府的统一的、集体的努力，任何单方面的行动，不管它如何克己、如何利他，都无法导致气候的稍许改善或改变。在这里，当前突出的伦理目标是调整各集群之间的伦理原则，达成比较公正可取的伦理理念，而其措施则主要在于改变当前各国政府的经济发展模式，调整国家的社会发展目标，变革环境保护的政策、产业发展的政策、企业发展的方式，这是一个整体性的变革，是一种集群性的伦理行为。

当然，当我们确定气候伦理是一种集群性伦理之后，我们不能否认个体在减排方面的道德义务，而个体的减排责任是出于构建低碳社会的理性使然，而不是在为气候改善或变化做出什么积极作为。而从构建低碳社会来看，构建一种适应于它的“低碳伦理学”不仅是可能的，而且是必要的。

四　环境问题的国际公正

我们到底是选择善意的“空头支票”，还是选择熬制一剂“秘方良药”？问题的症结在于是否真正具有一种国际公正的情操。

> 国际公正是人际公正、社会公正和环境公正的综合体现，以国家、民族和地区的形式反映出来，因此，它可以被看作人际公正和社会公正的扩展。国际公正问题一直是环境伦理学中被忽视的领域。环境伦理学的研究或是从个体的权利或是从作为物种的整体的类的权利的角度探讨人与自然的伦理关系，而不太重视作为群体的国家、地区或民族在解决环境问题时必须面对的道德公正问题。事实上，处理好国际公正问题可能是我们在更大程度上有效地解决环境问题的基本前提。①

① 雷毅：《环境伦理与国际公正》，《道德与文明》2000年第1期。

这是因为，像全球气候变暖、臭氧层空洞、有毒废物转移、水资源短缺、森林锐减、物种消失等问题都超越了国界，具有了全球性质，并非局部的。虽然各国面临着不同程度的环境问题，但是全球生态危机是各国共同面临的，也是亟须解决的问题。正如汤姆·迈克尔所说的那样："世界性的环境问题，比各个国家的环境问题的总和还要大。"① 当然，各个国家的单独力量难以解决这一全球性问题。这就需要各国超越本国的自身利益，通过国际对话和合作，群策群力共同提供解决全球生态危机的可行性具体方案。

"为了在解决全球问题中成功地取得进步，我们还需要发展新的思想方法。建立新的道德和价值标准，当然包括建立新的行为方式。"② 建立新的道德和价值标准，必然涉及各国的利益，这迫使我们必须考虑国与国的公正问题。生态危机的全球性特征为国际公正的产生提供了必然性。美国学者 R. 洛林指出："环境伦理学必然与国际公正不可分离开来，这不仅仅是在依照国际协议监管、查实全球危险物品方面，而且在履行分配公正以阻止发展中国家只看到短期获利方面也是必要的。"③

温室气体的减排涉及全人类的共同未来，这需要各国达成共识和采取一致行动。"但其基本前提是国际公正。因为国际公正既是全球一致行动的基本保障，又是一个国家选择适宜的发展道路和制定资源开发利用以及环境政策的必要前提。国际公正要求建立一种合乎人道的平等机制，使各国既能遵循基本的国际环境准则，同时又为各国的发展，尤其为发展中国家的经济和社会发展留下空间。我们可以把国际公正理解为人际公正在国家范围的扩展，即从人的权利的平等关系到国家权利的平等关系。"④

从人际公正和社会公正的层面上讲，人的行动应遵循罗尔斯提出的"作为公平的正义"的两个原则，即自由的平等原则（每个人对其他人所拥有的最广泛的基本自由体系和类似自由体系都应有一种平等的权利）

① 世界环境与发展委员会：《我们共同的未来》，王之佳等译，吉林人民出版社，1997，第343页。

② 世界环境与发展委员会：《我们共同的未来》，王之佳等译，吉林人民出版社，1997，第46页。

③ 转引自雷毅《环境伦理与国际公正》，《道德与文明》2000年第1期。

④ 雷毅：《环境伦理与国际公正》，《道德与文明》2000年第1期。

和机会平等原则（社会和经济的不平等应这样安排，使他们被合理地期望适合于每一个人的利益，而且依系于在机会公平平等的条件下职务和地位向所有人开放）。[①] 这两条原则表明，无论他具有何种的社会属性，都不能拥有超越他人的权利，各国享有平等的生存与发展权利，享有平等的使用自然资源的权利。任何阻止这种权利实现的行为都是违背国际公正的，都是不道德的。当我们把上述平等的公正原则应用于国际公正时，"将主要涉及三个相互关联的方面：（1）环境资源所有权或享有权分配方面的公正；（2）依托环境资源的经济利益获取和经济成本承担方面的公正；（3）为保护环境而建立的国际经济、政治制度方面的公正。建构相关的环境伦理规则就必须包括发展选择权的平等原则、地球公共资源享用权的平等原则、环境成本分摊平等原则、国际贸易中环境规则的平等原则以及国际政治环境的平等原则等一系列的相关原则，并把这些原则作为各国行动和评议这些行动的基本准则"。[②]

国际公正已经在理论上为实现各国的公正绘制了宏伟蓝图，也日益为各国所重视，特别是发展中国家迫切希望实现国际公正来维护自身的生存与发展权利，而发达国家却不愿意与发展中国家分享"蛋糕"。两个世界围绕各自的利益进行着激烈的斗争，这就必然导致国际公正实施面临着巨大的挑战。

西方环境利己主义是实现国际公正面临的挑战之一。有些西方学者站在西方发达国家既得利益的立场上，鼓吹为了维护"富国"的现有生活方式，不惜牺牲穷国的生存权利，或者利用其经济技术优势，粗暴地干涉发展中国家经济的发展。哈丁的救生艇伦理就是西方环境利己主义的典型。我们所提倡的国际公正，强调任何国家和地区的发展都不能以损害其他国家和地区的发展为代价，特别要维护后发地区和后发国家的需要。发展中国家和贫困地区由于受生产力水平的制约，发展的目标只能是满足最基本的生活需要，有的甚至连最基本的生活需要都难以满足，为求温饱而不得不受制于发达国家的使唤。

① 〔美〕约翰·罗尔斯：《正义论》，何怀宏等译，中国社会科学出版社，1988，第56页。
② 雷毅：《环境伦理与国际公正》，《道德与文明》2000年第1期。

发达国家利用其优势控制一些国际组织的决策权，制定不平等的国际政治经济秩序，也是妨碍国际公正实现的因素之一。“大部分发展中国家和工业化国家之间在财力上的差距正在扩大，工业化国家控制着一些关键的国际组织的决策权，工业化国家已经使用了地球的许多生态资源。这种不平等是地球上的主要‘环境’问题，也是主要的‘发展’问题。”① 不平等的国际政治经济秩序使贫困国家处于恶性循环的境地：一方面要过度地开发自然资源以偿还巨额债务，满足工业发达债权国的金融要求；另一方面，滥用资源使自然资源枯竭，导致贫困的进一步加剧。少数西方发达国家通过不平等的国际贸易体制，从发展中国家获取廉价的原料，加工后再高价卖回发展中国家，攫取“剪刀差”。而所谓的“援助”往往附以环境条件，以发展中国家的环境状况进行要挟，使发展中国家变为发达国家的廉价原料供应地和高价商品的销售市场。

西方发达国家不仅从发展中国家掠夺资源、财富，而且还反过来利用发展中国家环境立法宽松、发展经济的迫切心理等因素把本国的夕阳产业转移到他国，变成朝阳产业，攫取发展中国家的财富。此外，西方国家还直接将垃圾、有毒废弃物通过贸易向发展中国家转移。联合国环境规划署估计，全世界每年产出的危险废弃物高达 4 亿吨，其中 1 亿吨在异国处理，而发达国家向发展中国家出口达 1000 万至 2000 万吨。发达国家花钱消灾，发展中国家却不得不饮鸩止渴。

国际公正到底是听命于强者的声音还是要维护弱者的权益？发展中国家难道只能“望梅止渴”“画饼充饥”吗？

全球各国对减少温室气体排放负有共同的责任，但发达国家应偿还它们的生态债务，应承担减排的主要责任；建立公平的反映发展中国家强烈要求的合理的国际政治经济新秩序，确保各国享有平等的生存与发展权利，公平享有全球共同的资源。

气候变暖是一个具有全球性质的环境问题，单个国家的力量难以解决，需要全球各国的通力合作，更需要各国的协商和对话，建立国际公正

---

① 世界环境与发展委员会：《我们共同的未来》，王之佳等译，吉林人民出版社，1997，第 7 页。

原则，确保各国享有平等的生存和发展权利，根据经济发展水平、经济实力等承担不同的环境责任，谋求全人类的共同发展、全球生态危机的缓解和全球生态平衡的保持。

人类到目前为止取得的经济科技进步，每一步都离不开对全球生态环境的破坏。《京都议定书》的生效及其之后一系列气候谈判是人类对自身行为的理性反思，更是各国对自身发展模式的伦理反思。减排就意味着各国要校正发展模式，坚持科学、协调、可持续的发展观，要将这种发展伦理内化为自身的发展思路。只有从长远的眼光，站在全球共同利益的高度来看待这一问题，才能更好地理顺经济发展与环境保护的关系，兼得鱼和熊掌，为人类共同的未来添砖加瓦。

第三章　种族歧视　环境歧视

——族际环境公正

我们不仅一定要作为人类共同体的一员，也一定要作为整个共同体的一员，我们必须看到，我们不仅仅与我们的好邻居、我们的国人和我们的文明社会具有某种形式的同一，而且我们也应该对自然和人为的共同体一道给予尊敬。我们拥有的不仅仅是通常字面意义上所讲的一个世界。它是一个地球。没有对这种事实的了解，拒绝承认文明世界各个部分之间政治上与经济上的相互依存关系，人们就无法更成功地生活。一个虽非感伤的，却是无情的事实是：除非我们与除我们之外的其他生物共同分享这个地球，否则，就将不能长期生存下去。

——克鲁齐

追求环境公正首先是争取族群之间分配环境权利、环境责任的公正性。在人类的群族之间，环境问题的转移遵循的是强权理论。当白色人种视己为优秀人种之时，有色人种则成为环境问题的受害者；当发达民族视己为天赐之时，落后民族则成为环境污染的转嫁对象。垃圾的流向有如水之流向——水往低处流转，垃圾向贫困处搬移，环境上的不公正是人类内部关系的不公正的反映和体现。

第一节　环境公正运动的缘起：环境种族正义

环顾四周，我们看到的是一个嘈杂无序的世界，而所谓“无序”并非仅指社会失范陷入混乱、政治派系斗争不断、个体之间尔虞我诈，它还指正义被压制、强权唱主角、各种社会丑恶现象层出不穷。这种深层的无序使得人们一直以来就企盼天堂，但天堂对人来说总显得遥不可及，理想常常化为幻影。然而，即便如此，人们对一个公正合理的社会的追求步伐一刻都不曾停息，由此上演了一幅波澜壮阔的历史画面，消解种族歧视就是这幅画卷中的一角，并且由为人种的平等关怀延伸到为环境的种族关怀，环境公正运动也由此拉开序幕。

一 种族歧视与环境歧视

环境公正运动的兴起得益于异质的两种社会运动的有机结合，即美国现代民权运动和现代环保运动。

20 世纪 50 年代，美国爆发了现代民权运动。1955 年 12 月 1 日，美国黑人裁缝女工罗兹·帕克斯坐在一辆亚拉巴马州蒙哥马利市内公共汽车上，此时一位白人男子上车后即勒令其让座，在遭到严词拒绝后，该男子侮辱了这位黑人女裁缝。此事作为导火线引发了一场来势凶猛且旷日持久的“现代民权运动”，在黑人马丁·路德·金的领导下，黑人团结一致，用非暴力方式争取有色人种的权利，从而在种族歧视的魔帐中打开了一个缺口，并一步步走向深入。此后美国政府陆续颁布一些法律确认有色人种的各种权利，如：1955 年美国通过了选举权法，1965 年重新制定，黑人的选举权得到了确认；1960 年，美国最高法院做出判决，认定交通系统中的种族隔离是非法的；1961 年，美国州际商业委员会正式禁止种族隔离行为；1964 年美国通过了民权法，保证所有美国公民，不论种族、信仰、肤色、性别、原始国籍，享有就业和获得公共住房的平等机会；1968 年又制定了公平住房法，该法又被 1988 年通过的修正案加强了。至此，黑人取得了与白人同等的法律地位，至少具备了“法律面前人人平等”的形式意义。

从 20 世纪 60 年代起，美国爆发了现代环保运动。其先声是 R. 卡逊 1962 年出版的《寂静的春天》，其标志是 1970 年 4 月 22 日 2000 万人参加的环保大游行。这场被称为“自十字军以来的一次由一群乌合之众支持的马戏表演”的闹剧成为美国人乃至世界人难以忘记的一个历史事件。

历史常常以它漫不经心的方式成就某些凡人的美誉，美国哈佛大学法学院学生丹尼斯·海斯就是其中的一个幸运儿。他就是当年游行示威的倡导者。海斯热心环保工作，他在威斯康星州参议员盖洛德·纳尔逊的支持下，毅然办理了停学手续，全心投入环保运动，并在全美各地开展大规模的社区性活动。他在那一天的行动成就了世界第一个地球日。他也因此以“地球日之父”之誉而名垂青史。

现代环境保护运动的理论基础是现代生态学和浪漫主义，其实践指向的是主流美国人群——白人中产阶级的环境质量，并不关注有色人种所面临的环境问题。其实，一直以来美国白人都抱有歧视有色人种的倾向，并不时地在行动中表现出来。长期以来，有色人种被迫承受不合理的环境负担，如在他们的社区建造危险化学品工厂、危险废物填埋场等，给他们造成极大的环境损害。

在上述两种社会运动的背景下，一场以有色人种为主角的环境公正运动（也称环境种族正义运动）已经酝酿成熟，并一触即发。其导火线即1982年的“瓦伦大区抗议”事件。瓦伦是北卡罗来纳州的一个县，该县的主要居民是非裔美国人和低收入的白人。美国政府在此修建了一个掩埋式垃圾处理场，计划用于储存从该州其他14个地区运来的多氯联苯废物。这项决议遭到当地居民的抵制，在联合基督教会的支持下，当地人举行了一次大规模游行示威的抗议活动，由几百名非裔妇女和孩子，还有少数白人组成的人墙封锁了装载着有毒垃圾的卡车的通道，并与警察发生了冲突，在冲突中，当局逮捕了400多人，其中包括一位声援并参加了居民们的抗议活动的叫沃特·E. 方特罗伊的众议员。这次抗议第一次把种族、贫困与工业废物的处理及后果联系到一起，从而在社会上引起了强烈反响，并引发了国内一系列穷人和有色人种的类似的行动。“瓦伦大区抗议”虽以失败告终，但它促使环境公正从呼声转向运动。美国联合基督教会争取种族正义委员会的执行主任B. F. 小查维斯也通过对这一事件的观察提出了把种族与污染联系在一起的“环境种族主义”概念。沃特·E. 方特罗伊议员在获释后要求美国会计总署进行调研，分析污染与少数民族社区之间的关系。会计总署随即提出了一份报告，指出美国东南地区四座最大的填埋场有三座建在穷苦的非洲裔美国人社区。游行示威和这份报告引起了人们对这一种族歧视新现象的注意，环境公正运动的序幕正式拉开。

5 年后的 1987 年，联合基督教会争取种族正义委员会就少数民族和穷人社区面临的环境问题展开了更进一步的调查，分析了美国有毒废物填埋场的分布情况，提交了一篇题为《有毒废弃物与种族》的研究报告，正式将长久隐藏于美国社会底层的环境公正问题推到了环境保护关注的前沿。

研究发现，“美国白人一直在把垃圾堆放在黑人的后院里”。在有色人种社区建造商业性有毒废物填埋场的可能性是白人社区的 2 倍；大约 60% 的非洲裔、西葡裔美国人生活在建有有毒废物填埋场的社区；1500 万非洲裔、800 万西葡裔美国人生活在有一个以上有毒废物填埋场的社区；在有毒废物填埋场最多的 6 个城市中，黑人人口均大大多于白人人口，它们是孟菲斯市（黑人 43.3%，173 座）、圣·路易斯市（黑人 27.5%，160 座）、豪斯汀市（黑人 23.6%，152 座）、克利夫兰市（黑人 23.7%，106 座）、芝加哥市（黑人 37.2%，103 座）、亚特兰大市（黑人 46.1%，94 座）。1987 年出版的《必由之路：为环境公正而战》首次使用了“环境正义”（environmental justice）一词，一个新概念正式诞生，人们也有了一个准确的词语来称谓这场新的社会运动，它得到了广泛的采用。

随着环境公正运动的开展，越来越多的人认识到，有色人种和经济弱势群体确实承受着不合理的环境负担，其中一个重要原因也许在于，美国白人作为社会的主流和上层，掌握着社会的大部分决策权力和话语权，这使得他们在环境规划和环境决策中有意无意地渗透着种族偏见，并在政治、经济、文化制度上进行强化。种族偏见成为确定垃圾堆放场所的一个重要变量。可以说，环境公正是美国环境种族主义促使环境保护运动发生转向的客观要求和必然趋势。美国环境保护运动在取得了令人瞩目的成就的同时——充分体现在公众的环境保护意识和政府的环境保护政策和行为上，也陷入了难以解脱的许多矛盾之中，进入一个十字岔道口，但环境公正运动却为这种迷茫打开了一个视镜。

环境公正运动反映了美国下层群众，尤其是有色人种的心声。此前，有色人种就一直在社会政治、经济、文化、卫生、教育等各个领域及工厂、政府机关等场所遭遇白人歧视、排斥等不公正的待遇。直到马丁·路德·金1963年发表著名演讲“我有一个梦想”后，种族运动才达到一个高潮，此后少数民族的人权稍有改观。而环境公正将环境负担的承受与种族、阶层、财富和权力等不为人知的社会关系昭示世人，给人们指出了看待环境问题的新视角，人们发现环境问题的真正原因在于社会关系及其结构的非正义性，要想解决环境问题必须首先解决社会不公正问题。正因为此，可以说环境公正运动是民权运动引入环境领域的表现，是民权运动的扩展与延伸，本质上是一个社会公正问题，它强烈呼唤人权的真正兑现。[①] 这使环境公正运动不仅持续推动着美国环境保护运动走向深入，刺激着美国环境伦理自我更新与完善，更对美国环境立法和政府环境决策，甚至于总统选举都产生了深远影响，而且也在国际社会引起了强烈反响和轰动，尤其是许多发展中国家的研究人员开始注意到西方环境伦理思想所具有的“普适性”虚妄，坚持探索符合本国的环境伦理思想。

1991年10月，在联合基督教会争取种族正义委员会的资助下，首届全美有色人种环境保护领导人峰会在华盛顿召开。500多名来自各民族、种族、文化和经济团体的人员参加大会。会议表达的中心思想为，环境问题是与500多年的殖民化所造成的政治、经济、社会和文化不平等交织在一起的，因而环境公正运动的目标是导致其社区、土地被毒化，种族被灭绝的政治、经济、社会和文化重新自由化。环境保护主义者们呼吁保护濒临危险的物种，但环境正义者们却说：“非裔美国人不关心濒临危险的物种，因为我们才是濒临危险的物种。”美国白人中产阶级“以不惜任何代价消灭环境公害为名，在全国范围内停止、削减或阻碍那些雇佣我们的工业和经济活动，全然不顾我们的生存需要和文化”。确实，当环境保护主义者们所考虑的环境只是“生活”“工作”“玩耍”的地方时，他们更为关心的是保证公众健康的条件，而不是远离社区的荒野和森林。[②]

---

① 侯文蕙：《20世纪90年代的美国环境保护运动和环境保护主义》，《世界历史》2000年第6期。

② 文同爱：《美国环境正义概念探析》，载《武汉大学环境法研究所基地会议论文集》，2001。

他们将斗争范围很快从“不在我后院主义”转变为“不在任何人后院主义”。会议通过了一个著名声明——《环境正义原则》，提出了实现环境公正应遵循的 17 项原则。

自此，各种环境公正团体参考这些原则确定追求的目标，强有力地推动了环境公正运动。环境立法是环境公正运动推动的显著成果之一，二者具有明显的正向影响关系。1993 年由阿肯色州国民大会和州参议院通过了这份《环境正义原则》，经州长吉姆 · G. 塔克签署的《加强影响固体废物处理设施选址中实现环境公平法》也提出切实保障废物承担的补偿权利；1993 年的《平等环境权利法》提出“环境状况恶劣的社区”概念及含义；1994 年发布的克林顿总统命令《第 12898 号行政命令——在执行联邦行动时为少数民族居民和低收入居民实现环境正义》，要求所有联邦机构在实施项目、制定政策、采取行动时，都把实现环境公正作为自己的使命，同年由“备选政策中心”组织编写的《环境正义模范法典》问世。在此期间也涌现了一大批主张环境公正的团体组织：社区恢复人民阵线（People for Community Recovery，1982），为清洁环境而战的土著美国人（Native Americans for a Clean Environment，1985），环境公正与经济正义西南网络（Southwest Network for Environmental and Economic Justice，1990），最南部环境公正中心（Deep South Center for Environmental Justice，1993），环境公正资源中心（Environmental Justice Resource Center，1993），全美印第安人环境疾病基金会（National American Indian Environmental Illness Foundation，1994）。政府机构也增设了许多以保障环境公正为目的的办公组织。尽管如此，这绝不意味着美国的环境公正运动一帆风顺。1994 年克林顿提出的几项环境法案没有得到国会的批准。美国环境公正运动是在与反环境保护主义（如“民智利用组织”）和主流环境保护组织的竞斗中发展起来的，环境正义者既要克服自身的理论缺陷，又得以积极姿态投身于政治活动，巩固和扩大已有的成果。摆在他们面前的是条崎岖坎坷的小路。

二　环境公正的世界影响

美国环境公正精神很快传入国际世界，并深深影响发展中国家既有的环境目标和实现形式。一些发展中国家的人民意识到，他们在国际上的环境处境与美国少数民族的环境处境如出一辙。在几百年的殖民历史上，西方宗主国就一直大肆开采掠夺殖民地国家丰富的自然资源，至今仍通过不公正的国际经济政治秩序，以其雄厚的物力财力和尖端的科学技术变相地压榨发展中国家仅剩的自然资源，与此同时向发展中国家输出大量的环境废弃物甚至有毒废物，西方大国是全球资源的最大消耗者和全球污染的最大制造者。“只有一个地球”这个平凡而伟大的真理对他们来说从来就像幻影一般。他们过着奢侈豪华和铺张浪费的生活，却全然漠视发展中国家人民的死活。1994 年，印度生态主义者古哈在一篇题为《激进的美国环境保护主义和荒野保护——来自第三世界的评论》的文章中，表达了第三世界要求实现“环境正义”的呼声。该文章强调指出，贫穷国家和地区同样存在环境保护运动——“穷人环保主义”的环境保护运动，它不同于西方主流环境保护的形式。西班牙阿里哀在《“环境正义”（地区与全球)》中提出“穷人环保主义”概念，并把它定义为“保护生活和取得自然资源的权利不受到政府或市场的威胁，反对因不平等交换、贫穷、人口增长而导致的环境恶化”。[①] 伊利诺伊大学温茨博士在 1988 年出版的《环境正义》中着重从分配正义的诸理论出发，关心在利益与负担存在稀缺与过度时应如何进行分配的方式问题。[②]

我国环境伦理学者也较早注意到西方伦理的“普适性”虚妄，早在 1995 年王正平先生就在《哲学研究》第 6 期发表了《发展中国家环境权利和义务的伦理辩护》，以后零星论述不断。笔者于 2002 年开始系统研究“发展中国家现代化进程中的环境伦理问题”，2007 年由山东人民出版社公开出版的笔者的《环境正义——发展中国家环境伦理问题探究》，也是这方面研究的较早专论之一。

环境公正运动起源于环境种族主义，“环境正义，在本来意义上是种族正义的延伸，是其子概念”。[③] 随着运动的深入，环境正义所涉及的主体

① 〔西班牙〕琼·马丁内斯－阿里哀：《“环境正义”（地区与全球)》，载〔美〕弗里德里克·杰姆逊、三好将夫编《全球化的文化》，马丁译，南京大学出版社，2002，第 29 页。

② 〔美〕彼得·S. 温茨：《环境正义论》，朱丹琼、宋玉波译，上海人民出版社，2007。

③ 文同爱：《美国环境正义概念探析》，载《武汉大学环境法研究所基地会议论文集》，2001。

已由种族延伸到地区、群体、性别和国别等广泛领域，其内涵也愈来愈丰富，已远非“环境种族主义”所能包容。环境公正运动表明了有色人种争取平等自由权利的努力，促使美国民权运动延伸，也将被长期掩盖或忽视的利益主体的差异性和对抗性摆上了台面。环境公正运动的发展及其思想的传播，既对当代环境伦理的理论及其指导的西方主流环境保护实践提出了挑战，也为当代环境伦理提供了一个从现实的角度看待和分析环境问题的崭新视角。因而，环境公正运动开启了环境思想史研究的新热点，一些新兴学科也方兴未艾，如环境社会学、环境法学、环境政治学、环境历史学，这些学科着手于环境问题的社会学阐释和环境法律法规的制定与完善，从而化解日益恶化的生态危机，拯救人类共同的家园。这是环境公正运动的积极成果。当然，目前的环境公正运动及思想具有以下两个致命缺陷。

其一，环境公正运动一般以不同种族、不同群体、不同地域、不同性别和不同国别等二分视角审察当前的环境问题，这种眼光虽然具有其现实性，但与生态整体主义相悖，从而有意无意地淡忘了环境危机的复杂性、普遍性和整体性。

诚然，现实社会的不公正是导致环境恶化的重要原因，环境问题绝不能孤立于社会而得到彻底消除，撇开人与人的关系而意图在人与自然的关系改善中化解环境危机是不现实的。“人们对自然界的狭隘关系制约着他们之间的狭隘关系，而他们之间狭隘的关系又制约着他们对自然界的狭隘的关系。”① “人与人的关系”与“人与自然的关系”的深刻的内在关联性是通过人的实践活动不断深化和发展的。但在实践上，人们为获得公正的对待又不得不以环境破坏为代价，“非裔美国人不关心濒临危险的物种，因为我们才是濒临危险的物种”正是此种情况的生动写照。以美国环境种族运动为例，在经济政治利益与生态价值对立时，显性的经济政治利益往往胜出，从而出现富有戏剧色彩的结果：“当他们的经济利益受到损害时，在和环境保护主义相较量时，这两个本处于对立面的阶层（指环境正义主义者和反环境保护主义者——引者注），反而会站在同一战壕之中，基于这同一立场，他们在处理和非人类的自然的关系时，也同样总

① 《马克思恩格斯全集》（第42卷），人民出版社，1979，第119页。

是要把人放在第一位。最终，这种从同一角度来评价人和自然关系的价值观念上的一致，使得本来壁垒绝对分明的社会力量不约而同地将其矛头对准了一个目标——环境保护主义。”① 栽下的是菩提树，开出的是罂粟花，呜呼！

就国际社会而言，环境公正主要是发展中国家和发达国家的对垒，发达国家指责发展中国家人口众多是环境危机的渊薮，而发展中国家声色俱厉地揭批发达国家的“光荣历史”，谴责资本主义生产方式是环境破坏的罪魁祸首。发展中国家想到共同的人类利益，却心有余而力不足，发达国家以全球利益的代表而自居，关键时刻却百般敷衍塞责，美国对待《京都议定书》的态度可见一斑。“全球视野，地区行动”的口号至此只剩残破的半边天“地区行动”。“全球视野”呢？早就抛在脑后了！持整体主义原则的卢风教授指出：“阶级分析学派和地域视角的环境公正论正确地指出了环境伦理的某些弊病，但其基本观点是十分片面、狭隘的。”②

其二，环境公正运动以追求人类主体利益为鹄的，从而不免陷入人类中心主义的窠臼之中。

环境公正运动的一个核心点，即在人类的社会关系处理中达成人与人之间利益的公正合理化。人类尽管也注意到环境保护的重要性，但往往以人的利益来审视环境保护的价值和意义，最多不过是诺顿式的弱势人类中心论或默迪式的现代人类中心论。而环境伦理学作为一场“哥白尼式的革命”就在于超越主客二分的思维模式，改变以往的机械论自然观和“人类至上”价值观，放弃征服者之剑，从而突破人际伦理，将道德关怀的雨露洒向广袤的大自然，实现人与自然的和谐。出于外在利益的环境保护运动由于缺乏深厚的伦理底蕴终将会行而不远、无果而终。环境伦理开拓者们十分注意虔诚自然之情和敬畏生命之心，环境保护要求人类具备重建人与自然关系的强烈愿望，把自己看作大自然共同体的一员而加倍珍惜一草一木。

环境公正运动以种族运动的形式最先在美国爆发并不奇怪，这是美国

① 侯文蕙：《雨雪霏霏看杨柳》，《读书》2001年第6期。

② 卢风：《应用伦理学》，中央编译出版社，2004，第226页。

在环境问题上一直奉行种族歧视政策的必然结果。长期以来，美国人以本国的良好生态环境和生活环境而沾沾自喜，殊不知，隐藏的环境危害，如有毒废物及废弃物一直以来就被有色人种消受着。事实的真相是，污染物并没有被消灭，而是以转嫁的形式隐藏起来了。

这种情况绝非仅限于美国，世界任何地区都存在类似现象。我国是否也隐藏着不为人所察觉的民族之间的环境不公正现象呢？答案是肯定的。2006 年 12 月，全国人大常委会副委员长司马义·艾买提向全国人大常委会报告民族区域自治法执法检查情况时指出，《中华人民共和国民族区域自治法》第 65 条[①]并未得到很好执行，民族地区在资源开发过程中所得利益补偿甚少，而且不规范，耕地占用、环境污染、地质灾害、移民安置后的扶持多由民族地区承担，民族地区干部群众反映强烈。[②] 事实上，多年以来，正如我们曾经以为环境问题不属于社会主义国家一样，我们也没有重视族际环境公正问题，即其他先发民族与少数民族的环境利益、环境责任上的分配公正问题，以及作为环境主体的少数民族的生存境况与环境需要之间的平衡性问题。

第二节 少数民族：环境资源与生存方式

少数民族是中华民族大家庭中的不可或缺的重要成员。少数民族地区的资源虽然富饶，但生存条件很恶劣，少数民族同胞坚守着自己的文化传统、生存方式和生产方式。关注这片土地上的自然资源的可持续利用，关注固守着这片土地的人们，是环境公正必然延伸的维度。

一 资源拥有与环境享用

中国历来号称“地大物博”，这确实能找到很多凭据。然而，问题的

① 《中华人民共和国民族区域自治法》第 65 条：“国家在民族自治地方开发资源、进行建设的时候，应当照顾民族自治地方的利益，作出有利于民族自治地方经济建设的安排，照顾当地少数民族的生产和生活。国家采取措施，对输出自然资源的民族自治地方给予一定的利益补偿。”

② 《司马义·艾买提提出 6 大措施加大扶持民族地区发展力度》，中国广播网，2006 年 12 月 30 日。

另一面却叫人黯然沮丧，中国又是个跛脚的巨人——自然资源分布极其不均，人均资源极其微小，自然资源与社会其他因素配合极其不协调。

在中国地理学上有一条十分著名的“辉腾线”，也称“胡焕庸线”①。它以黑龙江的瑷珲（即爱辉，今称黑河）和云南的腾冲为两端点将整个中国划分为西北和东南两部分，其面积分别占全国的57.1%和42.9%。据2010年第六次全国人口普查，我国东部地区人口占31个省（区、市）常住人口的37.98%，中部地区占26.76%，西部地区占27.04%，东北地区占8.22%。

在中国这样一个幅员辽阔、地理和资源分布极为复杂的世界第一人口大国，人与资源的种种关系表现得极为敏感、集中和丰富。中国拥有全球22%的人口，却只有全球6.4%的陆地面积、6%的可更新淡水资源、7%的耕地。生存空间极为有限，经济发展的资源基础非常薄弱。当我们自豪地说“中国以她不到7%的耕地养活了占世界22%的人口时”，其间又包含了何等的酸楚与无奈！

这是我们在谈论或理解我国某一地区或某一民族的自然资源时的预制背景，我想，也是我们探讨我国少数民族的自然资源和生存方式的前提。

中华人民共和国是一个统一的多民族国家，迄今为止，通过识别并由中央政府确认的民族有56个。中国各民族之间人口数量相差很大，其中汉族人口最多，其他55个民族人口相对较少，习惯上被称为“少数民族”。据2010年第六次全国人口普查，大陆31个省、自治区、直辖市和现役军人的人口中，汉族人口为1225932641人，占91.51%，各少数民族人口为113792211人，占8.49%。

少数民族地区拥有较丰富的自然资源（这是在全国范围内对比的相对概念），这是一个不争事实，但是，其中很大一部分自然资源赖以存在的地域却有着恶劣的自然环境，这是地质演变的结果。从自然地理来看，我国少数民族聚居的地方，总体上来说自然条件比较差，不仅地处边缘地带，而且其地貌基本上是以高原、高山和山间盆地、沙漠、戈壁等为主，

① 胡焕庸是我国著名的地理学家、人口学家和地理教育家，辉腾线是他1935年在《中国人口之分布》一书中首先提出来的。

大部分地区属于所谓的“边际土地”，即降雨量少且不可靠，气温低、山坡陡峭等因素严重地限制了自然生物的生长。

一般认为，自然资源（natural resources）是指在一定技术经济条件下，自然界中对人类有用的一切物质和能量，如土、水、气、森林、草原、野生动植物等。自然资源按其用途可分为生产资源、风景资源、科研资源；按其属性可分为土地资源、水资源、生物资源、矿产自源等；按其能被人们利用时间的长短，又可分为有限资源和无限资源两大类，前者又分为可更新资源（或可再生资源）和不可更新资源（或不可再生资源）。随着技术的进步和经济的发展，自然界中对人无用的物质也可以变成有用的资源。①

当然，人们对自然资源的理解也有些许差异，以下就此列举几个权威工具书对自然资源的定义，以供参照。《辞海》一书关于自然资源的定义是“天然存在的自然物（不包括人类加工制造的原材料），如土地资源、矿藏资源、水利资源、生物资源、海洋资源等，是生产的原料来源和布局场所，随着社会生产力的提高和科学技术的发展，人类开发利用自然资源的广度和深度也在不断增加”。

《中国资源科学百科全书》给出的定义是：“自然资源是人类可以利用的、自然生成的物质和能量。它是人类生存与发展的物质基础。”自然资源主要包括土地、水、矿产、生物、气候和海洋六大资源。

《英国大百科全书》认为自然资源是“人类可以利用的自然生成物，以及形成这些成分的源泉的环境功能。前者如土地、水、大气、岩石、矿物、生物及其群聚的森林、草场、矿藏、陆地、海洋等；后者如太阳能、环境的地球物理机能（气象、海洋现象、水文地理现象）、环境的生态学机能（植物的光合作用、生物的食物链、微生物的腐蚀分解作用等）、地球化学循环机能（地热现象、化石现象、非金属矿物的生成作用等）”。这个定义明确指出环境功能也是自然资源。

联合国环境规划署认为：“所谓自然资源是指在一定时间、地点的条

① 《环境科学大辞典》编辑委员会编《环境科学大辞典》，中国环境科学出版社，1991，第871页。

件下能够产生经济价值得以提高人类当前和将来福利的自然环境因素和条件的总称。”

这些定义各有侧重点和不足，但却都认可自然资源是一个自然过程所产生的天然生成物，是与资本资源、人本资源并称而言的。然而，我们知道人类正以空前的速度扩大活动范围，人类的足迹犹如“勋章”挂在南北极，甚至月球上。可以说，整个地球目前都或多或少地刻下了人类活动的印记，自然资源已经不同程度地融合了人类的劳动，所谓自在世界已停留于人们的想象和记忆中，人化世界一步步挤占着自在世界的传统边界。

中国少数民族地区幅员辽阔，蕴藏着极其丰富的自然资源，为经济的发展提供了重要的物质基础。

在水利资源方面，民族自治地方的水力蕴藏总量为3547万千瓦，占全国总量的52.5%。著名的江河如长江、黄河、黑龙江、塔里木河、澜沧江等都发源或流经少数民族地区。许多著名的湖泊，如青海湖、罗布泊、呼伦贝尔湖、羊卓雍湖、纳木湖、洱海等也都在少数民族地区。

少数民族地区有着适宜发展农业的肥田沃土，已耕种的土地面积有2210.13万公顷，盛产水稻、小麦、青稞、大豆、棉花、油料、油棕、蔗糖、烤烟、橡胶等多种农作物。内蒙古是中国重要的甜菜生产基地之一，新疆是中国长绒棉的重要生产基地，广西是甘蔗生产基地之一，云南少数民族地区盛产的烟草、茶叶驰名全国，宁夏著名的土特产枸杞、甘草、发菜等也享有盛名。少数民族地区还盛产各种名贵的水果和药材，野生动植物资源也十分丰富，如举世闻名的熊猫、稀有的亚洲象、梅花鹿、东北虎、孔雀、金丝猴、长臂猿等珍禽异兽都主要栖息在少数民族地区。

少数民族地区的草原面积约45亿亩（其中可利用的达31亿多亩），占全国草原面积的94%，适宜饲养牛、羊、绵羊、牦牛、马、骆驼等各种牲畜。

中国的森林很大一部分集中在少数民族地区，共约7亿亩，占全国森林总面积的41.6%；木材蓄积量52亿立方米，大约占全国蓄积量的51.1%。

少数民族地区的矿产资源丰富，品种多，品位高。现在已勘测的铁矿石保有储量56亿多吨，煤保有储量为2540.86亿吨，石油地质储藏量达8.37亿吨。非金属矿产资源也十分丰富，如新疆的云母，宁夏的石膏，内蒙古的天然碱、铁矾土和磷矿，等等。

看到这些，我们感到欣慰，但是我们脑海中可能又浮现出挥之不去的另一面：沙漠化东进南移、濒临物种锐减、冰川日益融化、草原大面积消失……这让我们想到一个名叫《蝎子王》的美国电影，其中有一个神奇的场景：蝎子王在一次惨重战败之后，颓丧地挪走于茫茫大漠之中，触目所及乃一个个沙峰犹如翻江之波涛，此起彼伏，延绵不绝。饥渴交加的蝎子王即时抓起一只蝎子就吞了下去，于是神奇出现了：一棵棵大树拔地而起，沙漠在片刻之间变成郁郁葱葱的原始灌木森林，而他也在顷刻之间变成力大无穷的蝎王。这当然是表达“神力”的“神话”，可当今“人力”却敢于挑战“神力”，创造着一个个“神力”都可能自愧不如的“人话”：2000 年，西藏易贡湖——一个极为秀丽，长达 12 千米的湖泊，转眼之间就消失了……一场场看似“天灾”的自然灾害又包含着多少“人祸”呢？这是人类骄妄、贪婪和无知的折射，自以为胜利者的人类在吞噬自然的躯体之时，正在品尝着自己所酿造的苦酒，一步步把自己逼上死亡险境。自然环境将不堪我们欲望的重负，人类迫切需要一种新的伦理思想的引导，重建新质的文明——生态文明。

少数民族地区地域辽阔，自然资源丰富，是我国长江、黄河中下游地区的生态屏障，是我国生态系统的平衡枢纽。但是，长期以来在“重经济发展，轻生态保护”的思路指导下，民族地区的生态遭到严重破坏，森林资源退化、水土流失、干旱、石漠化和荒漠化等问题突出，自然灾害频频发生，生态环境不断恶化，生态系统对经济的承载能力越来越弱。绿色和平组织在一份报告中指出，全球气候变暖正加速青藏高原的冰川融化，导致大量的冰河和降雪水蒸发，水量缩减的河流随时有淤塞断流的危险。该环保组织引用一项预测说，到 2035 年，青藏高原及周边地区 80% 的冰川都会消失。“亚洲水塔”青藏高原冰川的消融将影响到数亿人的生存。[①]

至此，我们心中纠缠的一个疑问越来越强：为何资源富饶的民族地区最终换来的却是一杯苦酒？

我们可能会认为，不合理的耕作和过度无序的开发是导致这一恶果的

---

① 〔英〕Clifford Cooman：《绿色和平组织警告：西藏冰川融化威胁中国水源》，吴素萍译，《青年参考》2007 年 6 月 7 日。

重要原因，如对森林有组织、有计划的“剃光头”式采伐，人口的无控制式增长，以及对自然资源掠夺式的开发。这个答案固然正确，但并未触及问题的本质——谁是最终的受益者？问题的本质在于：环境资源的拥有者并没有成为环境资源的享用者，而环境资源的享用者并没有成为环境资源的建设者。少数民族地区在我国现代化建设中一直担当无偿资源库的荣誉角色，“苦”为他人作嫁衣裳。而东部地区一直享用这样“免费的午餐”，能不“心广体胖”吗？

二 西部开发与公正期待

东西部地区发展差距的历史存在和过分扩大，是一个长期困扰中国经济和社会健康发展的全局性问题。支持西部地区开发建设，实现东西部地区协调发展，是我们党领导经济工作的一条重要方针，也是我国现代化建设中的一项重要战略任务。早在20世纪50年代，毛泽东同志在《论十大关系》中就强调，要处理好沿海工业和内地工业的关系。80年代，在我国改革开放和现代化建设全面展开以后，邓小平同志提出了“要顾全两个大局”的地区发展战略构想，这是审时度势的发展策略。江泽民同志高度重视这个具有全局意义的重大问题，提出要“抓住世纪之交历史机遇，加快西部地区开发步伐”的总原则，把实施西部大开发当作全国发展的一个大战略来抓。2000年1月，党中央对实施西部大开发战略提出了明确要求，国务院成立了西部地区开发领导小组，实施西部大开发战略拉开了序幕。西部大开发总的战略目标是：经过几代人的努力，到21世纪中叶全国基本实现现代化时，从根本上改变西部地区相对落后的面貌，努力建成一个山川秀美、经济繁荣、社会进步、民族团结、人民富裕的新西部。胡锦涛同志在十七大报告中指出，科学发展观的根本方法是统筹兼顾，提出要大力推动区域协调发展，深入推进西部大开发。十八大报告指出，继续实施区域发展总体战略，充分发挥各地区比较优势，优先推进西部大开发，全面振兴东北地区等老工业基地，大力促进中西部地区崛起，积极支持东部地区率先发展。采取对口支援等多种形式，加大对革命老区、民族地区、边疆地区、贫困地区的扶持力度。这些战略思想和规划表明，必须将西部少数民族地区的开发和保护纳入中国现代化的进程中，实现协调发展。

我国政府在推进西部大开发时，特别重视西部地区的环境建设，力求在西部地区做到经济发展、扶贫工作与环境保护、生态建设两手抓两不误。如退耕还林工程，这个工程始于1999年，是迄今为止我国政策性最强、投资量最大、涉及面最广、群众参与程度最高的一项生态建设工程，也是最大的强农惠农项目，仅中央投入的工程资金就超过4300亿元，是迄今为止世界上最大的生态建设工程。截至2011年底，全国退耕农户户均累计得到7000多元的补助，尤其是西部地区、高寒地区、民族地区和贫困地区，退耕还林补助在一定程度上使当地农民的贫困问题得到缓解，生活普遍得到改善。“十一五”期间，我国政府出台的支持少数民族和民族地区发展的政策性文件就有14个。其间，共投入1670多亿元人民币支持民族地区的公路和水路建设，投入专项资金150多亿元用于改善民族地区的基层医疗卫生条件。截至2009年，我国民族八省区国内生产总值年均增长13.1%，民族八省区的农村绝对贫困人口从2001年的3070多万人下降到1450万人。“十一五”期间，中国民族地区的国内生产总值和财政收入每年均以两位数的速度增长，高于全国平均增速。全国生态建设规划的重点地区和重点工程绝大多数在民族地区。“十一五”规划确定的22个限制开发区域，19个在民族地区。同时继续在民族地区实施退牧还草、天然林保护等重大生态工程等，使局部生态环境明显改善，森林覆盖率明显提升。

但是，我们依然要认识到，长期以来，西部的资源优势未能转化为经济优势，准确地说未转化为自己的经济优势。几十年的现代化建设历程，正是得益于西部源源不断的资源供应，中国近年来的GDP增长率一路遥遥领先于世界各国，这着实令国人骄傲！可又有多少人想过每个百分点的GDP的增长其实都凝结着西部的资源因子？我们几乎可以说，是西部筑就了中国的发展神话！因此，西部大开发不仅仅是物质财富、社会进步的大开发，而且也是社会公正、环境公正的大开发。推进西部开发是实现中国整体大发展的必然之势。唯此，才是西部之幸，中国之幸！

造成东西部发展差距固然有着复杂的历史原因，但是否也有着某些政策因素和制度因素呢？它们是否需要接受伦理的检视呢？制度的生命在于公平和正义，制度的最大效用也在于保障公平和正义。罗尔斯认为：“正义是社会制度的首要价值，正像真理是思想的首要价值一样。一种理论，无论它多么精致和简洁，只要它不真实，就必须加以拒绝或修正；同样，某些法律和制度，不管它们如何有效率和有条理，只要它们不正义，就必须加以改造或者废除。"[①] 与此同时，他不厌其烦地对功利主义展开强烈批判。功利主义以追求最大多数人的最大利益为旨归，少数人的利益则无关宏旨，即使错，"错也错得值的"。它只关心利益的最大化，不在乎利益分配问题。它"首先把善定义为独立于正当的东西，然后再把正当定义为增加善的东西"。[②] 在功利主义看来，正义原则作为一种次级道德原则是从属于功利原理的。

功利主义或实用主义在造就一个经济大国的同时也生成了一个落后西部。这就是功利主义的魔力，令人神往；这也是功利主义的悲哀，让人感怀。

中国人向来对功利主义（实用主义）嗤之以鼻，斥之为资产阶级腐朽文化加以贬抑，但在市场经济的大潮中，却无时无刻不在自己的思想和行为中操持着功利主义精神，"实用理性"充斥着中国社会的每个领域和角落，甚至于某些政策和法律。这本无可厚非，功利主义的鼻祖边沁在开创此派之时就已有言在先——寻求公共政策的最大效果。只是我们将糟粕和精华一股脑儿全吞下去，难免消化不良，效率有余，公平不足。中国长期奉行的"效率优先，兼顾公平"在一段历史时期发挥着调动人的潜能和生产力潜力的巨大作用，但事与愿违，这种以功利后果来判断行动的标准很容易在利益的驱使下滑向"唯有效率，无奈公平"的极端。为此，注重效率、突出公平成为历史的呼唤。在十届全国人大五次会议记者招待会上，国务院总理温家宝指出，我们要推进社会公平与正义，特别是让正义成为社会主义国家制度的首要价值。十七大报告以党的文献明确提出实现社会公平正义是发展中国特色社会主义的重大任务。十八大提出，逐步建立以权利公平、机会公平、规则公平为主要内容的社会保障体系，努力营造公平的社会环境，保证人民平等参与、平等发展的权利。从环境伦理学角度说，这就要求使每个人都拥有平等的生存、发展的权利和机会，包

---

① 〔美〕约翰·罗尔斯：《正义论》，何怀宏等译，中国社会科学出版社，1988，第3页。

② 〔美〕约翰·罗尔斯：《正义论》，何怀宏等译，中国社会科学出版社，1988，第24页。

括环境权益。

长期的资源滥用，不仅使少数民族地区的生态系统濒临险境，制约了东部地区的经济发展，而且也危害到东部地区的生态环境。1998 年长江中下游地区发生百年一遇的洪灾，2000 年沙尘暴数次肆虐北京，这犹如扇在国人脸上一记记沉重的巴掌，知痛的人们猛然醒悟，再也不能对他人之事高高挂起，“各家自扫门前雪，莫管他人瓦上霜”的“处事智慧”并非灵丹妙药，于是，“全国一盘棋”的全局思维逐渐起而代之，环境保护被提上了国家议事日程。

环境保护与经济发展如何实现良性互动？抑或说环境保护需要与生存发展需要如何兼容？鱼和熊掌的选择是个两难困境抑或是个虚假对立？这是每个人必须思考的问题，因为我们无时无刻不在受着天气变幻无常的影响，“无形杀手”（紫外线）可能与我们不期而遇，“空中死神”（酸雨）正在张狂地施展它的魔力，“地球之肺”（森林）功能日渐衰竭……总之，地球母亲已千疮百孔、满目疮痍、伤痕累累了，人们不时能听到她的痛苦呻吟。

生态的恶化催逼着人们承担做出选择的压力。对于少数民族而言，这种压力更大，因为少数民族地区幅员辽阔，经济发展程度不一，生态状况各异，两者之间又表现出多重复杂关系，人们的基本需要与环境保护表现出更为尖锐的对立，甚至难以寻觅调和的余地。

富裕的民族地区拥有保护环境的经济基础和物质实力，问题较易解决，而贫困的民族地区，其基本需要的满足和环境保护的愿望之间的矛盾很棘手，其主要有以下几种表现。

第一种是鱼和熊掌都不可得，这主要表现在生态脆弱区。贫困的乡民向贫瘠的自然进军，人们以饮鸩止渴的方式暂缓捉襟见肘的生活，贫困的生活建基于“贫血”的自然，最后四肢瘫痪的自然哪堪人们的轻微一击！贫困与污染彼此相互强化，导致恶性循环。

第二种是鱼和熊掌不可兼得，这表现在生态良好区域实行农耕型生态文化的少数民族，他们始终秉持着粗放式的破坏自然环境的落后生产方式。资源优势足以满足民族地区的基本生活需要，但这并非长久之策，人类长时间的折磨最终导致生态不堪重负。肚子虽然饱了，可伤口裸露着，鲜血流淌着，岂能久乎？如不预防，难免滑向可悲结局，把“生活园地”变成“生命禁区”。

第三种是鱼和熊掌兼得，畜牧型生态文化和采猎型生态文化的少数民族属于此类。只要方法得当，对自然环境没有显著的负面影响，能保持一种低层次的人与自然协调发展的状态，但难以满足人们日益增长的物质文化生活需要。

由于贫困，少数民族地区人民并不感到幸福。财富对幸福的影响尽管只是相对的，尤其在恩格尔系数[①]日益下降，精神产品对幸福的影响越来越大的今天更是如此，但是在绝对贫困的条件下，物质财富对幸福却具有极大的影响。斯宾诺莎式的幸福太过高妙而难免令人望而却步，并非常人所能企及。但我们决不应抱着轻慢的态度对待这种执着追求精神幸福的人，而是应该油然而生崇敬之情。对于像斯宾诺莎式追求幸福的圣哲之人，我们只能瞻仰，“‘高山仰止，景行行止’。虽不能至，然心向往之”。[②]

不可否认，西部开发给少数民族地区的人们带来了希望。可以说西部开发是我国导向和谐社会的一次公平大试验。如今，试验已初见成效，生态状况明显改善，人民生活水平显著提高。“西气东输”“西电东送”、青藏铁路等一批重大工程的确在某种程度上实现了由资源优势向经济优势转化。从 1999 年开始，我国政府还相继大规模地实施了惠及所有民族自治地方的“贫困县出口公路建设”“西部通县油路工程”“县际和农村公路建设”等交通基础设施建设。此外，国家在 1995 年开始实行的过渡期转移支付办法中，对内蒙古、新疆、广西、宁夏、西藏五个自治区和云南、贵州、青海三个少数民族比较集中的省以及其他省的少数民族自治州，专门增设了针对少数民族地区的政策性转移支付内容，实行政策性倾斜。《全国生态环境建设规划》中的四个重点地区和四项重点工程全部落在少

① 恩格尔系数是食品支出总额占个人消费支出总额的比重，是由德国统计学家恩格尔创造的，其目的是揭示一个国家或地区居民生活水平和发展阶段。一般情况是：随着家庭和个人收入的增加，收入中用于食品方面的支出比例将逐渐减小。根据联合国粮农组织提出的标准，恩格尔系数在 60% 以上为贫困，50% ~60% 为温饱，40% ~50% 为小康，30% ~40% 为富裕，低于 30% 为最富裕。

② 《史记·孔子世家》。

数民族地区。国家实施的“天然林保护工程”和退耕还林、退牧还草项目主要在少数民族地区。

但在开发过程中也暴露出了一些问题，如在以封山绿化、天然林保护和退耕还林为主要内容的西部地区生态环境治理和建设工程中，林业工人、牧民等的收入受到影响，柴火来源的断绝也给人民生活带来了极大不便，粮食的生产和供应受到了极大的制约，最重要的是环境补偿制度一直未落实到位。因此，我们认为有必要着力于以下几方面。

其一，改善西部民族的生产方式和生活方式。生存方式的改变无疑是一道历史难题，但在自然环境无可改变的地方，唯有实现人类自身的变化，这需要结合各民族的文化传统进行长期的、具体的改造，以使人的存在方式与自然的存在方式得到最佳的结合。

其二，努力改善少数民族地区的生态环境。加大对天然林保护、防沙治沙、退耕还林还草、重点防护林等生态工程的投入力度，不断改善民族地区的生态环境，实现环境实质公平。在西部开发和环境治理过程中要坚持“开发利用与保护并重”以及“谁开发谁管理，谁破坏谁治理，谁受益谁补偿”的原则，明确补偿范围、标准和程序，落实补偿政策，提高现有补偿标准，以切实维护对国家生态环境保护和资源开发做出贡献的民族地区的利益；在民族地区开发资源的大型企业，要切实做到带动当地发展，促进当地就业，为当地群众生产生活提供帮助，一些重要项目在审批之前要举行听证会，倾听不同的声音，进一步完善公众参与、专家论证和政府决策相结合的决策机制；建立生态破坏限期治理制度。

其三，建立完善的环境公益诉讼制度。环境公益诉讼制度是指任何组织和个人都可以根据法律的授权，对违反法律、侵害环境社会公共利益的行为向法院起诉，由法院追究违法者责任的诉讼制度。作为一类新型的诉讼模式，它有以下两个鲜明特点：首先，原告范围拓宽，起诉人资格为任何合法公民，不受传统诉讼法的“直接利害关系”的限制。其次，诉讼请求范围扩大。它不限于个人损失的弥补和权利状态的恢复，还要求对社会公共利益给予弥补和保护。作为一种制度，它还应该给予原告适当的奖励，因为公益诉讼要花费大量的时间、精力和金钱，这样才能发挥制度的持久效力。

三 怒江之争与正义之吼

目前，在环境担当与环境受益之间我国依然存在严重失衡现象，这从怒江开发的争论中可见一斑。

怒江坐落在云南省怒江傈僳族自治州，全州境内群山耸立，江河纵横，形成“四山夹三江”（高黎贡山、云岭山脉、担当力卡山、碧罗雪山、金沙江、澜沧江、怒江）的大峡谷地形地貌，98%以上的面积都是高山峡谷。怒江奔腾于高黎贡山和碧罗雪山之间，两岸山岭海拔均在3000米以上，河床最高点为1400米，最低为760米，因它落差大，水急滩高，有“一滩接一滩，一滩高十丈”的说法，十分壮观。两岸多危崖，又有“水无不怒石，山有欲飞峰”之称，每年平均以1.6倍于黄河的水量像骏马般向南奔腾。怒江就这样昼夜不停地撞击出一条山高、谷深、奇峰秀岭的巨大峡谷。据掌握的资料，这是仅次于美国西南部长约4600千米、深达1830米的号称世界第一的科罗拉多大峡谷的世界第二大峡谷。

然而，就在这样一个自然资源十分丰富的地区人们却过着不堪想象的极度贫困生活。前怒江傈僳族自治州州委书记段跃庆在“十一五”末总结时说，“十一五”期间全州贫困人口在持续减少，但条件性、整体性、民族性、素质性的深度贫困问题仍然突出，怒江仍然是云南省扶贫攻坚的“上甘岭”。2009年，怒江州还有贫困人口14.03万人（其中785元以下的深度贫困人口5.89万人），加快扶贫攻坚的步伐十分紧迫。据了解，2012年，怒江州农民人均纯收入约2796元，约为全国平均水平的40%和云南省的一半。

“一边是流走的你，一边是无奈的我，地越种越瘦，人越过越穷，什么时候你才滋润我啊，怒江——我的母亲河”，这是怒江人写的一首诗，是怒江人民的心声。

就是这样一个地方却在全国上演了一场怒江开发之争，吵得沸沸扬扬，围绕怒江开发的利弊形成态度对立的两派。一派以企业和地方政府为代表，另一派以环保人士和非政府组织为代表，观点和论据大相径庭的两派都试图担当49万怒江人的利益代言人。前者认为怒江开发是怒江人民脱贫致富的唯一出路，水电开发是当地经济发展的“华山一条道”。可以肯定，如果生态移民得到安顿，生态补偿到位，怒江人民会欢迎这样的“财神爷”。

但正如我们所知，环境公正应关注社会政治经济结构的重构。如果这些方面不发生一些相应的变化，那么，要想确保那些靠牺牲“荒野地”（广义理解包括一切自然资源）而获得的利益能够转移到穷人手中，是不可能的。以牺牲生态系统的方式试图解决人类社会的内部问题很可能沦为某些强势集团牟利的一种烟幕，所以必须谨防开发过程中的利益分配不公正现象的发生，谨防以满足贫困人群的生存权利为理由或借口的阴谋，此其一。

其二，诚如环保人士坦言，怒江是个生态脆弱区和敏感区，开发无疑会危及当地的生态环境，尤其是生物多样性。因此开发一事要慎之又慎。“燕子去了，有再来的时候；杨柳枯了，有再青的时候；桃花谢了，有再开的时候。”但环境具有像时间一样的一维特性，一旦遭受破坏就可能是一种不可逆的损失，悔之晚矣；抑或匆匆离去却姗姗来迟，正所谓“经济形势一日一变，而环境生态十年一变”。而有的生态环境一旦破坏，永远无法恢复。各路专家学者也意见歧出，最后中央政府不得不搁置处理。

应该说，两派各有其合理性和片面性。一个最好的结局无疑是生态和生活两不误，在开发中促保护，在保护中开发。

但毋庸讳言，这些争论的背后存在某些狭隘利益的代言人，他们既可能是为了经济利益而忽视生态利益的某些企业人士，也可能是一味强调生态价值而淡忘生存价值的某些环保人士。而这些环保人士实乃中国中产阶级利益的代言人，他们秉持美国中产阶级的价值观，重复着美国中产阶级的错误。

美国人本主义心理学家马斯洛曾将人的需要分为生理需要、安全需要、自尊需要、归属与爱的需要、自我实现的需要五个层次，其中生理需要是最低级需要，属于物质需要，安全需要、归属与爱的需要、自尊需要属于宏观的社会需要，而自我实现的需要则属于微观的精神需要。生理需要排在需要层次表的底层，但它具备逻辑优先的基础性意义，是更高级的安全、自尊和自我实现的需要满足的必备条件。只有各种需要得到合理调配，个人才可能言及自由全面发展。而在我们看来，所谓社会不公正其实就是某些人在享受高层次的社会需要和精神需要之时，另一些人却忧心忡忡地因为生存压力而忙忙碌碌，奔走呼号，劳力伤神，这不正是现代版的“朱门酒肉臭，路有冻死骨”吗？我们并不赞成将先天因素如家庭条件、天赋等视为不公正而人为地加以拉平，但我们也绝不会宽恕社会性的不公正因素的长期存在。毋庸讳言，这股反对势力代表着社会上很大一部分人的意见，他们振振有词地摆出一条条的理由，然而，任何理由在生存权面前都显得那么脆弱，那么微不足道！

长期以来，我国实行民族区域自治，注重发展平等、团结、互助、和谐的社会主义民族关系，注重保护民族地区的各种合法利益，例如，《中华人民共和国民族区域自治法》第65条明文规定：“国家在民族自治地方开发资源、进行建设的时候，应当照顾民族自治地方的利益，作出有利于民族自治地方经济建设的安排，照顾当地少数民族的生产和生活。国家采取措施，对输出自然资源的民族自治地方给予一定的利益补偿。”第66条指出：“民族自治地方为国家的生态平衡、环境保护作出贡献的，国家给予一定的利益补偿。”十八大报告也指出：全面正确贯彻落实党的民族政策，坚持和完善民族区域自治制度，牢牢把握各民族共同团结奋斗、共同繁荣发展的主题，深入开展民族团结进步教育，加快民族地区发展，保障少数民族合法权益，巩固和发展平等团结互助和谐的社会主义民族关系，促进各民族和睦相处、和衷共济、和谐发展。毋庸置疑，这些为促进民族关系、保护民族利益、改善民族地区的环境，提供了坚实的法律和政策依据。

但也有些措施确实存在民族悖论：一方面，国家以最高所有者的身份具有对少数民族环境资源的无偿支配和使用的权力，虽然对此必须进行生态补偿，但在很长一段时间生态补偿是不可想象和难以操作的；另一方面，某些系统、地域又表现出反向度地忽视少数民族地区自然资源的开发与利用，致使他们守着丰饶的自然资源穷困度日。原中共怒江州委书记解毅曾发出热切呼唤：我们想代表怒江人民说一句话，请北京给怒江一个发展的机会，毕竟怒江等得太久太久了。

对怒江而言，贫困的怒江人民不但要守卫450千米的国境线，还要履行守护国家自然保护区的义务，保护区面积高达60%。在国家尚未建立环境补偿机制的今天，“有树不能砍、有山不能动、有水不能用”，怒江人民失去了生存和发展的依靠，保护义务远远超出了自身的承受能力。

生态重点地区为了保护生态环境，经济发展无疑要受到很大限制，至今我国仍未建立健全的环境补偿机制，从全国的情况来看，生态环境服务基本上属于免费的午餐。但是，在一个缺乏环境补偿机制的国家或地区，生态保护是不可能长期持续下去的，生态环境服务的质量是无法保证的。我们应该通过积极建立环境补偿机制，用政策来保证社会公众不断增长的生态服务需求得到满足，来推动生态保护的发展；要通过环境补偿机制来填补区域、城乡、民族经济发展鸿沟，实现社会公平。从长远的和更深层的意义来看，建立环境补偿机制体现了社会对生态价值的认可，对落后地区和民族的关怀，它是实现协调发展、社会公平、社会和谐的必要手段，是建设民主政治、责任社会的一个切入点。

环境补偿制度在计划经济时代是不可能的，只有当市场经济生根发芽并日渐成熟之时，个人权利才得以凸现并得到普遍认可和尊重，环境补偿制度是一种认可和尊重个人权利的制度。在计划经济时代，国家范围内的一切资源服从国家统一调配，个人只有无条件地服从集体利益。近来有学者提出要建立一套集体主义的补偿原则，从而为集体主义的实现贯注一种持续有效的机制，而环境补偿机制无疑是其中的重要内容，也是现代国家环境保护工作必备的一环，更是人口、资源和环境关系日益趋紧的当今社会不可或缺的一个公正向度。我们仍鼓励自我牺牲的集体主义意识和行为，但我们不需要“虚假的集体”和内在于此的粗鄙的集体主义，而是需要“真实的集体”并适合现代社会的公正的集体主义，我们热切期待由此催生环境补偿机制。

第三节　垃圾之歌：谁唱谁和？

垃圾——历来被视为落后的、肮脏的代名词，其实，对垃圾的这种厌恶情绪难免使垃圾作为资源的成分被人忽视。精明的商人瞅见了其中的商机，他们打着重新利用资源的旗号，兜售其中的污垢。因此，垃圾开始载歌载舞，四处飘游。然而，垃圾的流向遵循的是“水往低处流”的原则——从发达地区到贫穷地区，从强势群体到弱势群体，从先发民族到后发民族。垃圾是随着生活而来的客观存在，是一种“自然现象”；而如何处理垃圾则是反映价值取向的主观作为，是一种“社会现象”。透视这种现象，无疑也是环境公正需要处理的重要内容。

一 垃圾：与生活同在

中国正处于前现代向现代的过渡过程中，实现现代化是民族复兴的必然要求。在“救亡”压倒“启蒙”的百年时局的定势下，人们对一切新潮都抱以急切的功利观念，后现代主义西风登陆黄土地并迅速蔓延。神圣和崇高受到亵渎，疾苦与真情在嬉笑怒骂中被淡化，大话西游式的无厘头受到热捧，浮躁情绪笼罩人心，“就是静不下心来，对周围发生的事情和自身所处的位置缺乏透骨的敏锐，看什么都是‘像云像雾又像风’，一抬脚就不由得‘跟着感觉走’，一思索便觉得‘你别无选择’，于是乎只有随着大流跑，盯住时髦追，这山望见那山高，打一枪换一个地方，整日里坐卧不宁，焦虑不安，恨不得‘过把瘾就死’！”[①] 各种文化碰撞，各种观念互竞，理性却受到嘲弄。笛卡儿说：我思故我在。庸者篡云：我欲故我在。在精神无所寄托之时，一个人只有用漫无目的的欲望才能证明自己的存在，就像《色·戒》中易先生在长久的精神高度紧张状态下只有通过性才能证明自己的存在一样。

在这个迷茫的时代里，“丰饶中的纵欲无度”（布热津斯基）的人们以狂热的物质追求掩饰精神的贫乏与空虚。我们一直以为自己在占有他物，却无时无刻不在他物被占有的重负之下，他物——一个自我加强的机制——迫使我们机械地去追求一个又一个的享乐目标，犹如撒谎，一旦有了一个，就不得不以更多的谎言来圆场，形成一个恶性的多米诺骨牌效应，这就是现代社会的异化新形式。“在消费者社会中的许多人感觉到我们充足的世界，莫名其妙地空虚——由于被消费主义文化所蒙蔽，我们一直在徒劳地企图用物质的东西来满足不可缺少的社会、心理的精神的需要。”[②]

---

① 解思忠：《盛世危言——民风求疵录》，中国档案出版社，1994，第 178 页。

② 〔美〕艾伦·杜宁：《多少算够：消费社会与地球的未来》，毕聿译，吉林人民出版社，1997，第 6 页。

当今社会是一个科技发达、物质丰盈的工业社会，各个国家都忙于抢占经济的制高点。我国秉承近代“落后就要挨打”的教训，马不停蹄地追赶现代化的进程，以期实现跨越式的发展，如今已以骄人的成绩赢得世人瞩目。据报道，温饱问题在我国已基本解决，如今正处于由温饱型向小康型迈进的时期，随之，消费品在数量和质量方面都有很大提升。可以说，中国经济以全球第一的速度增长在某种程度上正是靠刺激消费换取的，是人们在面对伤痕累累的自然时仅剩的一点安慰。

人的欲望是永无止境的，人总是在满足一个欲望之后又立刻寻求一个更高的猎物，以此挑战自己的欲望“极限”。看过梭罗的《瓦尔登湖》的人们或许能总结出欲望的另一重规律：精神追求是幸福生活的永生之源。苏格拉底终生过着极端简朴的生活，当他在雅典市场闲逛看到琳琅满目的货物之后，惊叹：这里有多少无用的东西呵！

在物质重于精神、欲望胜于需要的情况下，垃圾（雅称“固体废弃物”）——这个同人与生俱来、与生活同在，而又与人对立的存在便有泛滥成灾之势。法国环境与能源控制署预计，2020 年全球的垃圾量将比现在翻一番多，达 20 亿吨，而目前的垃圾量为 7.7 亿吨。据统计，目前人均垃圾量名列前茅的 10 个国家分别为美国、澳大利亚、新西兰、加拿大、芬兰、挪威、丹麦、荷兰、瑞士和日本。美国是垃圾大国，年人均垃圾量高达 870 千克，日本为 400 千克，法国为 360 千克，其中近 60% 的垃圾来自农业，大部分垃圾就地填埋处理。他们认为，垃圾急剧增加对世界可持续发展是一个严峻挑战。

英国《卫报》2010 年 4 月间曾报道，由于中国人接受快餐式生活让垃圾陡增，据中国政府统计，2008 年有 2000 万吨城市垃圾没有得到处理，中国政府曾打算用焚烧的办法来处理垃圾，并计划在 2006 ~ 2010 年建造 82 座垃圾焚化炉，但据中国媒体报道，至少有 6 座焚化炉因为公众的反对而搁浅。这方面的事实早已被舆论界获知。2006 年 3 月 14 日上午，台湾人权新闻通讯社记者在温家宝总理答中外记者问时说：“我们知道今天中国是个非常具有科技基础的国家，我所知道的现在每天制造的垃圾有 17857 吨，每人每天要制造 1.28 千米，而且现在垃圾排放量以 10% 上升。我从上海来，上海的水简直不能吃了，而且是黄的。我们今天的工业发展得再好，假如连民众吃的水都有问题的话，总理先生，你的丰功伟绩就化为乌有。”温总理坦承：环境污染已经成为当前中国发展中的一个重大问题，这个问题至今没有得到很好的解决。“十五”计划我们大多数的指标都基本完成了，但环境指标没有完成。[①] 为此，工业和信息化部在2010年3月2日公布了《大宗工业固体废物综合利用“十二五”规划》，明确“十二五”期间全国大宗工业固体废物综合利用量达到70亿吨，并减少土地占用35万亩，有效缓解生态环境的恶化趋势。

那么，什么是垃圾呢？

垃圾（refuse）泛指被排弃的废物，含有污秽之意。过去为了区别废物的来源，则冠以生活垃圾、商业垃圾、工业垃圾、农业垃圾等，现代技术发展则将工业生产过程中排出的废物称为工业固体废物，不再称为工业垃圾，而将农业生产或农产品加工过程中产生的垃圾统称为农业废弃物。在固体废物管理中，将城市垃圾列为一类，专指城市居民的生活垃圾、商业垃圾、市政维护和管理中产生的垃圾，而不包括工业排出的工业固体废物。[②]

由此可见，垃圾与固体废物乃同质概念。固体废物有多种分类方法，如：按化学性质可分为有机废物和无机废物；按形态可分为固态状（块状、粒状、粉状）和泥状的废物；按来源可分为工业固体废物、矿业固体废物、城市固体废物、农业固体废物和放射性固体废物等五类，这是欧美等许多国家通行的分类方法；按危害程度可以分为有害废物和一般废物。

垃圾的产生本是很自然的事，有人群居住的地方就必然会有垃圾。今天垃圾已无所不至，即使是人迹罕至的珠穆朗玛峰也有登山者的弃物。但是，过去垃圾不曾困扰过人类，因为自然的自净力能将它们“消化”，只有当垃圾严重超过地球承载量并危及人类的生存之时才成为一个问题。由于垃圾是以大量生产和大量消费的生产方式和消费方式为前提，它在日益

① 《温家宝总理在十届全国人大四次会议记者招待会上答中外记者问》，《光明日报》2006年3月15日。

② 《环境科学大辞典》编辑委员会编《环境科学大辞典》，中国环境科学出版社，1991，第402页。

削弱人类生存的资源基础的同时遗弃给人类难以消受的残渣。目前人们在享受经济发展带来的物质文明的同时，不得不面对大量与日俱增的垃圾，人类被迫卷入一个新的战场。

垃圾的危害是不言而喻的。早在1978年，荷兰土壤学家德亨提出化学定时炸弹（Chemical Time Bomb）这一术语，用来描绘荷兰施肥过度的砂质土中的磷酸盐过度聚集给未来造成危害。10年后，奥地利化学家斯塔林尼重提这个概念，以唤醒社会公众的警觉。化学定时炸弹爆炸涉及一连串事件，导致在土壤及沉淀物中贮存的化学物质由于环境的缓慢改变而活化，从而发生缓慢而突发的有害后果。化学定时炸弹爆炸通常包括两个阶段：有害物质的积累和爆炸阶段。导致爆炸的主要因素有三：（1）各地区的土壤、大气和水对有关物质的消化能力；（2）化学物质的投放量；（3）人们对各地区土壤、大气和水的利用情况。[①] 垃圾是一种重要的化学定时炸弹，它符合这一概念的基本要求，许多已经发生的事实和存在的隐患都说明了这点，如不认识到这点，将为人们的生活带来灾难。具体来说，主要有以下几点。

首先，它侵占土地，污染大气。垃圾需要占地堆放，随着我国经济的发展和消费的增长，城市垃圾场地日益显得不足，垃圾在与人争地的同时将城市层层包围，蔚为壮观。人口的剧增、消费的扩张，不仅使得城乡垃圾有增无减，占地占山，而且造成土地、清洁水、空气污染。

其次，垃圾对人类健康乃至生命造成危害和损失。对社会公众来说，垃圾首先是个卫生问题。每堆垃圾其实都是一个污染源和致病源，尤其到了夏天，恶臭弥漫、蚊蝇成群，威胁着人们的健康。目前，在铁路沿线、旅游景点、河流湖面以及城市市区的“白色污染”不绝上演，并且，“白色污染”已向农村蔓延。此外，垃圾堆经常发生爆炸事件，造成巨大的生命损失，尤其是有毒废物和放射性废物对人类健康和生态环境具有长期性和潜伏性的巨大危害。

最后，垃圾污染土壤和地下水，会严重削弱社会、经济和环境可持续发展的资源基础。

---

① 林培英等主编《环境问题案例教程》，中国环境科学出版社，2002，第206页。

垃圾的危害巨大无比，凡此种种，不一而足。但这些危害的承担却存在严重不公正，富裕阶层或强势群体一方面过着穷奢极欲的物质生活，消费着大量的环境资源，另一方面又想方设法转嫁他们制造的垃圾，呼吸着清新的空气。

二 处理垃圾的公正问题

环境不公正现象以多种方式得以表露，但终归属于两个领域，一个是资源的开发与利用上的权利与义务的不平等，另一个是环境伤害（其中包括垃圾的回收处理与堆放）上的权利与义务的不平等。这是一切环境不公正的源头。事实上，环境公正运动正源自垃圾承担责任上的不公正。

现今，环境公正问题受到越来越多的社会关注，但环境不公正现象并未因此而减少，相反，环境不公正现象屡禁不绝，频频发生，尤其是发达国家一直就将发展中国家作为垃圾堆放场，使得这些国家的人们深受毒害。从 20 世纪 80 年代开始，西方国家就开始从事向亚非拉国家出口洋垃圾的丑恶勾当。

据统计，全世界每年产生有毒废物 5 亿多吨，大部分产自工业发达国家。欧洲每年向亚非拉出售有毒垃圾 1.1 亿吨，美国有 400 条船专门运输有毒垃圾，全世界每年产生的电子垃圾有 80% 出口到亚洲。仅美国产生的电子垃圾就有 80% 被装进集装箱运到了印度、中国和巴基斯坦，而其中中国又占了 90% 。

事实上，几十年来，我国就一直受到洋垃圾入侵的困扰，尤其是沿海城市。2008 年在广东佛山爆出惊人一幕：素有“欧洲垃圾箱”之称的英国将 70 万吨洋垃圾大规模送入佛山市南海区联蛲工业区。可悲的是，这桩发现却得益于英国天空电视台的报道，而我国同胞却被蒙在鼓里。中国每年向英国运去价值 160 亿英镑的货物，但鲜为人知的是，英国每年却将 190 万吨废品运到中国，其中不少是真正的垃圾。一份英国政府最新官方调查报告披露，1997 年当布莱尔首相刚上台时，英国大约只有 1.2 万吨垃圾运往中国，此后仅 8 年，英国运往中国的垃圾数量狂涨了 158 倍![①]

---

① 《世界新闻报》2008 年 9 月 2 日。

输入的是发展中国家以环境资源为代价的产品，输出的则是消耗这些产品之后的垃圾，发达国家乐此不疲。英国从来没停止这种输出垃圾的勾当。英国《每日邮报》网站2013年4月5日报道，英国政府总是强调，家庭垃圾得到了细致的回收利用——但本报今年早些时候揭露，大量家庭垃圾被回收站认定是没有用的，被送到填埋场。现在环境局证实，运往中国、印度尼西亚和印度的垃圾也没有被回收利用，而是被填埋了。除家庭垃圾外，英国环境、食品与农村事务部承认，倾倒到国外的其他垃圾还包括运往中国的旧轮胎和最终运到了西非的废弃电视和电脑。随着各地的政务委员会越来越多地依赖承包商来处理强制回收利用方案产生的成堆垃圾，将垃圾运往国外——主要是亚洲——的产业规模在过去10年中翻了一番。[①]

发达国家离我们如此之远，我们离他们的“粪便”（垃圾）却如此之近！

洋垃圾之所以如此“倾情”于中国等发展中国家，原因在于它背后的两大潜规则在操纵：其一，“方便原则”——随意排放、丢弃在无人管理或成本较低的地域，由不特定对象承担生态后果；其二，“最小抵抗原则”——废弃物丢弃在不会反抗或反抗能力很小的特定区域、特定人群那里，一般而言，特定区域便是偏远地区，包括地理位置上的和文化位置上的，特定人群常是那些贫穷国家、弱势群体。

国际层面的垃圾输出令人发指，而国内的垃圾也是按照同样的逻辑、同样的规则在辗转。西部地区、农村、弱势群体已被许多人或企业看作吸纳能力超强的垃圾“海绵体”。

我国的人口分布具有一种大杂居、小聚居的特点，少数民族主要分布在西部，如上所述，在历史上，西部地区曾经为东部地区乃至全国的发展做出了巨大贡献和牺牲。在计划经济的整体规划布局下，西部丰富的自然资源曾无偿地输送到东部地区，并且由于西部地区是大江大河的源头，成为东部乃至全国的天然保护屏障，因此，资源脆弱区、丰富区和贫困区往往高度重叠，这绝非偶然。以前我们过度地抽了西部地区的“血”（资源），想打造一个“胖子”（东部），如今我们要求西部人民“造血”（退

---

① 《英国承认上千万吨垃圾运往亚洲　中印等是受害国》，新华网，2013年4月7日。

耕还林、退耕还草等工程），但我们对之的“营养补助”（如环境补偿）又微乎其微，杯水车薪，难以速效“康复”失血过多的西部。“胖子”虽有所成形了，但却面临“断血”和“血液不纯”的困境，补给对“胖子”来说是须臾不可缺的。西部要开发了，东部一些重量级污染企业却蠢蠢欲动，不约而同地将厂址迁至西部，产业结构调整的结果之一是高污染、高能耗的企业逐渐“东脏西迁”，垃圾问题也就自然而然地日益严峻。计划经济和市场经济就像续接的两个拳头，重重地击在西部的自然身躯上，制造了弱不禁风的险境。

在城乡之间，城市污染向农村转移和扩散，古时的田园风光“背影已远走”。在中国的70亿吨垃圾当中，有85%以填埋方式处理，其中许多垃圾未经许可就倾倒在了农村。垃圾不仅毒害了空气和土壤，还破坏了人际关系。[①] 尽管近些年来，“乡村旅游”频频吸引城市的目光、农村的绿色食品备受市民喜欢，但土地破坏和质地下降已严重影响到绿色食品的数量和质量，“污染下乡”之后谁还能希求乡村依然保留着“那山那水”呢？

即便是在同一个城市，我们也会发现居民的生活环境存在天壤之别。社会学者孙立平在他的《断裂——20世纪90年代以来的中国社会》一书中以托夫勒的三次浪潮术语，生动地描写了以中关村为中心向外扩展的同一时间点上的三种文明代表人——中关村的CEO们、石景山的钢铁工人和郊外的农民。富裕的人选择花园小区，有钱的人住豪华别墅，平常人只能将工作环境和生活环境二合一，谓之工业小区，更有大量“食无求饱，居无求安”的农民工和流浪人员。而且，富裕人群可以通过各种方式享受医疗保健，以补偿环境污染给生活质量带来的损害；贫困人群却没有能力选择生活环境，更无力应对污染带来的健康损害。

一个不会处理垃圾的民族，不是一个进步、文明、强盛的民族。因为垃圾本身就可能阻挡人们前进的脚步。1831至1832年，伦敦、巴黎发生的霍乱，起因是对人们的排泄物处理不当。人们需要处理的垃圾无非是生产性的和生活性的两类，前者来自企业生产，后者则来自每一个人的饮食

① 《中国垃圾问题日益严重》，《参考消息》2009年10月13日。

起居。

一般来说，环境问题的解决必须注重形而上层面的世界观、价值观和人生观的驯化与陶冶，制度法律层面的强化与监督，科学技术层面的进化与管理。作为环境问题的一大分支，垃圾问题也应从这三方面着手解决。

首先，要改变人们的机械自然观和自然无主无价无限的观念，扭转人们的享乐主义生活方式，重建人们的消费观念，打造生态文明人。2002年7月，笔者随我国40多位研究环境伦理的学者在长沙岳麓山召开了“全国环境伦理研讨会”，讨论了一个公民环境道德宣言，共13条，其多数涉及环境价值观和消费观念，倡导公民选择合理的消费方式，即消费文明化、消费无害化和消费适量化，摈弃“消费至上”或消费主义的价值观。随着人口、资源、环境与经济之间的矛盾日益尖锐，十七大报告提出必须把建设资源节约型、环境友好型社会放在工业化、现代化发展战略的突出位置。“两型社会”是从我国国情出发提出的一项重大决策。国家环保部副部长潘岳表示，环境友好型社会是一种以环境资源承载力为基础、以自然规律为准则、以可持续社会经济文化政策为手段，致力于倡导人与自然、人与人和谐的社会形态。就中国而言，环境友好型社会的基本目标就是建立一种低消耗的生产体系、适度消费的生活体系、持续循环的资源环境体系、稳定高效的经济体系、不断创新的技术体系、开放有序的贸易金融体系、注重社会公平的分配体系和开明进步的社会主义民主体系。

形而上的观念改变是垃圾问题的治本之策，只有这样，垃圾才有可能得到遏制，垃圾的处理才可能人性化，人们才能自觉地不将垃圾放到别人的后院，“谁污染谁治理”才能成为每个人心中自律的当然之责，“垃圾何去何从”也就不再是个疑问了。否则，人类可能毁灭于垃圾绝非危言耸听。穷奢极欲是可以毁灭一个伟大的民族的。“随着时间的演进，伟大的文明似乎必然会由物尽其用转向挥霍无度，然后又转回物尽其用。这是文明共同的历程，通常是由经济条件所推动。”① 古今皆然，而垃圾的人类学意义又将告诉后人多少我们的偏执和愚昧，犹如我们现在的考古学依

① 〔美〕威廉·拉什杰、库伦·默菲：《垃圾之歌：垃圾的考古学研究》，周文萍等译，中国社会科学出版社，1999，第295页。

靠垃圾再现古文明的生活风貌一样。因为垃圾是人类存在的万年物证和文明之镜，它忠实地反映着历朝社会变迁的兴衰。

垃圾会无限滋生，直至填满所有容器为止。而垃圾方程式则据自然科学的几个定律得出一个令人战栗的结论：人类将由于垃圾而灭亡。其依据为：A. 物质不灭定律；B. 不可逆定律；C. 万有引力定律。[①]

由此可以推出“垃圾三定律”：A 地球上物质的重量是不变的；B 地球上的资源最终将全部成为垃圾；C 垃圾一天天地增加，并且垃圾不能搬出地球。垃圾方程式告诉我们，从地球开发的任何资源在消费之后将全部变成垃圾，地球的资源在日益减少，垃圾在日益增多。马克思主义哲学认为，万物都会经历产生、发展和消亡的过程。自然有它自己的运行法则，否则人的一切恶果都将咎由自取。

其次，加强制度层面的法律法规的建设，完善立法，自觉守法和严格执法，切实将法律落实到位。尽管环境伦理制度化会遇到困境，[②] 但我们在倡导环境伦理的同时切不可放弃制度规范的努力，德法并用犹如车之两轮、鸟之双翼，历来被奉为社会治理之道，诚如古人所云：“徒善不足以为政，徒法不足以自行。”

最后，大力发展现代科学技术，加强防污治污的能力。目前我国已有多种多样的垃圾处理方法，但有关管理体系并不完善、协调和流畅，垃圾死角一再出现。垃圾长久被人们看作“放错地点的资源”，此言不谬，但能否转为资源及转化率则必须靠科技的创新与进步。我国固体废物污染控制工作起步较晚，始于 20 世纪 80 年代初期。80 年代中期提出了“资源化”“无害化”和“减量化”作为控制固体废物污染的技术政策，并确定在较长的一段时间里以“无害化”为主，其发展趋势是“资源化”。

---

① 绿色工作室编著《绿色消费》，民族出版社，1999，第 220 页。

② 参见曾建平《环境伦理制度化的困境》，《道德与文明》2006 年第 3 期。

第四章　新农村　新城镇

——城际环境公正

中国污染防治投资几乎全部投到工业和城市。而中国农村还有3亿多人喝不上干净的水，1.5亿亩耕地遭到污染，每年1.2亿吨的农村生活垃圾露天堆放，农村环保设施几乎为零。城市环境的改善是以牺牲农村环境为代价的。通过截污，城区水质改善了，农村水质却恶化了；通过转二产促三产，城区空气质量改善了，近郊污染加重了；通过简单填埋生活垃圾，城区面貌改善了，城乡接合部的垃圾二次污染加重了。农村在为城市装满“米袋子”“菜篮子”的同时，出现了地力衰竭、生态退化和农业面源污染。

——潘岳

城里的人总想逃出去，城外的人总想挤进来。《围城》告诉我们的，不是所谓对城市的向往，而是一种生活的哲理。但是，对于乡村而言，城市的确是一个梦想、一种身份、一种追求，这就是城乡差别。所谓域际环境公正，是指落后的地区与发达地区在环境权利与环境责任问题上的正义性。

环境域际不公正显著地体现在以下两方面。

第一，在城乡方面，我们的污染防治投资几乎全部投到工业和城市，而中国农村几乎是环境投资的盲区。城市环境的改善是以牺牲农村环境为代价的。通过截污，城区水质改善了，农村水质却恶化了；通过转二产促三产，城区空气质量改善了，可是近郊污染加重了；通过简单填埋生活垃圾，城区面貌改善了，可是城乡接合部的垃圾二次污染加重了。

第二，在东西部方面，西部丰富的矿产资源曾无偿地输送到东部等地区。改革开放以后，由于国家对沿海地区实行优惠政策和资金倾斜，东部发展先行；而发展起来的东部地区对西部的补偿不足，西部地区明显处于发展的劣势，东西部在资源收益和补偿方面处于不平等地位。

第一节　城市与农村：环境好转与环境污染

提到农村，人们往往会想到“蓝蓝的天空，绿绿的青山，清清的河水”，但是近年来，随着农村经济的快速发展、小城镇建设和商品流通的加快，农村的环境问题越来越突出，城乡之间的环境不平衡越来越尖锐，主要表现为：一方面，城市居民所享用的大量的物质利益来源于对农村地区的自然资源和能源的掠夺性开发，而因此产生的环境破坏和环境污染的恶果却主要由广大的农民来承担；另一方面，政府在环境方面的各项决策也主要倾向于城市，因为收入高、社会地位高的人几乎都居住在城市，他们有能力、有时间也有资金去影响政府的环境政策、政令及其实施，而广大的农民则几乎不能对政府的环境政策产生任何影响，更谈不上维护自己的环境权益了。

一　城乡的环境状况

（一）当前农村环境的突出问题

当代中国环境域际的非正义、不公平现象相当严重，发达地区从计划经济时代就享用过“免费的午餐”，以先发优势从污染和破坏环境中获得了巨额收益，却很少想到回馈，主动承担污染、破坏的后果，而落后地区收益甚少，却不得不承受其后果。受益者无须担责，逍遥法外，肆无忌惮；受害者无处求偿，自认倒霉，自我担责。目前，我国城市和农村环境不公平现象相当严重。《2010年中国环境状况公报》是这样评价当前农村环境状况的：农村环境问题日益显现，农业源污染物排放总量较大，局部地区形势有所好转，但总体形势仍十分严峻。突出表现为畜禽养殖污染物排放量巨大，农业面源污染形势严峻，农村生活污染局部增加，农村工矿污染凸显，城市污染向农村转移有加速趋势，农村生态退化尚未得到有效遏制。因此，与城市居民相比，由于农民的生产和生活更直接和更全面地依赖自然环境和资源，也更多地暴露于自然环境之中，因而环境污染对农民所造成的危害也是全面的、无所不在的。农村和农业是连接人与自然的主要纽带，农村地区是中华民族生存和发展的重要根基。环境污染不仅会给农民带来巨额的直接经济损失，也会严重破坏农村地区的生态和生活环境，对农民的健康和生命造成威胁，危及农民的生存，甚至会危及国家的生态安全，事关全国人民的福祉和整个国家的可持续发展。在日益恶化的环境背后，不仅数亿农民的发展受到限制，而且千百万农民的生存也正遭受着严重的威胁。

当前，农村环境面临着如下三个突出问题。

1. 饮水安全受到威胁

全国农村不少地区符合标准的饮用水水源地呈缩减趋势，据称不到60%。中国农村人口基数庞大，要解决其余农村人口的安全饮水问题，难度更大，困难更多。全国政协委员杨先民建议国家应加大对农村环境的投入，他收集到的数据是：全国仍有3亿多农村人口的饮用水达不到安全标准，其中因污染造成饮用水不安全的农村人口达9000多万人。有相当比例的农村饮用水水源地没有得到有效保护，污染治理不力，监测监管能力薄弱。[①]

2. 生活垃圾和工业废物威胁农民健康

据不完全统计，我国每年大约要产生10亿吨的固体生活垃圾和工业废物，以及600多亿吨的工业废水和生活污水。而这些废污水和固体废弃物中的绝大多数是被排放、倾倒或填埋于农村地区及城乡接壤的贫民居住区。特别是近几年来，随着我国城市居民环保意识的不断增强，城市工业也在不断向农村转移和发展，城市环境污染也随之源源不断地向农村转移和扩散，农村环境状况因此呈现日益恶化的趋势，弱势的中国农民在环境方面又一次成为最大的受害群体。这方面的例子可谓不胜枚举，在所谓“臭名昭著”的“三河”（辽河、海河及淮河）和“三湖”（太湖、巢湖

① 刘世昕、李松涛：《3亿多农村人口饮水不达标》，《中国青年报》2008年3月12日。

和滇池）区域，典型例子就更多。

3. 环境风险居高不下

农村落后的经济现实迫使一些地方饥不择食，忽视环境保护要求，把那些化工、石化、冶炼等高危行业建在农村或农民饮用水源地、江河两岸等环境敏感地区，这些环境风险一旦发生，农村的生态环境将面临灭顶之灾。

中国农民为中国现代化付出了巨大的代价，但他们却愈来愈被排挤在现代化成果之外。城乡居民收入差距由20世纪80年代的1.8:1，扩大到90年代的2.5:1，2011年城镇居民人均可支配收入与农村村民人均纯收入之比为3.13:1（2010年该收入比为3.23:1）。[①] 虽然城乡差距之比有所下降，但中国已变成“居民收入很不平衡的国家”。农民在就业、教育、社保等方面成为二元结构的牺牲者。

（二）城市污染向农村转移

问题接踵而至。城市的上空也并非一片湛蓝——坐在飞机上，穿越清晰的山水之后，瞭望到灰蒙蒙所弥漫的地方，那一定就是城市。环保优先于农村的城市，其环境局部好转，整体依然严峻。《2010年中国环境状况公报》称，农村环境问题日益显现，一个突出表现就是“农村工矿污染凸显，城市污染向农村转移有加速趋势”。

1. 空气污染

《2011年中国环境状况公报》显示，2011年，325个地级及以上城市（含部分地、州、盟所在地和省辖市）中，环境空气质量达标城市比例为89.0%，超标城市比例为11.0%。城市中的空气污染源大致来自以下方面：一是工厂，很多城市的火力发电厂大量排放CO_2、SO_2等废气和粉尘；二是汽车尾气；三是家庭对能源的消耗；四是加油站汽油泄漏后蒸发形成的碳氢化合物是很强的致癌物质；五是各种喷雾剂，如空气清新剂、杀虫剂，这些化学制品增加了空气中原来没有的成分，造成污染。还有一种空气污染是使用空调造成的，制冷剂造成大气层上空臭氧层被破坏。

① 国家统计局网，2012年1月20日。

2. 水污染

《2011年中国环境状况公报》显示，2011年，全国地表水总体为轻度污染。湖泊（水库）富营养化问题仍突出。长江、黄河、珠江、松花江、淮河、海河、辽河、浙闽片河流、西南诸河和内陆诸河十大水系监测的469个国控断面中，Ⅰ～Ⅲ类、Ⅳ～Ⅴ类和劣Ⅴ类水质断面比例分别为61.0%、25.3%和13.7%。主要污染指标为化学需氧量、五日生化需氧量和总磷。生活中污水的来源常包括：一是剩饭、剩菜倒入下水道后没有经过任何处理就直接排放到河流中；二是用洗涤灵洗碗，而洗涤灵浓度太高难以冲干净，对人体自然不利；三是盲目听从商家宣传，使用各种洗涤用品，比如洗衣粉；四是不珍惜天降之水，比如，为了交通顺畅撒盐除雪，容易污染那些非常好的淡水资源。城市中的水污染，不光是地下水、地表水污染，还有天空中水的污染——众所周知的酸雨。

3. 噪声污染

国家《环境噪声污染防治法》中，把超过国家规定的环境噪声排放标准，并干扰他人正常生活、工作和学习的现象，称为环境噪声污染。城市环境噪声主要来自道路交通噪声、城市功能区噪声等方面。噪声对人体健康最显著的影响和危害是使人听力减退和发生噪声性耳聋。噪声会使人体紧张，引起心律不齐，血压升高，诱发心脏病。噪声还影响神经系统和消化系统，引发疾病。在噪声的刺激下，人们的注意力不易集中，反应迟钝，容易疲乏。

二　城乡环境不公正

虽然城市和乡村均面临严峻的环境问题，但当前环境问题的一个新特点是，污染由城市向农村转移，而不是相反。

在当代中国，相对而言，城市的环境与乡村的环境，一清一浊，一起一落，一正一反，这究竟是环境的必然规律，还是人为制造的祸害？

毋庸讳言，在某种程度上，城市环境的局部改善是以牺牲农村环境为代价的。

例如，国家环保部在《全国城市环境管理和综合整治2010年度报告》中指出，全国城市生活污水集中处理率平均为65.12%，比2009年提高 1.7 个百分点；全国城市生活垃圾无害化处理率为 72.91%，比 2009 年提高 0.85 个百分点。垃圾不会自生自灭，“垃圾下乡”凸现城乡之间环境的严重不公正。全国政协委员、重庆市政协副主席陈万志在 2007 年全国“两会”期间接受记者采访时对城乡之间的环境不公正问题表示了担忧，他说，现在城市垃圾不断转移到农村，城市整洁的代价是农村污染，垃圾下乡是典型的（城乡之间）环境不公正。他还进一步指出，这些给中国农民带来的经济和健康损失，是比“农民负担”更为沉重的负担；环境污染这一越来越沉重的“变量”将使“三农”问题变成越来越难解的“中国结”，环境问题与贫困问题有形成恶性循环的趋势，值得高度关注。2008 年他在“两会”期间再次强调指出，环保问题存在城乡、地域和阶层“三大差别”，而环境不公正加剧了社会不公正，已到了十分严重的地步。环境保护上的城乡不公平十分突出。①

由于对农村缺乏关注，农村的环境日益恶化，一些地区环境污染早已到了触目惊心的地步。翻开报纸，常看到刺痛心灵的字眼：“癌症村”。近年来，河南省沈丘县的东孙楼村、黄孟营村、孟寨村、孙营村等，癌症患者的比例均大幅度上升。该县政协常委、民间环保组织“淮河卫士”会长霍岱珊提供的资料显示：1990～2005 年间，2470 人的黄孟营村，有 116 人死于癌症；2366 人的孟寨村，有 103 人死于癌症；1697 人的孙营村，有 37 人死于癌症；1300 人的陈口村，有 116 人死于癌症；2015 人的大褚庄，有 145 人死于癌症；1687 人的杜营村，有 187 人死于癌症。而据沈丘县医院记载，1972 年当地 120 万人中，只发现癌症患者 12 人，发病率仅为十万分之一。“你们得利，俺们得病；你们升迁，俺们升天。”这是流传在沈丘县民间的一则顺口溜。主要针对的是坐落在沙颍河流域大大小小的企业，其中不少为高污染企业，比如造纸、皮革、塑料、酒类等等。这些企业的工业污水基本上都排放在了沙颍河中。② 诸如此类的报道近些年来不绝于耳。虽然城市通过污染企业搬迁，通过截污、治理，城区面貌可以改观，水质可以改善，但这只是短暂的。如果我们只关注城市，

---

① 田文生：《40 余部环境法难保群众环境权》，《中国青年报》2008 年 3 月 5 日。

② 郭建光：《有一种利润蔑视生命》，《中国青年报》2007 年 9 月 26 日。

而漠视乡村，城市在乡村包围中生存，农村都污染了，城市岂能独善其身？

这些严峻的问题已经引起党和政府的高度关注。2008 年 7 月 24 日，国务院召开了新中国成立以来第一次改善农村环境的“全国农村环境保护工作电视电话会议”。时任中共中央政治局常委、国务院副总理李克强在大会上指出，我国仍然是农业大国，大多数人口生活在农村，绝大多数自然资源开发利用活动也发生在农村，做好农村环保工作具有十分重要的意义。农村环境保护，事关广大农民的切身利益，事关全国人民的福祉和整个国家的可持续发展，要全面贯彻党的十七大精神，深入贯彻落实科学发展观，切实把农村环保放到更加重要的战略位置，全面建设资源节约型、环境友好型社会。[①]

经过多年努力，我国的农村环境污染防治和生态保护取得了积极进展。实施“以奖促治”，着力解决严重危害农村居民健康、群众反映强烈的突出污染问题。2012 年中央财政安排 55 亿元资金支持农村环境整治工作。中央财政自 2008 年起设立农村环境保护专项资金，截至 2011 年年底，共安排了 80 亿元用于开展农村环境综合整治，带动地方投资 97 亿元，对 1.63 万个村庄进行了整治，受益人口 4234 万人。财政部、环保部在 2012 年 2 月联合颁布的《关于加强“十二五”中央农村环保专项资金管理的指导意见》提出，深化“以奖促治、以奖代补”政策，建立资金引导、示范引导、政策引导的专项资金管理体系，推动资金和项目审批权限下放，中央和地方财政共同加大投入力度，整合各方资源，吸引社会资金，鼓励农民投工投劳，大力推进农村环境连片整治。[②] 然而，必须清醒地认识到，当前，农村地区环境污染和生态破坏的状况尚未得到根本性遏制和扭转，点源污染与面源污染共存、生活污染和工业污染叠加、各种新旧污染交织、工业及城市污染向农村转移等种种环境问题危害群众健康，制约经济发展，影响社会稳定。严峻的农村环境形势，已成为我国农村经济社会可持续发展的重要制约因素。

---

① 《李克强强调切实把农村环保放到更加重要的战略位置》，新华网，2008 年 7 月 24 日。

② 《中央财政安排专项资金 今年 55 亿元整治农村环境》，人民网，2012 年 2 月 14 日。

农村环境的恶化不仅直接导致农民的健康问题，而且还引发了农民与当地企业、政府的社会冲突问题。《2010 年中国环境状况公报》表明，对周边的环境状况，只有不到六成的农村受访者评价为“满意”或“比较满意”。中国人民大学农业与农村发展学院的一项调查也显示，对农业生产、生活中产生的面源污染以及工业企业带来的各种点源污染，分别有三分之一和近三成受访农民表示不满意。而农村与环境问题有关的冲突多集中在2004 年以后，且随时间推移有上升趋势。2005 年4 月10 日，浙江省东阳县画水镇发生大规模警民冲突事件。原因在于当地化工企业污染严重，当地村民强烈要求污染企业搬迁，连年上访，长期得不到解决。农民认为，化工企业的高额利润、地方政府部门的利益，致使他们的生存权被漠视。他们的标语中写道：“还我土地，我要生存；还我土地，我要健康；还我土地，我要子孙；还我土地，我要吃饭；还我土地，我要环境。”[①] 放眼全国，近年先后发生陕西凤翔血铅事件、福建紫金矿业污染事件、湘江湘潭段污染沿江农田事件、云南曲靖铬渣非法倾倒导致养羊户牲畜死亡等农村污染事件，由环境污染造成的农民上访等事件也不断发生。环境公平是社会公平的重要组成部分。环境不公正不仅会加重社会不公正，而且由于它剥夺了弱势群体基本的生存权利，会造成严重的社会冲突，影响社会稳定。

那么，这种环境冲突表明了什么呢？

马克思说：物与物的关系后面，从来是人与人的关系。一些地方政府罔顾环境承载能力，在承接产业转移以及自身发展过程中，急于在农村引进和布局高耗地、高污染项目，未能处理好群众的利益关切。这种处理不当又在某种程度上强化了城乡之间的原有不平等关系。城乡之间的种种环境不公正现象表明，环境上的不平等关系，其实是农民社会生活中原本不平等关系的延续与强化。总体说来，所谓环境问题，其实在很大程度上是社会问题在环境领域的延伸。种族、阶级或经济地位等社会因素，已成为影响环境利益与负担的分配的重要因素。不同的人，在环境利益与负担的分配上，有着明显的差异，这其中，一部分人是受益者，而另一部分人则

① 《凤凰周刊》2005 年第 13 期。

是受害者。受益者主要是国家中的强势族群，即主流民族或种族、富人、城市居民等；相应的，受害者则主要是国家中的弱势族群，即边缘民族或种族、贫民、农民等。由此可见，环境公正与传统社会正义所关怀的内容恰恰不谋而合，易言之，“环境问题的真正原因是社会关系和社会结构的非正义性”。因此，环境公正关怀的首要对象便是一个国家内部不同民族、种族、性别、阶级或地区之间的人们在享用环境上的正义性问题，其主要任务在于减少国内因不平等的社会关系而导致环境影响上的不平等，使所有人都享有平等的环境权利。

期盼在城乡之间实现环境公正是我们的美好愿望，但是，在现实与未来之间，却横亘着种种障碍。

1. 观念不清

所谓观念不清，主要是指对“发展”和“保护”的关系认识不清。如下观念在城乡之间仍有市场。

（1）经济指标是“硬道理”，环保指标则是“棉花糖”。“十五”“十一五”时期我国经济发展各项指标大多超额完成，但全国污染物排放量不降反升，污染治理速度赶不上污染增长速度，“十一五”计划确定的重点流域治理污染项目有47%的计划投资没有落实。在经济及其他所谓硬指标面前，环保指标是何等的不堪一击，往往被堂而皇之地任意牺牲。追赶深入人心的GDP总是比追赶环保指标更让人激情飞扬，斗志百倍。

（2）有了金山银山，就有绿水青山——当经济能力达到一定水平之后，环境状况自然会改善。有钱好办事，这是一般的生活哲学。可是生态问题的哲学却可能相反：留得青山在，不怕没柴烧。例如，淮河、滇池的治理，积十年之时，花百亿之金，至今钞票进水，不见声响。特别是，许多生态问题是完全不可逆的，如水土流失、荒漠化、耕地减少、生物多样性丧失。我们也许能够生活在一个金钱甚少但环境和谐的社会，却无法生活在一个生态恶化但金钱成堆的社会——在沙漠里，黄金不如一杯水！

（3）城市环境重如金，农村环境轻如毛——在环保的天平上，城市与农村的分量竟然如此不平衡。居住在钢筋水泥的建筑里的城市人当然还愿意簇拥着青山绿水——有的城市动辄可以投资数十上百亿元改善城市环境，可见一斑；而农村呢，曾经拥有山清水秀、人口相对稀少的环境，现在却被穷山恶水包围着。

郑风田、党国英等受访专家和湖南省常德市政法委副书记饶南丙、江西省丰城市政法委书记郑晓勇等干部表示，当前农村地区的许多矛盾和冲突，正是源自一些地方的城市对于农村的新“掠夺”方式，有的地方对农村仍然是“口头重视、口号重视、口水重视”。[①]

2. 法规不全

综观我国的环境法律法规，很多法规没有将农村地区的环境污染和破坏纳入立法调整的视野。我国农村环境污染很大程度上有别于城市污染，其中农业生产导致的面源污染不同于城市的点源污染。而我国现行的环境法律法规体系基本上是为了防治城市污染的，对农村污染及其特点重视不够，对农村污染治理和环境管理的具体困难考虑不够，这导致现行环境法规在农村地区缺乏实施的根基。

即使有些法规对农村环保问题做了规定，但其规定也极为原则。例如，首次将农村固体废物污染防治纳入立法视野的《固体废物污染环境防治法》修正案，虽然对种植、养殖业产生的固体废物提出了合理利用、预防污染的要求，对农村生活垃圾提出了清扫、处置的要求，但过于简略，可操作性不强。因此，必须从战略的高度认识和加强对我国农村环境污染的防治。致公党中央副主席杨邦杰认为，加强农村环境保护制度性基础工作要建立健全有关政策、法规、标准体系，把农村环保作为对干部政绩考核的硬性指标，把农村环境治理纳入政府综合决策机制和重大事项的督察范围。尽快制定、颁布《土壤污染防治法》《畜禽养殖污染防治条例》《农村环境保护条例》等，依法加强对农村环境的监督管理。[②]

3. 管理不力

农村环境管理规划不力，机构匮乏，执法力度不够。在我国农村环保工作中，发挥主要作用的是县及县以下环境管理部门，而目前县及县以下环境管理队伍力量薄弱，有的县甚至还没有环保机构，至于乡镇主管部

① 晏国政等：《媒体称土地问题已成农村冲突最主要原因之一》，《瞭望》新闻周刊2011年10月30日。

② 王海磬：《新农村建设要突破环保瓶颈——致公党中央副主席杨邦杰谈农村环境保护》，《光明日报》2008年1月17日。

门，其环境管理力量更弱，大多数都只安排一个人兼管环保工作。环保规划缺失，管理机构不健全将直接导致环境管理工作不到位。有鉴于此，一些政协委员认为，应尽快开展对我国农村环境质量状况的全面调查，查清包括农村土壤、水和大气在内的农村基本环境要素质量的情况，全面准确地掌握全国农村环境质量的总体状况、污染类型、分布特点、污染范围、污染程度、污染种类及其来源，在此基础上编制《国家农村环境污染防治规划》。①

昔日，“农村包围城市”的道路使中国革命取得了胜利；如今，当环境污染再次“农村包围城市”时，城市必然难以逃脱“城门失火，殃及池鱼”的命运！

当前，广大农村群众要求改善生活生产环境的呼声日益强烈，社会主义新农村和全面小康社会建设都迫切呼唤农村环境保护工作有突破性进展。面对严峻形势，必须进一步提高对农村环保重要性和紧迫性的认识，深入贯彻落实科学发展观，深刻转变发展方式——地方在推动经济发展时须充分考虑环境承载能力和社会成本，应根据不同的资源禀赋等条件，在农业县与非农业县等不同地区之间布局差异化项目，促进低耗地、低污染、高集约项目发展；着力建立健全农村环境保护的政策体系和长效机制，切实把农村环保放到更加重要的战略位置，解决危害农民群众身体健康、威胁城乡居民食品安全、影响农业农村可持续发展的突出环境问题。推进农村环境整治和生态建设的思路已经明确，即：以生态功能区划为基础，以规划为龙头，调整和优化农村生产力布局，转变农村发展方式，从根本上解决农村环境污染问题；以保障饮水安全为重点，以生活污染治理为抓手，确保农村地区环境安全，改善农村生活方式，从整体上提高农村的环境质量；以加大环境执法力度为手段，以建立长效机制为根本，强化农村地区的环境监管，完善法规建设，从法制上保护农村生态环境。

作为党和国家战略决策的“社会主义新农村建设”掀开了当代中国农村的新一页。从此，一个融农村经济、政治、社会、环境为一体的建设框架开始形成；从此，一个缩小农村与城市差距的战斗开始打响；从此，

① 《民进中央提案：农村环境污染防治亟待关注》，《人民日报》2008 年 3 月 4 日。

一个推进当代农村现代化建设的方案开始实施；从此，一个新型的农村、一个新型的环境将展现在人们的视野里……

新农村——这是一片绿色的沃土！

新农村——这是一片希望的田野！

第二节 东部与西部：环境受益与环境补偿

在一定意义上，我国的“东部”代表着“发达”，“西部”意味着“落后”，这里，既有历史的沉重，也有现实的无奈。构建社会主义和谐社会，就必须东西协调、南北均衡，共建共享。环境公正亦然。

一 东部与西部的界线

我国“东部和西部”的区分主要是从以下三层意义上界定的。

（一）根据经济发展水平来划分

我国大陆区域经济的产生，应该说是经济发展水平与地理位置相结合长期演变而形成的。我国大陆区域整体上可划分为三大经济地区。三大经济地区由于自然条件与资源状况的不同，因而有着各自的发展特点。

东部地区包括 11 个省级行政区，分别是北京、天津、河北、辽宁、上海、江苏、浙江、福建、山东、广东、海南。东部地区背靠大陆，面临海洋，地势平缓，有良好的农业生产条件，水产品、石油、铁矿、盐等资源丰富，这一地区由于开发历史悠久，地理位置优越，劳动者的文化素质较高，技术力量较强，工农业基础雄厚，在整个经济发展中发挥着龙头作用。

中部地区包括 8 个省级行政区，分别是黑龙江、吉林、山西、安徽、江西、河南、湖北、湖南。中部地区位于内陆，北有高原，南有丘陵，众多平原分布其中，属粮食生产基地。能源和各种金属、非金属矿产资源丰富，占有全国 80% 左右的煤炭储量，重工业基础较好，地理上承东启西。

西部地区包括 12 个省级行政区，分别是四川、重庆、贵州、云南、西藏、陕西、甘肃、青海、宁夏、新疆、广西、内蒙古，人口有 4 亿多，聚集了中国 75% 的少数民族和八成左右的贫困人口；另外，国家还把湖南的湘西地区、湖北的鄂西地区、吉林的延边地区也划为西部地区，享受西部大开发中的优惠政策。西部地区幅员辽阔，地势较高，地形复杂，高原、盆地、沙漠、草原相间，大部分地区高寒、缺水，不利于农作物生长。因开发历史较晚，经济发展和技术管理水平与东、中部差距较大，但其国土面积占中国陆地面积的74%，矿产资源丰富，具有很大的开发潜力。

简言之，经济意义上，“东部”意味着经济发展水平如工业化、城市化和现代化程度较高，而“西部”代表的是贫穷落后地区。

（二）根据地理空间位置来划分

以大兴安岭－太行山－雪峰山为界，以西的地区为西部，以东的地区为东部。需要指出的是，湖南的湘西土家族苗族自治州和湖北的恩施土家族苗族自治州虽然在大兴安岭－太行山－雪峰山以东的中南地区，但由于在经济发展水平、民族分布和风俗文化等方面与相邻的西部地区极为相似，因此，也属于泛西部范畴。从地理空间上看，整个西部面积达660多万平方千米，占全国面积的三分之二强。但从区域经济实力来看，反差却格外强烈，西部省份的国内生产总值不到东部的1/4。

（三）根据环境状况和资源分布来划分

本节所指的“东部”和“西部”，主要是从环境状况和资源分布的意义上来界定的。目前我国东西部地区环境状况和资源分布状况是：东部地区资源稀少，但环境保护较好，西部地区资源较丰富，但环境破坏较严重。例如，长江、怒江、澜沧江流域（包括藏东、川西和滇西北地区）原本分布着大片高山、亚高山针叶林，但近些年，大量水源涵养林被滥伐、偷砍，造成区域蓄水能力的下降和水土流失的加剧，构成了我国二级、三级阶梯地区区域性水患频繁。贵州高原地区（指贵州省的西部、北部和川东南丘陵低山区）以高山、低山、丘陵地貌为主，坡耕地占40%，年降水量一般在1000毫米以上，多年的过伐、过垦使水土流失呈不断加剧的趋势。贵州省1964年、1985年、1995年的水土流失面积分别占到总土地面积的20%、30%和45%。蒙新风沙区（包括内蒙古高原、新疆大部、甘肃北部和宁夏的中北部）面积250万平方千米以上，分布着重多的低缓丘陵、干谷和沙漠，该区干旱多风，气候恶劣。

人类的过牧、过垦，造成了草场退化、土地沙漠化及绿洲农业区土壤次生盐渍化等一系列生态问题。这一地区每年春季因此而形成的沙尘暴已威胁到大半个中国。

二 西部生态环境的变迁

西部地区是我国主要大江大河的发源地，是我国整体的自然生态环境的有效调节地和天然屏障。由众多的考古、地质资源及史料可知，古代西部地区曾经草密林茂、山清水秀，西北地区还因气候温暖、森林草原密布、山川秀美，极其适合人类生存而成为中华民族的发祥地之一。然而，在漫长的历史演化过程中，西部地区的自然生态环境逐步发生变化，东部和西部在经济状况和环境状况上的差距越来越大。时至今日，西部地区的生态系统已变得十分脆弱，严重地影响到本地区乃至全国的经济发展。这种情况，是历史和现实、自然和人为等多种因素作用的结果。

从自然因素来看，严酷脆弱的自然环境是西部地区环境问题产生的基础原因。

西部地区的气象灾害比较严重。除牧区的雪灾和低温、冻害以及局部地区的连阴雨、暴雨灾害外，主要的气象灾害是干旱、风沙、霜冻、冰雹和干热风。其中干旱出现的次数最多，灾情最严重。黄土高原素有“年年有旱，三年一小旱，十年一大旱”的说法，内陆盆地也是三年两头发生程度不同的旱灾。出现频数最多的是春旱和伏旱，秋旱也时有发生。

土地资源质量差、利用率低。虽然西部地区土地面积大，人均占有量高，但事实上可利用率却很低。例如，在西北地区，能够开发利用的各类土地，仅占整个地区土地面积的42%左右，其中土地的农业利用率仅为30%，能够利用的耕地仅占土地面积的6%左右，林地占4.64%，草地占21.5%，而其他类型的用地比重则较小；农业上难以利用的戈壁、沙漠、石山裸地则占土地面积的57%以上。根据西北五省区土地勘查资料编制的土地利用状况与全国的对比，情况如表4－1所示。

表 4－1　西北五省区土地利用状况与全国的对比

单位：%

类型	陕西	甘肃	宁夏	青海	新疆	全国
土地总面积	100	100	100	100	100	100
耕地	31.63	14.99	27.99	0.92	2.31	15.07
林地	27.32	8.71	2.99	2.4	3.86	20.16
草地	30.89	24.58	45.57	45.12	8.65	28.10
水面（水库、河湖泊）	1.87	1.26	2.06	3.03	1.07	2.91
居民点、工矿、道路	3.39	1.40	2.91	0.22	0.45	1.98
难以利用的土地	4.65	45.96	17.75	36.16	75.56	28.45
其他	0.5	3.10	0.75	12.15	8.10	3.30

资料来源：2003 年各地统计公报。

水资源相对贫乏。西部地区的河流分属于黄河、长江、内陆河三大水系，是地表水的主要来源。水资源量主要来自大气降水和冰川融水两部分，大气降水占绝大部分。冰川总储量为 26121.74 亿立方米，但年冰川融水量不足 1%，而新疆冰川融水占自产径流量的 22.5%。例如，西北地区人均水资源量为 3000 立方米，年均地表径流量为 2900 立方米，只相当于全球人均径流量的 70% 左右。西北地区亩均水资源量为 1200 立方米，低于全国平均水平的 30%，在西北五省区中，宁夏水资源最为贫乏，人均占有 258 立方米，为全国人均值的 9%，如果再加上国家分配的每年 40 亿立方米的过境黄河水量，其人均水资源也不及全国人均水平的一半。可以说，水资源紧缺是制约西北地区社会经济特别是农业发展的关键因素。[①]

森林资源比较贫乏，分布比较零散，结构不尽合理。西部地区由于干旱少雨，森林资源十分贫乏，森林覆盖率仅为 5% 左右，远远低于全国平均水平，在各大区中居于非常落后的地位。现有林地面积占全国林地总面积的 10% 左右，在林业用地中，无林的土地面积就约占 60%。西部地区森林面积明显少，故其维持生态系统平衡的能力很差。由于西部面积比较广阔，许多地方宜于植树造林，因此，其植树造林的潜力可以挖掘，但因干旱的气候特征等原因，大部分地方植树造林的难度很大，树木成活率比

① 王韩民等：《国家生态安全：概念、评价及对策》，《管理世界》2001 年第 2 期。

较低，“小老头”树比较多，管护成本高。

西部地区生态环境日趋恶化除自然变迁因素外，主要是历史上人为因素长期作用于生态环境造成的，尤其是在近现代人口激增的压力下，忽视自然规律，片面追求经济利益所进行的盲目开发、掠夺性开发酿成的苦果。

汉代以前，由于人类活动的规模较小，西部地区在史前时期形成的良好的自然生态环境并没有发生大的变迁与逆转。当时，该地区水草丰美，河湖遍布，气候温暖湿润，充满着植物、动物、人类与自然环境和谐相处的活力。自汉代开始，人类活动开始较大规模地、不间断地影响和干预我国西部地区的自然环境。其中，在较长的历史时期，对西部地区不间断的军事活动、移民垦殖、水土资源开发，几乎也是毁林、毁草、过度放牧的过程，结果毁坏了西部地区的自然生态环境，破坏了西部地区动物、植物、人类与自然生态环境的和谐、协调的共生与发展。特别是我国从唐代后期开始直至新中国建立，不断的战乱和天灾人祸，再加上反复的生产结构调整，致使西部地区的自然生态环境走到了崩溃的边缘。

从 20 世纪 50 年代末期起，国家从北京、上海、辽宁一带向西部地区迁去了以机械制造为主的一批重工业企业。西部地区的交通、能源、原材料工业和地方工业得到了一定的发展。但是“大炼钢铁”使这些地区的生态环境遭到严重破坏。当时，林业的指导思想是以生产木材为中心，各林区把木材生产作为重要指标，而忽视了森林的营造。“重采轻育”的做法，使森林资源消耗过快，覆盖率大幅度下降。为了大炼钢铁，许多地区无论是人工林还是原始森林都被砍光了，即便生长在西部沙漠地带的胡杨林也难逃厄运。例如，四川省阿坝藏族羌族自治州，是大西南木材蓄积的重要基地，20 世纪 50 年代初有林地面积 220 万公顷，活立木蓄积量达 34000 万立方米，但在 1951 ~ 1960 年这十年，年采伐量猛增到 230 万立方米至 290 万立方米，使全州森林资源迅速缩减（迄今才恢复到 303 万公顷）。可以说，这一经济决策上的失误，导致了西部乃至全国范围内生态环境的大破坏。

从政策因素来看，西部环境的恶化也与政策导向有关。

在历史上，西部地区曾经为东部地区乃至全国的发展做出了巨大贡献和牺牲。如新中国成立后，我们实行的是计划经济和三线建设的整体布局。西部丰富的矿产资源无偿地输送到东部等地区，西部地区的自然资源和生态环境破坏比较严重。改革开放以后，由于国家对沿海地区实行优惠政策和资金倾斜，东部发展先行。而发展起来的东部地区上缴给国家的财政税收和对西部的补偿不足，西部地区明显处于发展的劣势，东西部在资源收益和补偿方面处于不平等地位。在西部地区，环境恶化与贫困加剧形成恶性循环，而东部地区富裕程度高，投入环境保护的资金相对较多，环境状况相对要好些。自20世纪80年代以来，我国政府重点针对城市环境问题制定和实施了一系列相关政策和措施。由于大中城市主要集中在东部，90年代以后，东部省（市）环境污染得到控制，但西部地区生态环境日益恶化。我国生态环境的脆弱带主要是大兴安岭－太行山－雪峰山以西的西北和西南地区，大部分贫困人口和贫困县（乡）也集中在这些地区，全国近600个国家级贫困县，大部分在西部。越是贫困的地区，破坏生态环境和浪费资源的现象越严重。而且，这种恶性循环不是那么容易打破。2010年是中国实施西部大开发战略十周年，官方数据显示，从2000年到2009年，西部地区的生产总值从1.66万亿元增加到6.68万亿元，增加了3倍；城镇居民人均可支配收入从5648元提高到14213元，年均增长10.4%；农民人均收入由1161元提高到3817元，年均增长8.9%。虽然在官方政策倾斜和大力投入下，西部地区与东部地区的经济相对增长速度差距在缩小，但绝对差距仍在扩大。国家发改委副主任杜鹰称，2000年，西部和东部的人均GDP相差7000元，如今，这一差距拉大到了21000元。国务院西部开发办原副主任李子彬在由国际经济交流中心举办的经济每月谈论坛上也坦陈，西部地区相对落后、欠发达的状况不可能在十年内得到解决。在生产总值、地区财政收入水平、人均生产总值水平上，“再经过100年（西部地区）也不一定能够和东部地区拉平”。[①]

三 环境受益与环境补偿

黑河，又称弱水，发源于祁连山北麓冰川，流经青海、甘肃、内

① 中国新闻网，2010年3月27日。

蒙古，汇入中蒙边界的东居延海和西居延海。黑河全长821千米，是中国第二大内陆河，滋润着位于沙漠边缘的两大块绿洲——甘肃的张掖市和内蒙古阿拉善盟额济纳旗。

张掖所处的河西走廊灌溉农业区位于黑河中游，是全国十大商品粮基地之一，也是黑河流域最大的经济区和耗水区。额济纳旗位于黑河下游，其8万多平方千米均为极端干旱区，年均降水量不足50毫米，而蒸发量却高达2500毫米。

至20世纪后半期，冰川退缩，放牧过度，林草退化，大大削弱了祁连山涵养水源的能力，加剧了黑河全流域生态危机。大规模的移民开发、灌溉面积的快速增长、流域人口的膨胀，大量挤占了生态用水。

在传统的产业结构和发展模式的重压下，黑河再也无力向下游输送足够的水了。伴随河道断流，地下水位下降，天然河岸林大面积枯萎死亡，湿地和绿洲急剧萎缩，土地大面积沙化。1961年，曾经拥有350多平方千米湖面的西居延海悄然消失；1992年，东居延海也宣告枯竭。曾经是西北戈壁硕果仅存的两个大型湖泊，却在枯竭之后成为我国北方沙尘暴主要策源地之一。

2000年春天，几场强沙尘暴持续袭击了华北地区，影响人口1.3亿。科学调查表明，这些远道而来的“不速之客”，正是来自黑河下游相继死亡的河床、湖盆以及严重沙漠化的绿洲。

2000年5月12日，时任国务院总理朱镕基观看了中央电视台《新闻调查》“沙起额济纳”后，对水利部部长汪恕诚说：“黑河问题非常严重，非治不可，应统筹规划，统一管理；西部大开发，水是第一位的任务，要把生态用水放在第一位，保护额济纳生态环境不仅是对额济纳的保护，同时也是对内蒙古、甘肃的保护，意义十分重大。”

2001年2月21日，国务院召开第94次总理办公会议，专题研究黑河水资源问题及其对策。会后，国务院正式批复了《黑河流域近期治理规划》，决定以生态系统建设和环境保护为根本，合理安排生态用水，有效遏制流域生态系统恶化，并决定投资23.6亿元，用3

年时间实现阶段性治理目标。

黑河治理成败的一项标志性成果，就是能否如期完成向黑河尾闾东、西居延海调水，而处在中游的最大农业城市张掖市就成为黑河治理这盘棋中最关键的一步。

分水的压力，沉甸甸地压在每一名张掖市领导和农民的身上。按照规定分水后，黑河向下游新增下泄量2.55亿立方米，意味着张掖必须削减引水量5.8亿立方米，相当于4万公顷耕地的用水量，也相当于依附在土地上的20多万农民将失去基本依靠。

为了整个流域的生态，张掖付出了沉重的代价：每次分水闭口时间少则十几天，多则三四十天，分水期间沿线农田灌溉一律停止；有时，正在扬花季节的玉米，因缺水玉米棒子半截干枯，农民遭受重大损失。据统计，仅2001～2003年，全市有近万亩农田因分水延误浇灌而绝收，前所未有。①

黑河的兴衰枯荣，沿岸人民为保护环境所付出的代价表明：西部地区特别是西部农村在奉献了大量物质资源的同时，并没有得到多少回报。在一定程度上讲，东部发达地区的快速发展与西部不发达地区的利益损失是紧密相连的。改革开放以来，东部发达地区比西部贫困地区获得了更多的实惠。必须将如何平衡其间的关系纳入公正的视野。正如亚里士多德所言："一个人有了过多的利益，人的行为是不正义的，一个人拥有的权益太少，他受到了不公正的对待。"②

当今中国社会"二元经济结构"和城乡工农业产品"剪刀差"的存在，突显了东部和西部、城市和农村在资源利用和保护环境方面权利和义务分配的不公正。我们不能错误地认为对西部的扶持就是对西部的"恩赐"，是简单的"给予"。实际上，西部地区也在默默无闻地"支援"和"扶持"东部地区，而且是以牺牲自身利益来支持东部地区的繁荣和发展。西部地区环境的恶化有其自身的原因，但不容否定的是，国家对东部

① 龚瑜、杨得志：《张掖节约一滴水　北京沙尘减一分——含泪水援额济纳》，《中国青年报》2005年4月19日。

② 转引自王正平《发展中国家环境权利和义务的伦理辩护》，《哲学研究》1995年第6期。

发达地区环境保护的投入远远超过西部地区。因此，东部地区理应为过去的“索取”埋单。支援西部地区的建设不是单向的“给予”，而是东部发达地区应尽的责任，是为曾经的“受益”而对西部地区生态环境做出的“补偿”。

环境补偿是基于环境受益而做出的补偿。

从人类发展需求角度而言，所有环境要素及其所构成的整体环境均对人类生存与发展产生影响，这种影响既包括对人类生存与发展具有促进作用的积极影响，也包括具有限制作用的消极影响。具体来说，我们可以把自然的或受人类活动影响的环境要素及其整体通过运动、变化所产生的对人类生存与发展具有促进作用的影响理解为环境受益，反之则为环境致损；把人类在生存与发展中直接和间接从环境运动与变化中所获得的恩惠理解为环境受益，反之则为环境受损。其中，环境受益反映的是人类生存与发展所获得的环境产品与服务。

环境受益的类型极为多样，如物质受益、能量受益、状态受益。受益的物质类型包括水分受益、空气受益、土壤堆积受益、防止侵蚀受益等，受益的能量类型包括热量受益、温度受益、辐射受益等，受益的状态类型包括绿化、美学等功能受益。按照其性质及受益状况的差异分可为不同类别环境受益区。如从环境受益区的受益对象来看，可分为城市环境受益区、农村环境受益区等；从环境受益区与环境产益区联系的紧密程度来看，有直接受益区和间接受益区之分；从环境受益区的受益效果来看，可分为明显环境受益区、一般受益区、不明显环境受益区等。

任何一项政策，如果减少了政策实施者的利益，那么这项政策往往是很难推行的。在许多地方，生态保护恰好正处于这样一种尴尬境地。一方面，生态保护外部效应显著，政府强力推导；另一方面，生态保护者必须牺牲个体和地方的利益，牺牲他们的发展权。作为整个社会系统中平等的个体，在为社会做出牺牲的同时，如果不能得到应有的补偿，这样一种社会行为首先是不公平的，同时也难以持久。于是，在构建社会主义和谐社会这一主题下，政界和学界正在思考如何利用经济手段使人们的生态保护行为得到经济补偿。因此，“环境补偿”这个概念逐渐成为社会舆论的热点话题。

环境补偿是一种资源环境保护的经济手段，其目的是调动生态建设者的积极性，是促进环境保护的利益驱动机制、激励机制和协调机制的综合体。

环境补偿有广义环境补偿和狭义环境补偿之分。广义的环境补偿，既包括对生态功能的补偿，又包括对因环境保护丧失发展机会的区域的居民进行的资金、技术、实物上的补偿和政策上的优惠，以及为增进环境保护意识，提高环境保护水平而进行的科研、教育费用的支出等。狭义的环境补偿则专指对生态功能或生态价值的补偿，包括对为保护和恢复生态环境及其功能而付出代价、做出牺牲的单位和个人进行经济补偿；对因开发利用土地、矿产、森林、草原、水、野生动植物等自然资源和自然景观而损害生态功能或导致生态价值丧失的单位和个人收取经济补偿费（税）。补偿对象可以是对生态保护做出贡献者、生态破坏中的受损者和减少生态破坏者。

环境补偿的目的在于对损害或保护资源环境的行为带来的外部不经济性或外部经济性进行收费或补偿，提高该行为的成本或收益，从而激励损害环境的行为主体减少或保护环境的行为主体增加，从而保护资源。①

从世界范围来看，自 20 世纪 50 年代以来，环境补偿开始被越来越多的国家所认识并付诸实践。例如，1992 年《里约宣言》和《21 世纪议程》体现出了利用经济手段来调整经济社会发展与生态保护关系的思想，即在环境保护政策上，市场、政府财政及经济政策应发挥互补性作用，表现为环境费用应该体现在生产者和消费者的决策上，价格应反映出资源的稀缺性和全部价值，并有助于防止环境恶化。

加强生态建设，维护生态安全，实现经济与人口、资源、环境的协调，实现人与自然和谐相处，是 21 世纪人类面临的共同主题，也是我国经济社会可持续发展的重要基础。面对日益严峻的环境形势，环境补偿制度不失为一种重要的探索和尝试。

应当肯定，我国政府非常重视环境资源的保护问题，而且以国家根本大法的形式确立了环境资源保护、防止污染这一基本国策，并为建立和完

① 毛显强等：《生态补偿的理论探讨》，《中国人口·资源与环境》2002 年第 4 期。

善环境补偿制度奠定了宪法基石。但是，治理环境污染起初多是政府埋单，实际是把污染者的治理责任转嫁给了全体纳税人，既没体现生态环境的价值，又违背社会公平原则，故而难以遏制生态环境的污染和破坏。1972年，经济合作与发展组织（OECD）理事会首先提出"污染者付费"。我国也在探索环境补偿的实施办法，只不过在20世纪90年代前期，环境补偿关注的焦点是向生态环境加害者索取赔偿。到了90年代后期，环境补偿的对象才更多转向生态环境保护者和建设者。如我国对于西部退耕还林、还草者实施的补贴政策，就是一种典型的环境补偿，而且在实践中取得了良好的社会效益和生态效益。近年来，我国为了加强生态环境保护，进行了环境补偿的尝试，主要应用在森林、湿地和草原的保护工程，从实施情况来看，对促进工程建设、恢复生态环境功能起到了极大的作用。

环境补偿机制旨在通过经济、法律、政策和市场等手段，解决一个区域内经济社会发展中生态环境资源的存量、增量问题和扭转区域间的非均衡发展状况，逐步达到区域内的平衡和协调发展，从而激励人们从事生态保护和建设的积极性，使生态资本增殖、生态资源永续利用。建立环境补偿机制，必须正确处理局部与全局、当前与长远的关系，促进生态效益、经济效益与社会效益的协调统一，应当遵循公平的指导思想。

经济发展离不开自然资源作为物质基础，而西部地区是我国的能源资源基地。西部地区输出资源、保护生态是为了全体公众的利益。然而，西部为了全体公众的生态利益却牺牲了自己的生存和发展机会，这显然是不公平的。为了解决这种不公平，实现域际公平的最好途径就是建立环境补偿机制，由中央政府或受益人为西部地区提供补偿，为利益损失者创造其他的生存和发展条件，并保证新的条件是对原来条件的改善和提升。

建立健全环境补偿机制，有利于城乡之间、区域之间的统筹协调，为西部地区提供有力的政策支持和稳定的补偿渠道；有利于确立资源环境的价值观念，推进资源环境有偿使用的市场化运作；有利于促进清洁生产，发展循环经济，实现经济增长方式的根本转变；是全面推进生态建设的重要举措。

建立环境补偿机制是维护群众利益的具体表现。长期以来，西部地区的广大群众为了保护好所在地区的生态资源和环境，做出了很大的牺牲。另外，资源开发受控、产业发展受限，又严重制约了当地经济发展。建立环境补偿机制，是对西部地区为保护生态环境所付出的代价的必要回报，也是维护和实现西部地区群众的根本利益的具体体现。

建立环境补偿机制是构建社会主义和谐社会的必然要求。良好的生态环境是和谐社会的重要标志之一，是经济社会持续发展和人民生活水平不断提高的重要基础。随着经济社会的快速发展，人民群众对环境的要求也越来越高，生态环境的优劣已成为影响经济社会发展的重要因素。建立环境补偿机制，是加强生态环境保护、统筹东西部地区协调发展的有效途径，也是加快构建和谐社会和全面建设小康社会的必然要求。

总之，建立环境补偿机制，可以弥补国家财政拨款的不足，保证生态建设的可持续发展，从根本上改变生态效益无偿使用、生态保护和建设者只有投入没有回报的不合理状况。

四　环境补偿机制的实现

（一）遵循的原则

建立环境补偿机制，应当遵循公平性、效率性和可持续性原则。因为从我国目前社会经济状况来看，公平是环境补偿的首要目标，同时补偿效率的高低也直接影响补偿的效果，过高的补偿成本往往会得不偿失。环境补偿制度设立的目的，就在于维持生态的可持续发展，为整个人类社会的可持续性提供物质与能量条件。

1. 公平原则

公平原则在法律制度中的重要地位，决定了应将其作为环境补偿的基本原则。公平原则是以等利（害）交换关系为核心内容的，体现在环境补偿机制中，就要求收益大于付出的地区做出补偿，付出大于收益的地区接受补偿。此前学界曾主张将“谁保护，谁受益”“谁受益，谁付费”或者“谁受益，谁补偿”作为环境补偿机制的基本原则，与这些原则相比，公平原则所涵盖的内容更加全面，表述更加准确。

2. 效率原则

在建立环境补偿机制及实施环境补偿的过程中，坚持高效率和高效益的公平是毋庸置疑的。自然生态环境是很难再生甚至是不可再生的，低效率造成浪费，最终一定是得不偿失的。由于环境本身具有生态性和经济性的双重特点，所以环境补偿机制的建立应本着兼顾生态效益与经济效益的双重原则。环境补偿的效率原则体现在生态效益领域就是要求补偿行为采用合理的技术手段，使人工投入符合自然生态系统反馈机制的需求。环境补偿的经济效益包含两层含义，一方面是补偿必须带来整个社会经济的劳动成果与劳动占用或消耗的比值上升，另一方面是在达到这一目的同时，补偿行为本身所消耗的自然资源要尽可能少。前者是对社会的整个经济效益的追求，后者强调的是补偿行为本身的效率。

3. *可持续原则*

可持续原则的核心是要求人类的经济和社会发展不能超越资源和环境的承载能力。然而，我国现实的社会经济发展模式造成的环境污染、生态破坏正在超过生态系统所能承载的能力范围。要贯彻可持续原则，环境补偿过程中必须要考虑整体协调性，将环境补偿纳入整个生态、经济、社会的协调可持续发展的范畴之中，改变传统的就环境论补偿的补偿方式。

人人都希望享受清洁环境之益，而不受环境污染之苦，这就必须按照上述原则，切实保障公民享有环境损益同等待遇的制度上的公平，保障地区的付出与获得相适应的地域上的公平，保障个人或群体享有同等的环境权益的社会上的公平。唯有如此，才能实现东西部地区的环境公正。

（二）具体措施

在上述原则下，以下具体措施也有利于保障环境补偿机制和东西部环境公正的实现。

1. *落实环境损益补偿措施*

在西部大开发与生态环境治理中，不能只简单强调“谁污染，谁治理”这一原则要求，应在追究污染者造成生态环境损失的责任和受益者应尽的义务的同时对受损者予以各种补偿，统筹人和自然的和谐发展、经济社会和人的全面发展，逐步缩小东西部环境损益的社会差距。

环境补偿是一个系统工程，补偿方式的多样化可以大大增强补偿的适应性、灵活性和弹性，进而大大地增强补偿的针对性和有效性。一般说来，补偿方式大致有政策补偿、资金补偿、技术补偿。

政策补偿，是指中央政府对省级政府、省级政府对地方政府的权利和机会补偿。受权者在被授予的权限内，利用政策的优先权和优惠待遇，在资金十分贫乏、经济十分薄弱的情形下，制定一系列创新性政策，筹集资金促进发展，充分利用制度资源和政策资源。“给政策，就是一种补偿”。通过规划引导、项目支持等方式，扶持和培育西部地区新的经济增长点，支持西部地区特别是重要生态功能区大力发展生态型产业、环保型产业；通过政策倾斜和实施差别待遇，激发西部地区保护资源环境、发展生态产业的主动性和积极性；继续实施生态移民、异地开发、下山脱贫等现有的行之有效的环境补偿方式，进一步从体制上、政策上加大对异地开发、生态移民等的政策支持力度。

资金补偿，这是最常见的也是最急需的补偿方式。常见的方式有：补偿金、赠款、减免税收、退税、信用担保的贷款、补贴、财政转移支付、贴息、加速折旧等。借鉴美国等西方国家的经验，“由政府购买生态效益，提供补偿资金”，政府可以通过加大财政转移支付，由中央和地方政府每年拨出专项资金编入财政预算，用于环境补偿，以提高生态效益。

技术补偿，是指中央和当地政府以技术扶持的形式对生态环境的综合防治给予支持。具体内容有：补偿主体开展技术服务，提供无偿技术咨询和指导，培训受补偿地区的技术人才和管理人才，提高受补偿者的生产技能、技术含量和组织管理水平。

2. 努力提高西部地区的基本社会保障水平

西部地区的社会保障水平与东部有明显的差距。东部地区先行享受了改革开放的成果，为东部发展做出贡献的西部地区，其教育、科技、文化、体育、医疗保健、工资待遇等基本的社会保障公共服务水平，应该与东部地区一样，以确保社会公平。国家应采取各种有效措施，促进西部地区的社会发育和劳动力素质的提高，对民族贫困地区面临的九年义务教育的滑坡，要给予足够的重视。对东西部逐渐拉大的工薪差距，应做政策调整，保证西部地区特别是不发达地区公职人员的工资在全国平均水平以上。目前，全国的贫困人口大多集中于长江、黄河中上游的高寒、荒漠、黄土高原地区，这些地区环境恶劣、生态脆弱、交通闭塞、发展滞后，不少地区出现生存危机。国家应从环境安全大局和东西部均衡发展的总体利益考虑，对这些地区实施休养生息的政策。如通过对重点区域生态功能的恢复与重建，加大公共财政的转移支付，切实解决这些地方的经济发展和环境不公正问题，努力实现经济发展、生态改善和农牧民增收的“三赢”。

3. 依法维权，促进环境公平

维护环境公平就是维护公众拥有良好生存环境的权利，对此，我国《民法通则》《环境保护法》《刑法》等都有相应的规定。具体而言，我们应该加强法制和环保宣传，使公众知法、懂法，并享有知情权和参与权；强化执法，依法行政，确保公众的环境权益；对于受害者的赔偿，应当包括直接的和间接的两个方面，涉及精神损害的应给予精神损害赔偿；坚决制止东部高污染工业项目和高耗能低效率的淘汰设备向西部转移；严格审批新开工项目，限制高污染行业的发展；坚决制止乱砍滥伐、滥挖乱猎的不法行为，对造成严重后果的要追究刑事责任；加强管理与监督，确保以粮代赈、资金补贴等生态建设工程的实施；退耕还林政策措施需要细化与配套，并以法规形式稳定下来。国民经济核算体系的改革要充分考虑资源、环境、人力的成本，以保障国民经济和社会的持续协调发展；要以规范的形式保障东部对西部的环境建设成本的持续补偿，以维护东西部环境总体收益的公平；要扩大“三荒”公有资源使用权分配的范围和规模，通过承包、租赁、合股等形式，打破区域界限，广泛吸纳个体、集体、合作等组织进行西部生态环境的治理，在发展中促进环境公平的实现。

或许这些设想仍然难以根治区域之间的不公正，正如环境主义者说到的，环境是一体化的，而这个世界却被国家、民族等行政性区划而分割，在这个属于“我”的空间中，我只能为自己的利益着想。这才是环境不公正的本质根源。从根本上保护环境，需要的是遵循生态的性质，而不是根据人为的划治。

值得重视的是，我国政府充分认识到了上述问题并做出了坚定的实践。2007 年 8 月 2 日，国务院下发了《关于编制全国主体功能区规划的意见》。推进形成主体功能区，就是要根据不同区域的资源环境承载能力、现有开发强度和发展潜力，统筹谋划人口分布、经济布局、国土利用和城镇化格局，确定不同区域的主体功能，并据此明确开发方向，完善开发政策，控制开发强度，规范开发秩序，逐步形成人口、经济、资源环境相协调的国土空间开发格局。这有利于打破行政区划，制定并实施有针对性的绩效考评体系。根据这一布局，全国国土空间将被统一划分为优化开发、重点开发、限制开发和禁止开发四大类主体功能区。优化开发区域是经济比较发达、人口比较密集、开发强度较高、资源环境问题更加突出，从而应该优化进行工业化城镇化开发的城市化地区。重点开发区域是有一定经济基础、资源环境承载能力较强、发展潜力较大、集聚人口和经济的条件较好，从而应该重点进行工业化城镇化开发的城市化地区。限制开发区域分为两类：一类是农产品主产区，即耕地较多、农业发展条件较好，必须把增强农业综合生产能力作为发展的首要任务，从而应该限制进行大规模高强度工业化城镇化开发的地区；另一类是重点生态功能区，即生态系统脆弱或生态功能重要、资源环境承载能力较低，不具备大规模高强度工业化城镇化开发的条件，必须把增强生态产品生产能力作为首要任务，从而应该限制进行大规模高强度工业化城镇化开发的地区。禁止开发区域是依法设立的各级各类自然资源保护区域，以及其他禁止进行工业化城镇化开发、需要特殊保护的重点生态功能区，如国家级自然保护区、世界文化自然遗产、国家级风景名胜区、国家森林公园和国家地质公园，以及省级及以下各级各类自然文化资源保护区域、重要水源地以及其他省级人民政府根据需要确定的禁止开发区域。2010 年底国务院印发了《全国主体功能区规划》，这是中国第一个国土空间开发规划，是科学开发国土空间的行动纲领和远景蓝图，是国土空间开发的战略性、基础性、约束性的规划，也是国民经济和社会发展总体规划、区域规划、城市规划等的基本依据。

从生态的视野，从人口、经济与环境承载力相协调角度来考虑国土开发的轻重缓急，这或许是从根本上根治农村与城市、西部与东部之间环境不公正的真正出路。我们期待着……

第五章　贫穷的环境　富裕的环境

——群际环境公正

在国家政府和多边机构中，人们越来越认识到，经济发展问题和环境问题是不可分割的；许多发展形式损害了它们所立足的环境资源，环境恶化可以破坏经济发展。贫穷是全球环境问题的主要原因和后果。因此，没有一个包括造成世界贫困和国际不平等的因素的更为宽阔的观点，处理环境问题是徒劳的。

——《我们共同的未来》

通常认为，是人类破坏了环境。这里的“人类”实际上是由贫富、强弱不同的群体来构成的。为此，穷人和富人彼此针锋相对——富人说：环境恶化与经济贫困与生俱来，富长良心，穷生奸计，恶性循环；穷人说：环境危机是富人制造的祸患，为富不仁，富而忘义，他们只顾利用自然资源而不管环境责任。在当代中国，富人与穷人俨然是两个相对的群体。然而，无论贫也好，富也好，某种程度上无一不与当前的环境危机、环境公正问题相关。河北省人大常委会城乡建设和环境资源工作委员会主任姬振海曾撰文指出：“环境保护实际上调节的是社会少数人与大多数人之间的利益关系，是对少数人污染环境、破坏生态的行为进行监督管理的过程。从社会公正的角度看，环境保护体现着以政府意志为特征的社会公正政策。”①

① 姬振海：《用科学发展观维护人民环境权益》，《光明日报》2004 年 6 月 4 日。

第一节　穷人在呐喊：谁来倾听我们的呼声

富人的乐，不只是富人才能体会；而穷人的苦，则只有穷人才能感受。虽然对贫穷有各种各样的说法和分类，但是，一般认为，贫穷是指缺少基本生活保障，在衣食住行用等基本生存条件方面严重缺乏或者不能保证最低生活水平。生存环境的恶劣，生存能力的缺失，使“环境破坏”与“生活困难”二者像恶魔一样纠缠着穷人。

一　穷人：收入少消费低

“贫困是一种痛苦。穷人要承受来自食物缺乏和长时间工作带来的肉体上的痛苦，承受身为附属品以及缺乏权利的屈辱而带来的心理上的痛苦，以及承受被迫作出某种取舍而带来的道义上的痛苦。”[①]

要描绘穷人的特征不难，简单地说，就是“进得少”——收入低下，“出得少”——消费低下。

贫困人口的一个突出现象是收入低下。这部分人主要包括农民和城市的下岗失业人员。

农业劳动者是目前中国规模最大的一个阶层，也是贫穷人口最为密集的一个群体。2011 年，国家将农村扶贫标准提高到年人均纯收入 2300 元，按照新标准，年末农村扶贫对象为 12238 万人。[②] 这个数字表明占人口主体的农民，古往今来，依然没有摆脱贫困的追缠，他们还是贫困的主要群体。

城市下岗人员也在步入贫穷阶层，而且这个群体的绝对人数在增加。《2010 年度人力资源和社会保障事业发展统计公报》显示，城镇登记失业率为 4.1%。失去了赖以生存的职业，也就失去了生活的真正保障。眼看着繁华都市，耳听着现代节奏，绝大部分城市失业人员却只有观望、等待、焦虑。

---

① 〔美〕迪帕·纳拉扬等：《谁倾听我们的声音》，付岩梅等译，中国人民大学出版社，2001，绪论。

② 《2011 年国民经济和社会发展统计公报》。

合理的收入分配是社会公平的重要体现。当前我国人民生活总体上达到小康水平，但与此同时收入分配差距拉大的趋势还未得到根本扭转，特别是城乡居民收入差距、区域间居民收入差距、行业间收入差距日趋明显。2012 年，城镇居民人均总收入 26959 元。其中，城镇居民人均可支配收入 24565 元，比 2011 年名义增长 12.6%；扣除价格因素实际增长 9.6%，增速比 2011 年加快 1.2 个百分点。全年农村居民人均纯收入 7917 元，比 2011 上年名义增长 13.5%；扣除价格因素实际增长 10.7%，比 2011 年回落 0.7 个百分点。[①] 东西部收入差距也略有加大，东部地区的城镇居民可支配收入的基尼系数为 0.343，分别比中部、西部和东北地区高出 20.1%、9.6%、9.2%。省际居民收入差距依然存在，2012 年 7 月间，中新网财经频道统计发现，除了内蒙古、辽宁、黑龙江、湖北、河南、新疆、西藏、贵州这 8 个省区外，目前全国已有北京等 23 个省区公布了 2011 年城镇单位在岗职工平均工资。数据显示，在这 23 个省区中，北京职工月平均工资最高，为 4672 元/月，其次是上海，为 4331 元/月，而排名垫底的是甘肃，仅为 2742 元/月。[②] 这也再次确证了十八大报告提出的缩小分配差距对策的正确性——要坚持社会主义基本经济制度和分配制度，调整国民收入分配格局，加大再分配调节力度，着力解决收入分配差距较大问题，使发展成果更多更公平惠及全体人民，朝着共同富裕方向稳步前进。

在超前消费成为时尚的今天，收入高低并不决定消费高低。但是，大部分中国人，尤其是农民依然秉承着量入为出的传统文化，穷人的收入水平决定了消费能力，一定意义上，低收入即低消费。

2012 年，社会消费品零售总额 207167 亿元，同比名义增长 14.3%，扣除价格因素实际增长 12.1%。[③] 据统计，占我国居民人数近 2/3 的农村地区，消费只占全国的 1/3。目前 1 个城镇居民的消费大体相当于 3 个农民的消费。消费低下的农民也包括在城市务工的农民工。随着农村生产力的提高，许多农村劳动力从土地中解放出来，大部分剩余劳动力转

① 《2012 年国民经济和社会发展统计公报》。

② 《23 省份 2011 年平均工资排行　北京最高甘肃垫底》，中国新闻网，2012 年 7 月 6 日。

③ 《2012 年国民经济和社会发展统计公报》。

向城市，我国现有农民工近2亿。由于缺少较高的文化知识和技术，他们只能成为廉价劳动力。目前，他们主要集中在建筑、餐饮、服装等技术含量较低的劳动密集型行业。在车水马龙、灯红酒绿、充满诱惑的城市中，春踏青、夏戏海、秋赏月、冬看雪，对他们来说是一种不可企及的奢侈，他们只能居住在廉价简陋的房屋中，守着昏暗的灯光，遥寄一种生活的梦想。

二　穷人：环境污染的受害者

在环境资源的占有消耗上，富人的消耗量高于穷人，但经济窘迫者往往是环境污染的最大承受者。一个在公共景区建别墅的人，与一个住在闹市单元房里的人，谁占有消耗的资源大，谁承受污染的程度高，不言而喻。

一些经济落后的地区为了早日脱贫，大方地把秀美的风景区和大片的良田廉价地供应给招商引资，祈求速效致富，结果欲速不达，不仅给少数人掠夺财富提供了机会，而且把祸患遗留给了当地的贫民。上游荆门市的大量工业废水及生活污水，把竹皮河变成了酱红色，河水所含的氟、铅、硫化物等十几种有害物质，皆大大超过人畜饮用标准，鱼虾鸭鹅基本绝迹，4700亩农田和1500亩水面因污染而撂荒。竹皮河两岸的贺集乡、康桥湖农场、石牌镇等26个村庄5643户，因饮用和使用河水灌溉，70年代以来的30年间，死亡耕牛11722头、猪26780头……竹皮河两岸人口总数3.5万，肝脏病患者8500多人（占总人口的24%），慢性肠炎患者6300多人（占总人口的18%），各种皮肤病患者9300多人（占总人口的26%）。仅贺集乡便有650人患肝癌，93人患肺癌。竹皮河两岸青年参军体检，基本无人合格……湖冲村一位农民承包了6亩稻田，由于污水入侵，收获的5000多斤稻谷竟然都变成了黑色。粮食收购人员抓一把撒给鸡，鸡不吃，给猪，猪也不吃。一气之下，他们将这5000多斤稻谷通通倒进了竹皮河……①

---

① 易正：《中国抉择——关于中国生存条件的报告》，石油工业出版社，2001，第108～109页。

发展，是为了人们的幸福生活；假借发展之名，大肆消耗环境资源，不仅有害于人，而且有害于自然——它使“发展”简单地等同于“发财”，而事实上，少数人发了财，大多数人却深陷贫困无法自救或者一度崛起后却再度沦陷。

人工物品在耗用时，它的利与害是同一的，使用者即是承受者；而环境资源在耗用时，它的利与害是分离的，使用者并不等同于承受者。当富人享用环境资源后无代价地向自然环境排放废弃物而享受无成本之利时，穷人却因环境资源的破坏和环境污染承受着难以想象的痛苦。

屡受污染侵害，无奈暴力抗争，此类事件在农村近年来频频上演。面对无法及时有效解决的环境污染问题，近年来不少人采取了集体性暴力抗议，这种事件尤其是在农村居多，由此而引发的环境污染刑事案件也在逐渐增多。在这类案件中，环境污染受害者往往因妨害公务罪、聚众扰乱社会秩序罪、故意毁坏财物罪等受到刑事处罚。然而，污染受害者之所以会采取这种激烈的对抗方式，往往是因为他们在身体健康与生存环境遭受严重威胁时，无法通过正规渠道使污染问题得到及时有效解决。[1]

环境资源耗用时的利害分离使富人可以无成本地享受环境资源，而穷人在生计的压力下不得不向富人输送着环境资源，却把自己推向了恶劣环境的深渊。

环境污染给人们的生活造成相当大的影响，富裕的地区和人群有能力补偿污染给自己生活质量带来的损害，但穷人却没有能力选择，更无力应对因污染而带来的损害。生活在环境恶劣的城市农民工和失业人员、拾荒者、流浪人员，即使意识到环境污染严重，也没有能力来改善生活状况，他们忍受着居无定所或者住在肮脏地区的痛苦。相反，富人们却可以狡兔三窟，四处有屋——当前各地不断攀升的房价与其说是“供不应求”的经济规律在发生作用，毋宁说是富者把房产当作投资而导致的畸形现象。

越穷环保越难，这似乎是一个难以破解的恶性循环。究竟谁在损害环境资源？这近乎是天问！草原沙化了，牧羊人痛心疾首，沙尘暴来了，城里人叫苦不迭。殊不知，沙化与草原稀疏有关，草原稀疏又与市场对羊

① 《无奈暴力抗争　污染受害者为何屡陷刑罚怪圈？》，《中国环境报》2008年2月15日。

肉、羊毛的巨大需求有关，而富裕地区和富裕人群是羊肉、羊毛的最大消费者。但是，最大的消费者，未必是最大的埋单者；最无力的消耗者却可能是环境的最大受害者。这就是环境与贫富的逻辑！

三　穷人呼唤环境公正

不可否认，贫困与环境之间确实存在一条恶性循环线。英国剑桥大学政治经济学首席讲座教授达斯古帕塔说："贫困造成了营养不良，削弱了穷人的工作能力，妨碍了他们获得工资就业的机会。因而穷人被迫更多地依赖砍伐边际土地上的脆弱的、产权没有确定的自然资源。"[①] 但是，这条明显的循环线又受着其他因素的影响。

一方面，是制度不公正造就了穷人目前的状况。制度是人类历史发展的特定阶段形成的，是用来制约和引导社会成员、维护社会秩序的。制度的设置、变迁对全体成员的行为和利益关系有一定的支配作用，影响着人们的价值观念、道德选择。

新中国成立初期，我国在生产力和技术有限的情况下，重点优先发展重工业。当时采取"农产品低价"的经济政策，实行一系列压低农副产品价格的措施，源源不断地廉价供应给工业。农村的环境资源在国家政策的强制下流向了城市。作为资源地区的原住民却只能成为环境资源的稀客。

我国原有的二元经济结构体制和尚城歧农的福利制度明显缺乏制度的道德性。国家为了加速工业化进程，将大量的资金投到城市，也吸引了高素质的劳动力向城市转移，城市非农产业的劳动生产率骤然提高，城市居民的生活水平也大大提高。而农村却得不到应有的技术、资金和智力投入，剩下的是坊间所谓的"583861 部队"——老弱病残人员，"空壳村"大量存在，留守儿童几近"问题儿童"。可想而知，农业生产率能有多高，农民收入能有多高？二元经济结构体制把农村挡在发展成果之外。

福利制度也在城市和乡村之间画着"楚河汉界"。为什么城市居民可

① 转引自〔日〕速水佑次郎《发展经济学——从贫困到富裕》，李周译，社会科学文献出版社，2003，第 218 页。

以轻松享受到的社会福利，而对农村居民来说却可望而不可即呢？社会福利制度具有普遍性，这不仅是这种制度的合理性所在，而且也是它保证社会公平正义的合法性所在。住房福利、退休养老、交通补贴等福利为什么总是与农民隔着楚河汉界？一个本该普遍化的制度，却把提供这种福利的贡献者——广大农民抛弃，其合理性和合法性何在？

另一方面，穷人阶层缺乏有效的社会关系网络和利益表达机制，因而在环境伤害中不得不选择沉默。

对于生活在乡村的穷人来说，除了看着美丽的田野变成冒着滚滚黑烟的工厂的痛心，除了看到大片的树林被伐的悲戚，除了看到一堆堆来自城市的垃圾的酸楚，他们剩下的只有呐喊这最后一招！

俗话说："富在深山有人问，贫在闹市无人知。"穷人的穷还不仅仅表现为物质寒酸，而且还表现在社会资源的匮乏。社会学家通过实证分析验证了这种假设：作为中国社会结构的基本形态，差序格局深刻地影响着城镇居民（其实可以泛指广大贫困者——笔者注）遭受环境危害时的行为。在差序格局中，如果其他条件相同，城镇居民在遭受环境危害时到底是选择抗争还是沉默，取决于他们所在的社会关系网络以及该网络的疏通能力。[①] 简单地说，穷人缺乏有效的社会关系来表达自己所受到的伤害，找不到合适的利益代言人。因此，难以形成强大的声音，以引起社会的关注和尊重。他们的声音湮没在熙熙攘攘的人群中，自己的利益未能有效地表达出来，更难以得到社会的反馈。谁来为他们的利益代言？难道等待他们的就是只能做环境污染的受害者吗？

穷人的生活状况关系到整个社会的生活状况、和谐、稳定及发展。在自然面前，众生平等，生态危机导致的灾难不可能嫌贫爱富。"富人也不能置身于贫困和人口过多造成的环境压力之外，如同穷人也无法躲开富裕和过多消费造成的环境压力。富人和穷人都被拴在环境的自由降落伞上，如果想及时拉开伞绳，安全降落，那就要抱在一起。这个时候就是现在。"[②]

---

① 冯仕政：《差序格局与环境抗争》，载洪大用主编《中国环境社会学——一门建构中的学科》，社会科学文献出版社，2007，第275页。

② 〔美〕施里达斯·拉夫尔：《我们的家园——地球》，夏堃堡译，中国环境科学出版社，1993，第160页。

生活在社会底层的人们盼望着黎明的到来，呼唤着实现群际环境公正。

——必须坚持以人为本，建立制度公正。以人为本是指以全体百姓为本，而不是以某个阶层、某个区域的人为本，更不是以少数富人为本。坚持以人为本就是站在全局、整体的高度来观察和解决问题。当前，在我国的环境利益格局中，确实存在某种“嫌贫爱富”的价值取向——越是富裕、社会关系网络越强的群体，越能够表达自己的利益，越能够受到国家的重视和保护；反之，越是贫寒、社会地位越低的群体，越是无法使自己所受之害得到别人的重视，只能委曲求全。这从源头上造成了环境资源的不公正，使许多人陷于贫困的境地。

以人为本是以注重人的全面自由发展为本。过去的政策制度更重视的是人的生存权利，也就是以解决人的温饱问题为核心，难以顾及在环境资源基础上人的发展权利。而以人为本来制定制度、政策就是要站在全体百姓的立场上，关注人的全面自由发展，建立一整套相应的制度：逐步打破城乡二元经济结构体制，建立城乡同步同等的社会福利制度，关注弱势群体的物质、精神生活状况，特别关注穷人的环境资源使用权和环境污染受害情况，要始终把实现好、维护好、发展好最广大人民的根本利益作为党和国家一切工作的出发点和落脚点，尊重人民主体地位，发挥人民首创精神，保障人民各项权益，走共同富裕道路，促进人的全面发展，做到发展为了人民、发展依靠人民、发展成果由人民共享。把改革发展的成果惠及全体人民，让人民在“共建中共享，共享中共建”。

——必须建立收入差距的适度原则。只有把收入差距控制在适度的范围内，才能推动经济持续、稳定、健康发展，也才能保持社会的和谐稳定。过大的收入差距，享用环境资源的不公正，容易造成社会的不稳定，使经济发展失去动力和源泉。收入差距的适度原则体现了“把提高效率同促进社会公平结合起来”的要求，既考虑了经济社会发展的平衡性，又反映了弱势群体的生活状况和心理承受能力。只有在适度的收入差距的前提下，才能保证穷人在环境资源的占有和使用上的平等权利。

——必须帮助弱势群体建立强力有效的利益表达机制。在社会层面上，国家不能嫌贫爱富，必须成为穷人的“靠山”，保障弱势群体的最低生活要求。在国际社会，非政府组织（NGO）在许多方面发挥了重要作用，我们需要大力发展 NGO，建立有效的利益表达机制，为实现弱势群体的正当利益提供制度保证。穷人阶层只有通过有效的强有力的利益表达机制，才能发出他们的呼声，从而影响政府的决策及社会政策的制定。

——必须建立环境补偿机制。国内一些学者针对生态破坏所产生的外部不经济性提出了“开发者养护”“利用者补偿”“破坏者恢复”等体现环境正义和责任公平精神的原则。同一地区资源开发利用的受益者应该对当地的环境资源受害者给予补偿，不同地区资源输入的受惠者应该对资源输出者给予补偿。

众所周知，环保环保一是“保”，二是“治”。“保”是预防，“治”是恢复。治理往往比预防更困难。淮河治理了一次又一次，依然养不活鱼虾，主要问题不是找不到污染“事主”，而是找到了“事主”却没有能够令其自觉拿出补偿的有效办法。谁糟践谁治理，谁糟践得厉害，谁就得负主要责任，这是一个生活常识，但我们却缺乏体现这个基本常识的合理有效的环境补偿机制。

——必须建立资源消费限制机制。与穷困人口的维持生存相比，富人追求利润和不可持续的消费方式消耗了大部分的环境资源。而目前对于环境资源的占有和使用机制，也大大有利于富人而不利于穷人。例如，在许多重要环境资源的使用上，并没有任何总量限制措施。谁有钱，谁就可以多购买多消费，“我爱怎么生活就怎么生活”，这就事实上造成了环境资源的不平等占有和穷人被排斥在体面的生活之外。富人在资金、技术方面的优势，保证了他们在获取环境资源方面具有更大的能力；而穷人则缺乏这种能力，这也是他们不得不直接从环境中获取生存所需的原因所在。另外，穷人大多数都生活在环境恶劣、资源相对匮乏的地区，那里生态环境比较脆弱，因此穷人的活动很容易引起环境的恶化，而这最终让他们背上了破坏环境的恶名。

第二节　富人像候鸟：谁来关注他们的迁徙

夏在北居，冬往南飞，候鸟的迁徙是鸟类适应环境被动选择的现象。在人类社会中，富人们为了回避环境的伤害，也有能力像候鸟一样迁徙：

炎炎夏日里，漂游在清凉的北疆；飕飕寒风中，睡躺在温暖的南国。富人们的选择是自我主动的作为。这一切与当前的环境危机究竟是何关系？

一　“中国式富人”

英雄不问出身，财富常藏好奇。在这个一度以“均贫均穷”为自豪的国家，财富的大门敞开之后，思富、求富、追富成为一种势不可当的潮流。藏富于民是以人为本的中国走向现代化的必然选择。

不是历史在这里变了戏法，也不是神力在他们身上使了魔法，是社会大变迁裂变出了中国式的富人。时势造英雄，机遇创财富。中国在由传统的计划经济向市场经济的转变过程中，有四次机遇造就了当今中国的富人。①

第一次机遇是流通领域的市场化时期。20世纪80年代，改革开放刚刚起步，计划经济体制开始松动，流通领域的进入门槛相对较低，待业青年、“两劳”释放人员等城市边缘人群成为最早进入这一领域的主要力量。这些人虽然文化水平低，“一无所有”，但他们敢冒风险，不怕“失去”，以个体户的身份存在，通过相对简单的方式，迅速获取了财富，依靠胆识和机会成为中国的第一批“富人”。

第二次机遇是生产资料领域的市场化时期。它开始于20世纪80年代后期，“双轨制”为一些人提供了致富的平台。钢铁、木材、土地等生产资料在计划内外循环。他们钻制度的空子，打“擦边球”，搭便车，运用各种关系，从中捞取高额利润，成为中国的第二批“富人”。

第三次机遇是金融领域的市场化时代。随着金融债券、上市公司的大量出现，上市公司工作人员、律师、会计等凭借自己的智慧和胆识，再加上利用当时中国金融市场的不规范，靠资本市场致富，成为中国的第三批“富人”。

第四次机遇是知识与技术市场化时期。它发生于20世纪90年代中期，那些受过良好的教育、文化层次较高的群体，如出国贸易经营者、跨国公司高级白领、知名学者教授等，利用自身的知识、信息、技术、资本

① 参见唐任伍、章文光《论“中国富人”》，《改革》2003年第6期。

等要素在推动中国经济发展的同时，也从中获得巨大的回报，成为中国新一代的“富人”。此外，影星、歌星、体育明星等具有自身的特殊专长的群体更是赚得盆满钵满。

进入21世纪，第五次创造“富人”的时期已经开始，一些人在原始资本得到一定积累的基础上，在股市、基金、房地产、采矿等领域大显身手。例如，2011年在产业升级、经济转型的背景下，信息文化、医药生物、零售、机械等行业异军突起，富人上榜数与财富额量价齐升，金融业富人上榜人数增幅跃居前五，彰显虚拟经济虚火旺盛。

中国神奇的发展速度“当惊世界殊”，中国制造富翁的速度同样举世无双。

贫困的原因面面相似，富裕的理由道道不同。

大多数中国式富人走的是一条与众不同的道路，尽管胡润研究院2011年的《中国富豪特别报告》指出，过去10年来，跻身胡润百富榜的1330名中国富豪里，已有49人“发生变故”，包括“上海首富”周正毅及格林柯尔前董事长顾雏军等曾叱咤一时的人物。其中19人获刑入狱或等候宣判，这些人仅占1.4%，但是，执拗于财富道德的公众却依然质疑那98.6%富豪的“健康性”。这种对富人普遍信任的缺乏，反映的却是整个社会的伤口。这种由体制和制度缺陷所“设计”出来的富翁难以体味“公益”“慈善”“环保”的切肤之痛。邓晓芒先生不无偏激地把这种“催富之道”概括为：在中国不可能产生比尔·盖茨，只能产生赖昌星。盖茨赚钱体现了一种真正的人文精神，即有限个人的无限追求——在这种无限追求面前，家族的显赫，个人的享受、排场、名声、权力、地位和一切世俗的欲望都成了不上档次的东西，巨大的财富成了扶贫济困、造福人类的条件。这样一种人文精神在中国目前还只能是一种天方夜谭，它缺乏生根的土壤。①

中国式造就富人的生产方式带来对中国式富人的评价。2008年7月19日“杂交水稻之父袁隆平买车”引来一片热议。尽管网友们“仇富不仇袁隆平，攀比不攀运动员”所折射出来的社会心态有其复杂因素，但

① 邓晓芒：《徜徉在思想的密林里》，山东友谊出版社，2005，第5～6页。

是，只有阳光照耀下的财富才会为我们这个社会所尊敬，灰色财富、问题财富终将还原真相，遭人唾弃。

“君子爱财，取之有道”，“君子惜财，用之有道”。中国和谐社会需要财富的阳光，更需要阳光的财富。

二 谁是环境责任的逃避者

如果说，穷人是环境资源的“温柔稀客”，那么，富人则以其惊人的消费成为环境资源的“大客户”。

富人在物质上的富有决定了他们可以占有足够的环境资源来维持高消费的生活方式。无论是吃穿住行等物质上的消费，还是游山玩水等精神上的享受，富人占有、使用的环境资源都可能是穷人的数倍。与其说，是他们的财富造就了他们强大的支配能力，不如说，是公有的自然资源支撑着他们的消费可能。

据《2011～2015年中国餐饮行业分析及投资咨询报告》披露，“十一五”期间，全国住宿餐饮业零售额从2006年的10345亿元，增长到2010年的约21000亿元。2010年全国餐饮收入达17648亿元，增长18.1%，占社会消费品零售总额的11.24%，对社会消费品零售总额增长的贡献率为11.1%，拉动社会消费品零售总额增长2个百分点，对消费品市场起到了较大的拉动作用。餐饮并非只有富人才光顾，但豪宴阔宅则非富人莫属。有个美国先生曾经不无忧虑地问：“21世纪，谁来养活中国？”他质疑的是庞大的中国人口的粮食安全问题。实际上，准确的问题应该是“21世纪，谁来满足富人的需求？”地球是全人类的地球，中国的资源当然是全中国人的资源。但是，当一种非基本消费成为人性的需要之时，中国的资源显然只会落入富翁们的“胃口”，而穷人，不过是以“反刍”方式嚼着富人们的残羹冷炙而已。

资源越是稀有，就越成为富人们争相夺取的对象。2012年人均GDP（6094美元）排名世界第84位的中国，却是世界上第二大奢侈品消费市场：标价1188万元的宾利轿车，在中国的销量世界第一；中国大城市娱乐场所的豪华程度和消费水平不次于巴黎、伦敦和纽约。《2010年中国大陆奢侈品消费研究白皮书》显示，2009年我国奢侈品消费总额为770亿元人民币，约合 114 亿美元。中国高端人群的奢侈品购买力是日本人的 1.5 倍，是美国人的 3 倍，中国已经成为全球最惹眼的奢侈品高成长市场。据世界奢侈品协会发布的报告显示，2009 年 1 月，中国首次超过美国成为继日本之后的世界第二大奢侈品消费国；而且，在全球奢侈产品市场出现萎缩的情况下，该年中国奢侈产品销售依然强劲，增幅居全球第一。

富人们如何消费似乎完全是一个“私人性”问题，是一个“权利”问题，但是，人们没有看到的是：正是畸形的消费拉动着资源的消耗，大量的、浪费性的奢侈品，寻求的正是那些一掷千金的购买者，并由此带动社会消费的普遍升级。马克思说，消费是“人的本质”的表现和确认，也是人的本质不断升华、不断发展的重要条件。从终极意义的价值观上讲，消费合理的标志是人的自我发展和自我实现，是人的潜能的发挥，是人的才能的提高。[①] 富人们过度的消费是人性的扭曲，而穷人们不足的消费却是在扭曲人性。消费是欲望的满足，不当的欲望催生不当的消费，就像马克思对资本主义社会的批判那样，人“作为人越来越穷”，以至于“对货币的需要”成为“真正的需要”“唯一需要”，在富人身上产生出“非人的、过分精致的、非自然的和臆想出来的欲望”，而在穷人身上则产生出“粗陋的需要”。“一切肉体和精神的感觉被这一切感觉的单纯异化即拥有的感觉所代替。人的本质必须被归结为这种绝对的贫困，这样它才能够从自身产生出它的内在丰富性。”在私有制社会，人自身的存在必须体现在消费和对消费对象的占有之中，人的本质力量必须体现在对对象的拥有之中，他的现实就是对象的实现，“一切对象对他来说也就成为他自身的对象化，成为确证和实现他的个性的对象，成为他的对象，这就是说对象成为他自身”。在这里，马克思深刻地指出了劳动的异化、财富的异化问题，实际上也就是人的异化问题。富人之所以具有一掷千金的冲动和能力，表面看来，是因为他们拥有巨大的财富和消费财富的自由，而真正的问题在于，他们必须通过这种感性的占有，才能肯定自己的存在和本质，必须“以全部感觉在对象世界中肯定自己”。[②]

---

① 曾建平：《环境正义——发展中国家环境伦理问题探究》，山东人民出版社，2007，第 248 页。

② 以上引文见《马克思恩格斯文集》（第 1 卷），人民出版社，2009，第 224、190、191 页。

富人们有足够的能力像“良禽”一样，“择枝而栖”，有能力消耗资源，也有能力逃避环境灾难；但是，穷人们则不得不“原地踏步”，忍受着富人们带来的环境污染。是人类在毁灭地球，还是人类中的富人们及其激发的消费欲望在毁灭地球？

中国人民大学社会学系洪大用博士曾在全国14个市、县进行过一次“中国全民环境意识调查”。调查结果显示，城乡居民普遍希望社会上的富人更多地承担环境保护的责任。对“社会上的有钱人应该对环境保护负更多责任”这一说法，69%的人表示“同意”或“较同意”；对于另外一种说法：“买汽车的人应该付空气污染费”，90.9%的人表示“同意”或“较同意”。但是，富人自身却并不完全这么认为。对于“富人应该对环境保护负更大责任”这一说法，收入越高的人越倾向于表示“不同意”。[①] 很多富人不能节制自己不合理的生活消费，更很少有富人会自觉投资环境保护事业。富人之所以这样做，是有一定原因的。富人从自身的角度考虑，凭借手中拥有的财富，可以通过迁居的方式来获得较为洁净的生活环境，最适合人类居住的地方往往就是富人居住的场所，他们将攫取财富过程中破坏的环境、将过去不合理的生活消费造成的污染留给普通大众，让别人去为他们收拾“战场”。

煤炭大省山西的那些煤老板恐怕用富得流油已经不足以形容了，可是那些煤炭工人呢？如果他们能维持基本生活需求，还会有人甘愿冒着生命的危险去那些没有安全保障的黑矿井挖煤吗？

当一个地方的环境被破坏以后，富人可以随意拍屁股走人，即使当中国几无立锥之地之时，富人们还可以挟持着刮足的银子迁居他国，异地生活。无论环境如何恶劣，富人们总有挥霍之地。可是，穷人们却不得不留守家园，原地踏步，坐以待毙。

市场经济的逻辑是“谁有资本，谁就可以占有和使用环境资源”。大量生产、大量消费的生产方式、生活方式，必定制造大量的废弃物。根据物质不灭定律，产生的废弃物必定流向他乡，它们该何去何从呢？

---

① 参见洪大用《环境意识及其计量研究：中国案例》，载徐嵩龄主编《环境伦理学进展：评论与阐释》，社会科学文献出版社，1999，第459页。

世界银行首席经济学家伦思·萨默斯1992年初抛出一份备忘录。他建议世界银行鼓励废弃物出口到发展中国家去，并建议污染型企业和生产活动也转移到这些国家。他的理由是：第一，南方国家人的平均寿命和收入较低，由疾病和过早死亡造成的生产和收入损失较低，污染成本也就最低。第二，那些还没有被污染的国家比北方国家有更大的容纳有毒废弃物的环境容量，而且环境效益也较低；北方国家面临的环境压力已经十分沉重，污染的边际附加费也极其昂贵。第三，出于审美和健康的原因，贫穷国家对清洁环境有较低的优先权，因此，当环境被破坏时，其补偿费用不高。①

萨默斯"振振有词"的理论是把环境和生命价值的考虑作为出发点的。在他看来，富人"命贵"，而穷人则"命贱"；富人在占有及使用环境资源和实现环境要求上具有优先权，成为环境资源的大客户和环境责任的逃避者，而穷人只能有最底线的生存，成为环境资源的稀客和环境污染的受害者。这是何等荒谬的逻辑！

穷人生活地垃圾处理成本低就必定成为垃圾倾倒、处理的"桃花源"吗？环境成本高的地方不应被污染，环境成本较低的地方则可以肆无忌惮地被破坏；富人生活区的垃圾处理成本高，垃圾就被转移到穷人居住区倾倒处理。于是，穷人成了环境破坏的受害者，但富人却成了道德的强权者、环境利益的既得者。

环境清洁权应该由收入来决定吗？富人理所当然地拥有且优先拥有环境审美权、健康权，穷人只能靠边站或较富人之后才有，或只能拥有最低的环境审美权和健康权。这样的伦理是谁的伦理，这样的道德是谁的道德，这样的环境现实难道不是对环境正义赤裸裸的破坏吗？

富人有权把实现自己的环境利益建立在穷人的环境受害上吗？水往低处流，是自然规律；垃圾往贫困地方走，是社会规律吗？富人享有消耗环境资源的优先权，就必然享有处理垃圾废物的优先权吗？

在环境问题上对富人的这些考问来自对资本本性的质问，而中国的富

---

① 参见〔瑞典〕托马斯·安德森等《环境与贸易——生态、经济、体制和政策》，黄晶等译，清华大学出版社，1998，第69页。

人在环境上的逃责，还有着中国式的特征——与富人的产生方式密切相关。财富既然来得轻巧，花费起来自然满不在乎。北京大学社会学系夏学銮教授说："他们体会不到创业的艰辛，成功起来很容易。这些富豪都认为是自己运气好，没有学会感恩，因而不能正确地对待员工，社会责任感很差。"①

国家环保部副部长潘岳认为，少数人的先富占用了多数人的资源，某些地区的先富牺牲了其他地区的环境，环境的不公加重了社会的不公。因此，与其说富人们像候鸟般地迁徙获得了享用"优美环境"的自由，不如说，他们的迁徙"迁移"了改善、保护环境的责任。

三 环境公正：穷人和富人之间

在能力的时代，在财富的世界，能力、财富支配着环境的全部话语权。而在能力和财富上均处劣势的穷人、贫困地区则沦为环境污染的受害者。但是，穷人需要的不只是温饱，也需要公正的环境权利。

实现环境公正首先需要责任和参与，责任是一种意识，没有一种"环境危机，匹夫有责"的心态，环境资源必然成为你争我夺的"公有地"；参与是一种行动，没有一种从我做起从小事做起的行动，环境好转注定是空话。

人们自然而然把改变现状的期望寄托在能力和财富占尽优势的富人、强人身上。然而，中国富翁的社会形象屡屡欠佳。2007 年 9 月间中国青年报社会调查中心与新浪网联合进行了一项关于"青年人眼中的中国富豪"的调查，调查的结果令人担忧。在 3990 名参与者中，66.75% 的受访者认为中国富人的整体品质"很差"或者"较差"；中国富人身上最缺失的三种品质是：社会责任感、合法致富和有爱心。②

富而不仁历来为社会所鄙视，也历来是导致社会混乱的根源之一。世界银行原行长沃尔芬森在 2004 年 5 月全球扶贫大会前夕发出这样的警告：与穷人分享财富，否则，一大批找不到合法途径发泄怒火的穷人会做出对

① 魏和平：《中国富豪难成青年人榜样》，《中国青年报》2007 年 9 月 11 日。

② 魏和平：《中国富豪难成青年人榜样》，《中国青年报》2007 年 9 月 11 日。

抗性反应。中国的成功有可能面临失败的危险，除非使穷人也能分享到经济增长带来的成果。中国在10至15年内面临的最大挑战基本上是社会正义。[①] 这种正义理应包括环境正义。

富人和穷人在环境利益和环境责任上分配不均引起了穷人的强烈不满，他们强烈地要求那些大量消耗地球资源的富裕人群切实承担环境责任，对自己的行为做出环境补偿。

环境公正不仅要关注国与国之间的环境权利与义务的公正分配，还要关心国家内部的地区与地区之间、强势群体与弱势群体之间、富人与穷人之间的环境权利与义务、环境利益与责任的公正分配问题。环境资源的公有性、生存和发展权利的平等性、环境责任的共同性等都决定了富人和穷人之间必须实现环境公正，使富人承担更多的责任，穷人得到更多的补偿。

在一定区域之内，环境资源具有公有性，不管是穷人还是富人都具有使用权。但是，共同的使用权并不意味着具有均等的使用能力。富人拥有更强的经济能力，从而占有资源、消耗资源，为此，他们承担的环境责任也应当更大。相反，穷人在环境的压力、生活的压迫下，不得不在“恶化环境—贫困—环境恶劣—更贫困”的恶性循环中挣扎。要打破这种循环，需要借助外部的力量。富裕人群责不可卸。

人人都具有平等的生存和发展权利。这在《世界人权宣言》中早有确定含义。

然而，穷人现实的贫困却在客观上剥夺了他们对这种权利的享用。穷人们的生存权固然与其自身的自然禀赋有关，但更与社会禀赋相连，其中，富人们占有和使用更多的环境资源，在某种程度上加剧着对穷人们生存权的挑战。

在要生存还是死亡、要环境秀丽还是资源破坏的两难选择中，穷人选择了牺牲环境换取生存的下策。然而，是什么在这背后默默地却又强力地迫使他们做出这种无可奈何的选择？是谁在制造着这种紧张的选择？是环境权利与环境义务不对等的环境不公正！是资本的逻辑、市场的诱惑、利

① 《太多成功带来的危险》，《远东经济评论》（香港）2004年6月30日。

益的驱使！但是，导致两极分化不是社会主义市场经济的本性，相反，社会主义市场经济其实就是“共享经济”，按照经济学家吴敬琏的说法，是“以追求社会公正和实现共同富裕为目的的市场经济”。[①]

人类面临的环境问题越来越具有全局性、整体性。当环境污染使穷人首先受害时，富人们暂时可以逃之夭夭，但是，环境污染也是一张因果网，疏而不漏，没有人可以挣脱这张无缝网的束缚。

也许下游城市的人会抱怨上游的人乱砍滥伐的行为，也许北京城里的人会责备草原地区人的过度放牧，也许城里人会为蔬菜残留农药而担心；但是，他们所忧虑的是上游森林的砍伐给下游的自己带来的损害、草原破坏给自己刮来的沙尘暴、残留的农药会威胁自己的生命……谁关心过上游人的生存、草原牧民的生存、农民的生存？

中国资源富集的不发达地区源源不断地将资源输往发达地区，发达地区坦然接受，可谁曾想到那些输送者的生活？倘若不建立合理的环境补偿机制，那么，我们许许多多的重大环境工程——南水北调、森林禁伐、退耕还林、退草还牧、退田还湖，最直接的受益者会是谁？——发达地区和富人，而不是弱势地区和穷人。

共同的环境责任要求政府应运用市场手段建立下游地区对上游地区、开发地区对保护地区、受益地区对受损地区的利益补偿机制，让富人付费以改善环境，让穷人享受更多的环境权益，实现富人与穷人之间的环境公正。

实现环境公正的努力有赖于全民行动，包括富人，也包括穷人。十七大报告指出，坚持节约资源和保护环境的基本国策，关系到人民群众切身利益和中华民族生存发展。必须把建设资源节约型、环境友好型社会放在工业化、现代化发展战略的突出位置，落实到每个单位、每个家庭。2007年，由北京地球村环境教育中心、世界自然基金会、香港地球之友等50多个民间组织共同发起“节能20%公民行动”大型节能宣教活动，通过培训、宣讲、节能竞赛等各种形式，开展提倡空调温度夏天26℃、冬天20℃，普及能效标识知识，引导消费绿色电器，倡导绿色出行、绿色

① 吴敬琏：《改革：我们正在过大关》，三联书店，2004，第18页。

照明、绿色居住、减用塑料袋和节能办公行为等，另外还开展家庭节能竞赛、节能承诺等10项活动，这项活动旨在呼唤每一位公民有足够的节能意识。2012年2月7日由国家发改委等17个中央部门联合发布了《“十二五”节能减排全民行动实施方案》，内容近9000字，涉及家庭、社区、青少年、企业、学校、军营、农村、政府机构、科技、科普、媒体等11个节能减排专项行动。方案倡导全国政府机构公务用车按牌号尾数，每周少开一天，开展公务自行车试点，机关工作人员每月少开一天车。此外，方案还推出一个“政府机构工作人员一三五出行计划”，即从出发地到目的地，一千米以内步行，三千米以内骑自行车，五千米乘坐公共交通工具。虽然这里倡导的对象主要是政府机构工作人员，但有车族都应该响应，因为实现环境公正，建设生态文明需要的正是类似于此的一系列活动。

第三节　生态移民：环境变化与人口变迁

生态移民反映了当前环境变化与人口变迁的关系，可以说是人与环境之间矛盾的无奈选择。生态移民构成了一幅波澜壮阔的历史画面。他们为何迁徙，迁移何方？为什么同一蓝天下，他们却要背井离乡、远走天涯？生态移民对于环境保护来说究竟意味着什么？

一　生态移民：人与环境的关系失衡

东晋陶渊明向往的人间仙境是：“忽逢桃花林，夹岸数百步，中无杂树，芳草鲜美，落英缤纷”，“土地平旷，屋舍俨然。有良田美池桑竹之属”。这是人类美好的家园。今天，当我们回眸人类最初的家园时，我们痛切地看到，在故乡古老的土地上，黄色覆盖了绿色，荒漠取代了沃野，河流干枯了，湖水发臭了，树木凋零了，土地贫瘠了，草地沙化了，绿洲萎缩了。许多地方已经不再是郁郁葱葱、水草肥美的“希望之乡”。失去家园的人，不断地辗转迁徙，成为生态移民。

曾几何时，我们只听说战争移民、海外移民等，但如今，关于生态移民、环境灾民的消息不绝于耳。作为人类生存与发展的摇篮，环境本来就应该是人类的栖息地，但“环境”却为何与“移民”扯到一块了呢？

其实，生态移民早已有之。在古代，胜战之后，多有人口迁徙，为的是垦荒造田。但土地开垦的速度总是追不上人口的快速增长。为了养活庞大的人口，人们除了提高粮食单产，别无他途，只有依靠开垦置田。人口的急剧膨胀，犹如蝗虫群拥，啃噬光此地的绿叶之后，再迁徙他地；平原开垦殆尽，再向山区进军。福建和江浙向江西、两湖地区移民，江西、两湖地区又向贵州、四川移民。新的移民以极其落后的方式毁林开荒，大规模地破坏山地森林植被，导致长江上游水土流失，进而影响中下游的生态环境。

当人类还沉浸在图瓦卢举国移民的惋惜之中时，我们身边也在拉响着令人心焦的环境警报：曾经的富庶之地现已尘封于历史之中，曾经的动人故事如今正变成遥远的歌谣。生态移民作为一种新型人口变迁方式，见证了环境恶化的沧海桑田。

生态移民是人们赖以生存的环境恶化而引起的人口迁移，是在特定的环境背景下，区域人口环境容量不足以承载过多的人口而造成的移民。[①]导致生态移民的原因包括自然灾害、生态环境恶化、环境污染等环境因素。扼要地说，因涝、旱、泥石流、地震等灾害性环境事件导致的移民称为环境灾害移民，因沙漠化、水土流失等生态环境退化引起的移民称为生态移民，因环境污染事件导致的移民称为环境污染移民。

脆弱的自然环境导致人口的容量有限，于是生态移民就成为某种必然。我国西南喀斯特地区（包括黔、桂、滇三省），因开发不当，土地石质化严重，生态环境恶化，资源贫乏，经济十分落后。喀斯特地区洼地很少，可耕地不到土地总面积的10%，而裸露的石山却占土地总面积的40%以上，甚至高达90%；有限的耕地多为坡地，坡度较陡，坡度在25度以上的占60%～80%；土层浅薄，土中常有石芽裸露，由于碳酸盐岩裂隙、洞穴发育，大气降水60%以上渗漏于地下，地下水埋深一般在50～100米，因此缺水易旱的耕地占绝大部分，不仅如此，人的饮水亦缺乏，据估计，西南喀斯特地区约有1000万人缺少饮用水。广西扶贫办最近调查表明，全广西仍有约40万人生活在人均耕地不足0.02公顷的大石

① 徐江等：《论环境移民》，《中国人口·资源与环境》1996年第1期。

山区，生态环境恶劣，这些已基本失去赖以生存条件的人们，要想摆脱贫困，唯有实行生态移民。[①]

脆弱的自然环境表明，有限的环境容量和环境承载力所导致的生态移民反映了人与环境关系的严重失衡。《2010年中国环境状况公报》显示，全国共有水土流失面积356.92万平方千米，占陆地总面积的37.2%。此前公报表明，因水土流失每年减少耕地266万公顷，直接造成经济损失100亿元，而且还以年均1万平方千米的速度扩展。西部荒漠化面积也已有262.2万平方千米，每年又以2600平方千米的速度蔓延。水土流失和土地沙化使人畜失去了赖以生存的家园，他们沦落为“环境难民”。内蒙古的歌曲几乎都离不开“草”，“天苍苍，野茫茫，风吹草低见牛羊”的盛景，曾经给人们多少想象和浪漫；如今，在摇滚乐的劲歌劲舞下，少了水草肥羊，少了蓝天白云，很多地方留给人们的只是一片荒凉以及痛心的思念。脆弱的自然环境在强大的人类面前已经“弱不禁风”，不堪一击。

人为地破坏自然环境，使原本可以基本容纳当地人口的环境背上了沉重的包袱，使环境超负荷地运转，这就必然会导致环境容量的急剧下降，迫使人口辗转迁徙。人类过度的活动及行为带来的必然而且也只会是自食其果、自掘坟墓，生态移民就是这种恶果的见证。

严重的水污染已经威胁了人类的生命安全和生存发展。中国每年有360亿吨的生活和工业废水被倒入江河湖海，其中95%没有经过任何处理；此外，还有1.5亿吨的粪便污水直接排入各种水体。全国90%以上城市水域污染严重，如今，7亿人饮用大肠杆菌含量超标的水，1.7亿人饮用被有机物污染的水。中国630多座城市3亿居民面临严重的水污染这一世界性的问题。[②] 没有水，就没有生命；没有干净的水，人们就必须迁移。2007年5月以来，太湖大部分水域藻类叶绿素的含量局部地区高达每升230多位，这就为藻类生长提供了一个最为基础的物质条件，太湖呈全湖性的富营养化趋势，5月底，太湖暴发蓝藻，无锡市民家里的自来水发臭。这里既有水少温高的自然因素，更有人为因素——生态专家们指

---

① 苏以荣等：《西南生态移民安置地的生态环境状况》，《环境与开发》2000年第3期。

② 孙凯：《生存的危机》，红旗出版社，2002，第165页。

出，太湖沿岸严重的工农业和生活污染引发了这场水危机。守着太湖水却喝不上干净水，这是多么不可思议的事情。

生态移民隐含着的一个前提是，此地被破坏，尚有其他地方可以容纳地球子民。倘有一天，地球不可居住，人类无处可迁了，不知道，何处才是人类的家园？浩浩宇宙，还有没有这样的家园？——过去，杞人忧天多此一举；如今，杞人忧天可是一种现实、一种胸怀！

二 生态移民：何处是我家？

实现生态移民，必须同时具备三个条件：存在人口总数超出人口环境容量的超负荷区域——这是导致生态移民的根本原因；存在环境容量大的人口不饱和区域——这使生态移民成为可能；前者有移民的意愿和后者有接纳移民的意愿（包括使用强制性手段，使之被迫实现）——这是生态移民得以实现的推动力。

守望家园是人类的一种纯朴心愿，故土难离啊。有谁愿意离开自己亲手耕耘的家园，又是什么力量能迫使他们辗转迁移？如果区域环境恶化、人口过剩、人均资源占有量减少、生存条件恶化，那么该区域的居民在权衡各种利弊后会做出迁移与不迁移的选择。在实际情况中，潜在移民者的知识水平、风俗习惯及年龄、条件状况和收入等都会影响他们做出移民的选择。但当环境极其恶劣，生态系统面临崩溃，失去了生存的基本条件时，基于对生存的需要，他们不得不迁移。若没有一个合适的区域接纳他们，分给他们赖以生存的土地、水、粮食或工作的话，他们就成了无家可归者，成为环境难民。

不管这些潜在移民者是自由选择、强制性选择还是诱导性选择迁移，都意味着背井离乡，放弃原有的生产方式、生活方式。背离故土营造的是一种充满悲剧色彩的氛围，但移民是为了故土不再因人类固执的居住而走向毁灭，是为了重新建设新的更美好的家园。生态移民身上承载着无穷的无奈与期望。

当然，生态移民有主动和被动之分。后者是迫于环境的压力而做出的无奈选择，而前者则是人们根据环境变化或服从国家的重大战略而做出的主动选择。

新中国成立以来，全国已建成大中小型水库8.3万余座，这些水利水电工程在社会主义现代化建设中发挥了巨大的经济效益和社会效益，也动迁了1000多万移民。由于人口的繁衍，至今移民人数已发展到1500万，其中中央所属工程移民450多万，地方所属工程移民1000多万。1000多万移民为了国家建设离开了祖辈生息的肥田沃土，告别了自己的故乡家园，有的就近后靠安置，有的投亲靠友分散落户，有的集体跨乡、跨县、跨省远迁重建家园。他们为国家建设做出了巨大贡献。[①]

库区居民的迁移，大大缓解了库区的人口压力带来的环境压力。三峡移民可以说是当代中国生态移民的典型。三峡水库淹没涉及湖北、重庆两省市20个区（市、县）的277个乡镇1680个村6301个组，有2座城市11座县城116个集镇需要全部或部分重建。根据测算，受三峡工程淹没直接影响的区域包括湖北、重庆的22个县、市、区。[②] 三峡移民规模之大，在世界水利史上前所未有。三峡工程的成败关键在移民。三峡大移民，绝不是百万人口的简单重组。它所引发的社会变迁，绝不亚于三峡自然景观所经历的沧海桑田的变化。

外迁移民减少了库区人口的数量，直接缓解了库区人口与土地承载力之间的尖锐矛盾，有效地扩大了移民安置容量，并能使大量耕地退耕还林，保持水土，减少对库区环境的压力。三峡外迁移民分布在全国11个省份，既有发达地区，也有中部地区。以前移民是由各地方政府自行组织，这次移民是由国务院协调各省份进行的。从轻视移民到"关键在移民"，一场特大洪水改变了原定移民政策，这是共和国历史上刻骨铭心的移民经历。

在这百万生态移民中，有的随城迁移，有的外迁他乡。对于随城迁移居民来说，他们的生产方式和生活方式受到了较大的影响。但外迁生态移民就意味着背井离乡，来到一片陌生的土地，谋取生存和发展，再建自己的家园，这也意味着生活方式和生产方式的改变。第一批三峡外迁移民就被安排到上海，从西南重庆的深山峡谷到物质发达的上海郊县，在这片陌

① 《妥善解决水库移民遗留问题》，《环境与发展》2000年11月4日。

② 《三峡工程淹没概况》，新华网，2006年5月10日。

生的土地上，他们充满着梦想与期望。

虽然大部分生态移民都得到了安置，但他们是否既来之则安之？他们在那里是否有家的感觉？以前曾出现过移民返回故里的现象。因此，我们不仅要关心移民前的动员，更要关怀移民后的建设。我们更应关心生态移民的生产及生活，真正达到“搬得出，安得稳，逐步能致富”，实现移民安居乐业。

生态移民可以看作部分地区部分人对环境危害的规避，也可以看作部分地区对部分人的接纳；但若地球这个赖以生存的环境遭到整体破坏，世界却没有救世主来安置我们。

三　生态移民：一把双刃剑？

生态移民似乎是不可避免的。一方面，任何国家和地区出于全局战略的考虑，必须实施重大工程，这势必涉及工程范围之内的人重新择枝而栖；另一方面，在当前环境危机的压迫下，被污染地区的人们不得不流离失所，另谋他途。生态移民对于缓解生态移民迁出地的贫困状况、人口以及环境压力等都有重要作用，但也不可避免地带来种种问题。生态移民对于环境、移民及其他社会群体又会产生怎样的影响？生态移民是保护人类自身，还是保护环境？我们还能否重新拥有人类美好的家园，使人类过上安定的生活而不至于再成为生态移民？生态移民真的是一柄双刃剑吗？

总体来说，生态移民对于缓解移出地的环境压力具有重要作用。作为人类赖以生存的家园，环境的变化影响着人类生活的变迁。在有限的环境容量下，为了维持生存与发展，人类就必然会过度掠夺环境资源，使环境陷入超负荷运转的状态。环境超负荷运行也就必然会影响到人类生存与发展的质量。这样，人类就会更疯狂地向环境发起进攻，以获取基本生存所需要的环境资源，由此形成一个恶性循环，最后导致环境的极端恶化，环境承载力大大下降，威胁到当地人的生存与发展。这时，必然要有人为环境恶化“埋单”，生态移民大概就是“埋单者”。生态移民虽然是出于当地的环境状况恶化的无奈选择，但在某种程度上也缓解了当地的环境压力，减少了人类活动对环境的影响，使环境逐步具备自我修复的功能。

一般而言，生态移民的原居住地，生产方式比较落后，生态环境比较恶劣，不利于人们改善生活，保护环境。因此，生态移民对于改善移民的生产及生活、提高他们的素质等都有重大作用。生态移民使许多人走出了大山，开始接触外面的世界，结束了“世外桃源”式的生活，改变了婚嫁起居等生活方式。“在人口封闭或半封闭的贫穷山区，据统计，近亲婚姻占结婚总数的7%～20%。通婚范围的狭隘，直接造成先天疾病普遍，智力水平低下，人口素质退化。生态移民有利于延长通婚圈半径，具有从基质上降低先天性遗传病患病率和提高人口平均智商的优化功能。”① 出于环境压力而迁移不是自愿的选择，但迁移之后，面对新的生活，却能够主动作为。这是生态移民者失落之后的收获。

“2001年1月15日，广东省南海市官窑镇城区的移民村——榕树头新村落成。榕树头新村是南海市政府为解决被污染逼上绝境的旧榕树头村村民的生活出路，筹集260多万元建成的，每户村民分到一个单元。村内篮球场、娱乐室、商业店铺等公共设施一应俱全，是官窑镇目前最漂亮、最完备的生活小区之一。住进漂亮新村的移民，忽然有一种从地狱到天堂的感觉。榕树头村本来没有村，22户全是水上人家，98名渔民均生活在自家的小船上，祖祖辈辈靠在西南涌等内河划船打鱼或从事水上运输为生。但西南涌的污染加重，把榕树头村的村民逼上了绝境。”② 他们来到新村后生产和生活方式都发生了极大的变化。

生态移民在一定程度上改善了移民的生活。生态移民相应地带来了环境的改善、资源的相对充足、环境容量的扩大，这些对于改善移民的生活都起着重要作用。生态移民确实减轻了迁出地的人口压力，带来了可能的新的生产及生活方式，但也会增加迁入地的人口压力。移民在迁入地是继续保持旧的生产和生活方式，还是建立新的生活和生产方式，这是一个值得探讨的问题。

生态移民不仅是人的输出，部分地也是旧的生产及生活方式的输出，同时也是生态环境恶化和贫困的输出。移民们按照旧有的生产和生活方式进行活动，则会继续以原来的掠夺方式来破坏迁入地的生态环境，把恶劣

---

① 朱冬亚：《环境移民及其对策》，《环境科学与技术》2005年第2期。

② 《广东南海一渔村环境污染导致生态移民》，《中国环境报》2001年2月20日。

的环境与贫困带到一个新的家园。在许多发展中国家这是可以找到前车之鉴的。由于没有完善的移民政策以及迁入地科学发展的经济政策和得当的环境保护措施，移民的迁入导致当地的环境也遭到破坏。移民的结果不过是生态的破坏和贫困的转移。从印度尼西亚的爪哇岛转移到周围其他岛屿，从巴西的寒阿腊地区转移到亚马孙地区，从埃塞俄比亚北部转移到南部，这些都可以说是旧的生产和生活方式的转移。旧的生产及生活方式对于迁入地的环境影响甚大——不是东风压倒西风，就是西风压倒东风——文明的输出与文明的输入也是一场竞争。

旧的生产方式、生活方式对迁入地的环境会造成许多不利的甚至是有害的影响。那么，生态移民的新的生产方式、生活方式是否就意味着可以使环境免遭破坏呢？

生态移民的安置必然占用新的环境资源，开发新的项目或扩大城镇规模等，这些都会对环境造成新的破坏。生态移民增加了移民迁入地的环境负荷。在草场破坏严重的地方，"放牧行为是不允许的。擅自进行放牧活动将被称为'盗牧'，是违法行为，一旦被发现将会被处以罚款"，"由于生态移民，人口和牲畜向地方城镇集中的倾向有所加强，可能会导致加大城镇周围生态环境的压力"，"生态移民向城镇集中，在草原上进行饲料栽培，大量消耗水资源等都可能带来环境问题。与过去不同的是，这一次的开垦对象是现存的草场，并伴随大量的水资源消耗，将会对草原生态系统产生更深刻的影响"。[①] 人类活动对迁入地环境造成新的破坏。

生态移民对于迁入地的环境破坏，必然使他们陷入另一个困境中。"中国国家审计署于 2006 年对湖北省、重庆市本级和两省（市）所属 10 个移民区县 2004、2005 两年度的三峡库区移民资金进行了审计。2007 年第 1 号审计结果显示，部分移民安置质量不高，就业生活较为困难。审计员随机走访了 28 个乡镇的 429 户后靠安置农村移民。由于受安置环境容量所限，受访移民的人均耕地数量不足，且多数土层较薄、保水保肥效果差，部分移民生活较为困难。三峡库区 20 个移民区县中，有 11 个区县为

---

① 新吉乐图主编《中国环境政策报告：生态移民》，内蒙古大学出版社，2005，第 62～66 页。

国家扶贫开发工作重点县，经济比较落后，缺乏产业支撑，迁建期间又破产、关闭了近63%的工矿企业，导致就业岗位不足，部分移民就业困难。”[①] 如果生态移民不能改变自己的命运，不能保护迁出地的环境，那么，“劳师远征”的变迁不过是一场无谓的运动。

移民生活困难，有可能引发新一轮的生态移民。如此移来移去，何处才是家？

生态移民在某种程度上缓解了迁出地的环境压力，但很难从根本上解决环境问题。它好像是一把“双刃剑”——既给人类带来了生存与发展的希望，同时又把人类带入新的生存和发展困境。

适于人类生存与发展的环境区域毕竟是有限的。维护我们安定美好的家园的关键是环境保护、修复和建设，而不是消极的迁移。生态移民只是缓解贫困、人口、环境、资源之间矛盾的一种无奈选择。只有真正地保护环境、改善环境、发展环境，才能使人类过上安定而又美好的生活。

“我们都不是傻瓜，不认为在养育我们的生命以外的地方会有我们生存的可能性。请尊重我们生活的地方，不要损害我们的生活条件，请尊重我们的生活方式。我们没有施加压力的武器，我们拥有的唯一东西就是为了我们的尊严，为了能够生活在我们的土地上而呐喊的权利。”[②] 生态移民问题的本质或许不在于是否移民、如何移民，而在于怎样保有迁出地与迁入地的环境公正性，怎样维护移民者的合法环境利益和经济利益。

---

① 《部分三峡移民安置质量不高就业生活较为困难》，中国新闻网，2007年1月26日。

② 世界环境与发展委员会：《我们共同的未来》，王之佳等译，吉林人民出版社，1997，第144页。

第六章　人类与自然　男性与女性

——性别环境公正

上帝造人只有两种：男人和女人。这决定了他们必须相依相偎，才能维系这个世界。宇宙间的太阳与月亮的转换可以看作人世间男女之间所应有的关系。他们紧紧衔接，不可替代，谁也别指望谁打倒谁，只有获得和谐，这个世界才不至于倾斜，才能维持平衡状态。

——迟子健

在宇宙中，人类与自然既是共存者又是对立者。当人类挣脱自然的羁绊之后，人类成了自然的盘剥者。于是，环境运动呼吁尊重自然。

在人类社会，男人与女人既是合作者又是竞争者。当母系社会铅华洗尽之后，女人成了男人的附属。于是，妇女运动呼吁解放妇女。

生态女性主义如是说，如同人类欺压着自然一样，男性欺压着女性。解放妇女与解放自然殊途同归。

第一节　一个类比：男性与人类　女性与自然

与自然相对的是人类，与女性相对的是男性。作为大地母亲，自然繁衍了生命；作为人类母亲，女性繁殖着后代。女性与自然，冥冥之中交织着共同的命运；男性与人类，默默中契合着相同的意识。关注环境公正，必须关注性别公正。

一　女性与自然：受虐的“母亲”

西方的传说认为，世界上最早出现的是没有性别的混沌之神卡俄斯，他生出了具有宽阔胸怀的大地之母盖娅；盖娅从自己身上生出了天神乌拉诺斯，后者娶母为妻，从此繁衍着人类。中国的神话说，女娲是人类始祖，她用黄泥捏人，从此创造了人类后代。

当人们面对着静穆的大地，总是会想起盖娅母亲温暖的胸怀。然而正是母亲的子子孙孙却使她遭受着前所未有的苦痛和灾难。自有历史以来，人类就在不断的征战中追逐资源，牟取利益。刚刚过去的20世纪是人类互相杀戮最为惨烈的一百年，也是对资源和环境破坏最为严重的一百年。

头顶着由环境危机、核战危机、能源危机、人口危机汇聚而成的达摩克利斯剑，地球母亲在默默流泪……

每年清明节，不少北京市民和学生到北京麋鹿苑内的世界灭绝动物公墓扫墓。世界灭绝动物公墓坐落在麋鹿苑一角，肃穆的大厅内，首先映入凭吊者眼帘的是如多米诺骨牌般倒向一边的一堆石块。这里每块石头都象征着工业革命以来灭绝的野生动物，最后一块倒下的石头是象征着20世纪末灭绝的英国莱桑池蛙。紧接着但还未倒下的石头象征着濒危物种。摆在最后的三块是人类、鼠类、昆虫。它们警示人类：在鼠类、昆虫灭绝之前，人类已不复存在。濒危物种进出口管理办公室提供了一个惊人的消息：钟表的时针每走一个数字，就有一个经历千百万年进化的生物从地球上永远消失。

自人类进入工业化时代以后，自然界物种灭绝速度为自然条件下的1000倍，是新物种形成速度的100万倍，物种的丧失速度由大致每天一个物种加快到每小时一个物种。据统计，目前中国有近200个特有物种消失，近两成动植物濒危。《濒危野生动植物物种国际贸易公约》列出的640个世界性濒危物种中，中国约占其总数的24%。

湛蓝的天空曾经是人类生活中一道多么绚丽的风景，如今在铅灰色天空的围困下，洁净的空气日益成了都市人心中的一种渴望。仰望长天，几多愁怨，几多叹息，噪声盈耳，垃圾满目，教人无比向往绿草如茵、空旷宁静的乡野生活。

在人类面前，地球母亲是作为“女性”的受害者而遭受种种环境浩劫的。现实中的女性，较之其面对的男性，也在经历着社会和环境带来的种种伤害。男女之间的不公正，蔓延至今。

母系社会之后，女人走过了曾经的繁华。自此之后，纵观古今，男人与女人之间是不平等的，长期缺乏公正。很长一段时间，人们骨子里有着一种根深蒂固的观念：女人比男人低下，男人统治女人是正当的。这正像人类面对自然的观念：自然比人类低下，人类统治自然是正当的。

尽管平等为各个民族和阶层所倡导推崇，然而，在中西方传统文献和法律条文中，抑或是文化习俗中，却无不充斥着对男性的赞赏、偏向和对女性的贬低、污蔑。无论女性的才华能力如何，她们只能被视为男性的附属，只是繁衍后代的工具，这使得关于平等和公正的论调是多么的苍白无力。

正如莎士比亚说的，“脆弱”啊，你的名字叫作“女人”！女性，一度被看作弱小、卑微、无力、附属的代名词。古希腊哲学家亚里士多德也曾说，妇女与奴隶、儿童是一类的，她们缺乏逻辑合理性、不成熟，不能与她们谈论哲学。

《圣经》对女人的经典解释是，她是亚当的“肋骨”，是为了缓解亚当的寂寞而创造出来的，这样，上帝创造的第一个女性——夏娃，也就自然而然地被降至从属的位置。《创世记》明白无误地记载着上帝对夏娃讲的话：“你的欲望将从属于你丈夫的欲望，他将全权统治你。”由此，从古至今，《圣经》在西方社会占据了绝对权威的地位，为“男尊女卑”提供了神圣不可动摇的依据。这种宗教性质的清规戒律以及由此演化的文化或风俗习惯，既极大程度且不可遏制地约定了妇女的地位、限制了妇女的行为，更“代代相传式地”塑造着后代女性的思维方式以及男人对女人的态度。

《圣经》作为西方人的精神指南，其衍生出的观念和思想渗透于社会意识和社会生活的方方面面，也投射在各类宗教、思想及文学作品中，影响了一代又一代人。“西方男教徒在晨祷中庆幸地说：‘感谢主，你没有把我造成女人。’女教徒却自卑地说：‘感谢主，请照男人的意志给予我生活。’”①

① 禹燕：《女性人类学》，东方出版社，1988，第89页。

近代启蒙思想家卢梭宣称“每个人都生而自由、平等”，他提出了著名的“天赋人权”思想。然而，即使是这样一位伟大的平等论的思想家，他的思想也包含着根深蒂固的西方男权中心主义，充斥着对女性的种种偏见。“如果你想永远按照正确的道路前进，你就要始终遵循大自然的指导，所有一切男女两性的特征，都应看作由于自然的安排而加以尊重。”[①]在他眼里，男尊女卑是一种“自然现象”，源于上帝的指令。由此看来，他所谓“天赋人权”中的“人”，仅仅是指男人。“妇女永远应该从属于男子或者男子的见解”，“妇女之所以被创造出来，就是为了听命男子，因此妇女自幼年起就应该学会容忍，甚至不公平也要容忍”。[②]这些言说无不是赤裸裸的满含强烈偏见的男权中心主义思想。男人安排着女人的一切，女人的声音被压抑，行动受限制。一个女子永远也不能自认可以独立，她被恐惧、怯懦、自卑所控制，却还要用风情万种的姿态成为富于诱惑力的尤物，用乖巧顺从的美德来博取男子想要的轻松休闲。委身男人、侍奉男人、生养后代就是她们全部的职责和义务。

中国传统文化也给女性规定了“特殊地位”。在几千年的历史长河里，中国儒家传统伦理中的内在痼疾似乎与其拥有的辉煌历史一样深厚，“重男轻女”“男尊女卑”的思想观念深入国人骨髓。女性被迫接受着这些价值灌输，担当着男性从属的弱势角色。在野蛮时代，男人通过控制动物征服了这个世界，也征服了女人；在文明时代，男性控制了政治、经济、文化、道德、审美，也控制了女人。女人，只是依附男人而活，脆弱而卑微。在李敖看来，中国传统女性，走在一条狭窄的单行道上，“夹在这条单行道两旁的，是丈夫的拖鞋，子女的尿布，厨房的锅碗瓢盆，邻居的七嘴八舌。故中国的女性，只是男人的附属品，她的一切生老病死、富贫荣苦，都以丈夫的变化为函数”。[③]

“女子无才便是德”，女人必须“三从四德”“从一而终”。女子要生存，便要端庄、优雅，以淑女风范取悦于男子，时不时地还要经受暴力和

① 〔法〕卢梭：《爱弥儿》，李平沤译，商务印书馆，1991，第527页。

② 转引自易银珍、蒋璟萍《女性伦理与礼仪文化》，中国社会科学出版社，2006，第33页。

③ 李敖：《李敖语萃》，文汇出版社，2003，第438页。

精神惩罚。她们想从正门轻盈地走上历史的舞台，似乎不是一件容易的事。

女人不仅受制于男人，没有得到社会和历史的厚爱，而且每遇社会混乱、自然灾害之时，女人就被追溯为“祸源”。中外的文化传统或多或少都有视女人为罪恶渊薮、灾祸源头的说法，一切好的、美的都属“阳”，而一切恶的、丑的皆归于“阴”。甚至自然界出现的异常现象，也归咎为妇人作怪。把自然灾害与女性祸患相连的这种说法，既不系统也不科学，却是人们解释一切罪恶、一切灾难、一切不祥之兆的“百科全书”。①

历史的车轮驶向了文明的世纪，然而，漠视女性权益的现象仍然比比皆是。

在中国广大农村，女童依然忍受着不同程度的忽略和歧视。中国社会科学院新闻与传播研究所研究员卜卫说，几年前，她曾经在西北的打工人群中做过一个调查，问题是：如果可以改变性别，你愿意做男孩还是女孩？结果所有的男孩都说自己愿意继续做男孩，而所有的女孩都说她们愿意变为男孩。因为她们感到，生活给了男孩太多的机会、太多的关照。②

中国早在两千多年前就出现了“产男相贺，产女溺之”现象。今天，这种现象不但没有消除，反而在现代科技手段的“帮助”下“有计划”地变本加厉，实在令人痛心。在养育过程中，女童营养不良的问题、女童过早承担家务的问题比男童要严重得多。一项对云南省 10 个地区的 44530 名少数民族儿童进行的体格发育调查显示，女童营养不良发生率为 22.12%，男童为 14.4%。造成这一情况的主要原因是女童蛋白质摄入不足、睡眠不足、家务劳动多等。如，90% 的贫困地区女童睡眠时间少于 8 小时，承担的照看孩子、做饭、砍柴、挑水、养猪等家务劳动量明显多于男童。文明的世界，居然只是男人的世界！女性在文明的光照中，看到的依然只有星光点点。

在人类走过两个千年之后，中国妇女的参政水平在世界的排名看起来

① 参见李桂梅《冲突与融合——中国传统家庭伦理的现代转向及现代价值》，中南大学出版社，2002，第 180 页。

② 蓝燕：《教育女孩就是教育一个国家》，《中国青年报》2004 年 2 月 13 日。

还不算靠后，[①] 但是，另一个排名却无法掩饰女性的不公正地位。联合国开发计划署《人类发展报告》指出，2007年中国的“性别发展指数”[②]，在177个国家中位列第81位。正因为此，联合国社会性别主题工作组、联合国妇女发展基金项目官员马雷军才说，“其实中国在各个领域，都是对女性不公平的。到目前为止，中国还是一个男权社会……很多人认为我们邻国日本的女性没有地位，其实日本的社会性别发展指数排名是57，是排在中国前面的”。

可见，即使历史走过千年的沉重，女性在理论上已经不再是男性的附属品，但在现实中，她们还在遭遇着各式各样的不平等。环境问题上亦是如此。

“妇女”与“环境”这两个曾经完全独立的概念，是在1995年第四次世界妇女大会时第一次联系在一起的。通过研讨发现：（1）妇女的天性和母爱精神使她们更亲近环境，热爱环境，世界各国都有妇女保护生态环境、母亲勇敢地揭露环境污染的真相的事迹；（2）和男性相比，妇女更易受到环境污染和破坏的损害，而且这种损害对人类后代的健康也带来潜在的威胁，目前已经有不少医学和社会学方面的研究与统计。[③]

上述两个结论首先表明，人类，包括女性和男性，对于资源环境的恶化都有不可推卸的责任，同时也在承受着由此造成的各种危害。比较而言，妇女是生态退化、资源环境恶化的最严重的受害者。

女性为人类发展做出了巨大贡献，但对发展做出巨大贡献本身并不必然导致更高程度的性别平等及妇女地位的提高。“妇女养活世界”是1998

---

① 例如，性别赋权指数排在第28名（1997年）。性别赋权指数（Gender Empowerment Measure），这套指标度量女性在一个国家内政治、经济、职业生活的状况，其指标包括：女性在议会中的席位，在行政、管理、职业、技术职位中所占的比例，就业和工资状况。参见李银河《中国妇女地位世界排名第28位，北欧国家领先世界》，《中国社会科学报》2010年6月30日。

② 性别发展指数（GDI）是对平均成就进行调整，以反映与性别相关的人类发展指数。根据分性别的出生时预期寿命、成人识字率、大中小学综合毛入学率、估计收入而计算出分值，分值越接近于1，表明人类基本能力发展中的性别差异越小，男女能力平等发展的程度越高。

③ 唐孝炎等：《中国中小城镇环境状况对妇女健康的影响以及妇女的环境意识》，载杨明主编《环境问题与环境意识》，华夏出版社，2002，第37页。

年“世界粮食日”的主题，在10月16日前夕，联合国粮农组织新闻司司长卡林利斯·斯瓦雷女士说：“人们往往不注意妇女在粮食生产中的重要作用。实际上，全世界一半以上的粮食是由妇女生产的。在发展中国家的农村地区，人们消费的粮食有80%是妇女生产的，而生产粮食的妇女，多数属于挨饿的人群。”妇女，特别是农村妇女，她们付出很多，但自己受用很少。在通常的日子里，她们要耕地、种植和收割，要打鱼、拾柴、挑水、做饭、加工食品，还要洗衣服、管孩子和照顾老人。[①] 不仅如此，落后的农业生产方式、繁重的体力劳动还使妇女贫血、营养不良甚至染上了无药可救的各种疾病。是妇女在养活世界，世界却让妇女困窘于死亡的边缘！这是何等逻辑?!

女人不仅在肩扛着大世界，而且也在肩挑着家庭这个小世界。作为消费者、生产者、家务操持者和下一代的教育者，女人更多地从事日常生活的工作，因此女人比男人更多地接触和关心这些要素：空气、水、土壤和火。为了生育和抚养健康的后代，为了给家庭提供有营养的食物，为了足够的衣物、永久的住所，她们自然需要肥沃的土壤、茂盛的植物、新鲜的水源和清洁的空气。而现实总是不尽如人意。“生态女性主义指出，发展本身已成为问题；女性的‘欠发展’不在于对发展的参与不够，而在于她们付出了代价却没有得到利益。”[②]

经济发展过程就是资源的消耗过程。“在这个过程当中，无论是男性还是女性全都贫困化了，女性尤甚。”[③] 联合国调查显示，在世界范围内将男性和女性加以比较，在经济资源的把握、收入和就业机会等方面，女性的工作负担在增加，而相对地位却在下降；女性的相对健康和绝对健康、营养和受教育程度都下降了。

于是，一个这样的普遍事实浮出水面：女性是环境问题的最大受害者。工业化、都市化、市场化的突飞猛进给森林、水源、空气和土壤带来了污染，也给女性带来了直接伤害，包括身体上的、精神上的、已经看见

① 罗晋标：《今年世界粮食日主题——“妇女养活世界”》，《人民日报》1998年10月16日。

② 李银河：《女性主义》，山东人民出版社，2005，第86页。

③ 李银河：《女性主义》，山东人民出版社，2005，第86页。

的，抑或可以预见的。

研究表明，处于贫穷之中的人们比富人更加依赖自然资源，因为他们面临的可选择空间极其有限，特别是贫困中的妇女，生活艰辛而窘迫。而环境退化是导致贫穷的主要根源之一，妇女恰恰是贫困生活的主要承受者。环境退化和贫困的恶性循环，使原本贫困的人口更加贫困，使恶劣的环境更加恶劣。在这种恶性循环中，女性对于自身的期许和对美好世界的幻想，就这样被卷入其中，不复存在。

在许多国家，砍伐森林及其带来的沙漠化给那些花费大量时间采集燃料、取水的农民带来了不良影响。环境退化使得一直承担这些劳动的妇女需要花费更多的时间来完成这些任务。李银河在《女性主义》中提到，在印度的一些地方，女性 90% 的劳动时间用于做饭，其中 80% 的劳动用于打水和拾柴。由于水源和森林资源的过度开发利用，打水和拾柴的地方离家越来越远，致使她们的劳动时间和劳动强度大大增加。据调查，在亚洲和非洲一些地区，妇女每周比男人工作大约多 13 个小时，在东欧和独联体国家大约多 7 个小时，在拉美多 6 个小时，在西欧多 5 至 6 个小时，在日本多 2 个小时，非洲农村妇女每天从早上 4 时起干到晚上 11 时，估计拉美贫困地区妇女劳动时间在 16 个小时以上。[①]

环境污染使得妇女所受到的危害更甚，还有一个不可忽视的方面：妇女在家时间多于男性，受到家庭环境污染的可能性更大。调查显示，厨房环境污染已经成为危害女性健康的重要问题，有超过 60% 的女性长期接触厨房油烟，油烟中的不良气体可诱发人体肺脏组织癌变，长期吸入将增大非吸烟女性患肺癌的比例。

中国室内装饰协会室内环境监测中心的研究也表明，厨房是家庭中空气污染最严重的空间，其污染源一是燃气燃烧所释放出的一氧化碳、二氧化碳、氮氧化物等有害气体，二是烹饪菜肴时产生的油烟。这也是为什么我国大多数女性不吸烟但仍有不少女性得肺癌的主要原因之一。据中国育婴网资料显示：有专家调查发现，装饰材料中的各种人造板和家具中的游

① 罗晋标：《今年世界粮食日主题——“妇女养活世界”》，《人民日报》1998 年 10 月 16 日。

离甲醛不仅是可疑致癌物，而且还有可能造成妇女月经紊乱和异常。当室内空气中甲醛浓度在每立方米 0.24～0.55 毫克时，40% 的适龄女性会出现月经期不规律；空气中甲醛浓度达每立方米 1.5～4.5 毫克时，47.5% 的适龄女性月经异常，如痛经、月经减少。

环境污染不仅影响女性自身的健康，还会通过怀孕、哺乳等途径影响下一代。美国科幻片《人类之子》描述的情景——2027 年，人类不知为何丧失了生育能力，已经有 18 年没出生一个婴儿了……这种情境会出现在我们的现实生活中吗？

我国专家在首届“中华医学会生殖医学分会·中国动物学会生殖生物学分会联合年会”上指出，我国国民生育能力呈下降趋势，现状令人担忧。近年来，一些调查发现，与三四十年前相比，男性每毫升精液所含精子数量从 1 亿个左右下降到 2000 万到 4000 万个，女性月经不调、子宫畸形、卵巢功能不健全等发病率较高。专家认为，生育能力不断下降的主因，是生活环境的不良影响。农业化肥、除草剂杀虫剂的有毒物质、装饰材料，以及让动植物快速增长的饲料、肥料，土壤、水源受到污染，从而直接或间接地毒害了人类的精子和女性的孕育能力。

世界卫生组织生殖健康专家、中华医学会生殖医学分会主任委员王一飞教授说，虽然我国还没有对不孕不育的总体情况进行大规模的流行病学调查，但部分区域的调查数据显示，已婚人群中不孕不育的比例达到了 7%～10%，不孕不育的现象呈增长趋势。他表示，环境是造成不孕不育的重要原因之一。这些现实和言论都不容人小觑。人类繁衍，生生不息，环境污染给女性生育造成的危害，普遍存在。对此，环保志士惊呼：人类可能丧失生育能力！

也许有一天，当现实成为神话故事中的“女儿国”的翻版——男人的世界，人们才能意识到停止了繁衍的人类，曾经对母亲做了多少荒唐的事。

第四次世界妇女大会《行动纲领》指出，“自然资源恶化使各种社群特别是妇女无法从事创收活动，同时使无酬工作大增。在城市和农村地区，环境退化对整体人口特别是女孩和所有年龄的妇女的健康、福祉和生活素质都产生不利的影响”。妇女的命运与环境的命运紧密相连，唇亡齿寒。无论薪柴耗竭、水源污染，或是污染转移、人口过快增长问题的解决，都有待于环境与发展的有机结合，有待于实现社会各个领域的公正，有待于普遍地结束贫穷，特别是改善妇女命运。

二 女性与自然：生态女性主义的视野

妇女用自己的血肉之躯生儿育女，并把食物转化成甘甜乳汁哺育他们成长；大地源源不断生产出丰硕物产，生成一个个复杂的生物圈以容纳生命——人口生产与自然生产何其相似！自然和女性的这种奇妙联系使她们在特定的文化背景中总是遭遇着相同的命运。把这两种现象联系起来思考的就是生态女性主义。1974 年，生态女性主义（eco-feminism）一词和“对妇女的压迫与对自然的压迫有着直接的联系”的观点首次出现在 F. 奥波尼的《女性主义或死亡》一书中。

内斯特拉·金曾说，“对女人的憎恶和对大自然的憎恶是内在联系的且相互强化的”，对妇女的统治和对自然的统治如此吻合地交织在一起，这“既根植于具体的历史、社会和经济条件又根植于西方文化中统治自然的观念。在对妇女的统治和对自然的统治之间存在着某种重要的联系”。[①] 生态女性主义者麦茜特认为，科技革命推进社会经济的快速发展、进一步确立男性主宰地位的时候，实际上就意味着“自然之死”——同时也把妇女推向了生存的边缘，女性也像自然一样处于危机之中。统治自然的也在统治女性，因此，解放女性与解放自然异曲同工。

在词源学上，“自然”的字根就是“生育”的意思。在中世纪和近代早期欧洲的拉丁和罗曼语言中，“自然”（nature）是一个阴性的名词，像“美德”“节制”“智慧”一样被人格化为女性。但作为女性的自然，有两种完全相反的形象，即仁慈的养育众生的母亲与暴力、风暴、干旱和大混乱所象征着的不可控制的野性肆虐者。生态女性主义认为，随着科学革命的步步推进、自然观的机械化与理论化，机器征服了女性地球的精神——地球作为养育者母亲的隐喻逐渐消失，而象征无序的第二种形象却

① 〔美〕霍尔姆斯·罗尔斯顿：《环境伦理学》，杨通进译，中国社会科学出版社，2000，第 142 页。

唤起了驾驭自然这一重要的现代观念。①

一个以仁慈的母亲般的大地作为中心的有机宇宙形象，让位于一个机械的世界观，自然被框定为一个冰冷、死寂、被动的世界，自然的生命活力与女性的世界灵魂从此消失。“自然的驱魅”使得人类对自然无限制的控制与支配合法化，自然本是一个有价值和意义的王国，却一再地受到严刑拷打，任人宰割；自然作为女性，不再是神秘的、养育众生的母亲，而成为必须屈从于主流男性世界的野性力量。自然的这种女性形象的颠覆，意味着自然的贬值，意味着自然作为被征服者命运的开始。

著名生态女性主义者范达娜·席瓦指出，生态危机的实质是女性原则的毁灭，对自然的暴力同对女性的暴力一样，都来源于男性世界对女性原则的压制，源于父权制。人类的发展是建立在剥削和排斥妇女、掠夺并破坏自然基础上的，以掠夺生命为代价的“不良发展”（mal-development），违反了男女间完整和谐的性别互补，使男性气质与女性气质的合作统一遭到破坏，也使人类与自然的和谐平衡遭到破坏。这里所说的女性原则，是一种整体的、和谐的、生态的、可持续的、养育的和生命的原则，是生态女性主义对“不良发展”进行反抗纠正的重要依据。生态女性主义的另一位代表人物查伦·斯普瑞特奈克认为，当一个国家生态方面的生命保障系统逐渐被 GDP 的大幅增长所吞噬的时候，这种发展肯定大错特错了。她还指出，现代社会把目光集中定格在物质扩张的过程上，置耕地、空气和水这些实际的物质条件于不顾，假设一切社会及个人问题都能通过物质产品的不断增长而得到解决。在技术发展的推动下，“增长”提速。于是，为了满足不断激增的消费水平，这个星球的生命保障系统遭到了极度的破坏。在这些肆无忌惮的行为中，科学和发展在某些时候不可避免地被异化，成为不受控制的超越自我的行为，给地球刻下缕缕伤痕，难以平复。

近代科学的诞生和兴起，直接带来了一系列生态恶果，带来了对自然和对女人的孪生统治。这种孪生统治，源于父权制文化中对自然、文化的

① 参见〔美〕卡洛琳·麦茜特《自然之死——妇女、生态和革命》，吴国盛等译，吉林人民出版社，1999，第 2 页。

二分法，即将女人和女性气质与自然相联系，男人和男性气质与文化相联系，并且认为前者比后者低劣，后者比前者优越；大自然为了人而存在，女人因男人而生，所以自然应该被人类智慧所发明的高新科技所开发，资源理应被人类世世代代所享用，生态环境理应被人类凌驾，被践踏挥霍。

对科学主义的强烈批判，并不意味着鼓吹反科学的思想，而是直面现实中的生态危机，审视科学的负面影响，并试图使之减少。因为在生态女性主义者看来，这些影响已经严峻地挑战着人类的生存极限，若再不给予高度重视，采取有效控制措施，人类的生存与文明的发展将会踏上一条不归路——高度的文明正在导致高度的野蛮。科技衍生出来的巨大异化作用，尤其是其带来的生态危机、人文缺失、道德滑坡等等，早已向人类立起了生存警示牌：生存还是灭亡，在此一线之间！

由此可见，在生态女性主义的视野中，剥夺了自然生命活力的机械世界观，漠视自然存在的人类中心主义，剥削、掠夺地球资源，破坏人类自然和谐平衡，忽视女性利益的“不良发展”模式，都是使女性与自然同时陷入深重灾难的思想根源。

三　拯救女性与拯救自然

“枯萎了湖上的枯草，销匿了鸟儿的歌声”。美国女海洋生物学家R. 卡逊的《寂静的春天》告诉人们，当人类向着他宣告的征服大自然的目标前进时，他写下的是令人痛心的破坏大自然的记录，这种记录不仅仅危害了人居住的大地，而且也危害了与人类共享大自然的其他生命。生态女性主义者认为，自然是人类的母亲，她不仅是经济资源，更是生命之源。他们痛心疾首，严苛地批判一切破坏自然的行为，认为这是“在和自己作对”——“我们在和自己作对，我们不再感到自己是这个地球的一部分。我们把其他造物视为仇敌，很久以前我们就已放弃了自我”。①

如前所述，和自然一样，妇女在过去的历史和当今现实中都遭到了一系列的压迫，在环境问题上依旧承受着不公正的待遇。这些共同的压迫都

① 转引自李银河《女性主义》，山东人民出版社，2005，第84页。

来自传统的父权制，特别是男性身上那种征服、主宰、控制、压迫和剥削他们所痛恨且比他们弱小的存在物的天性。与自然同构的女性身体与心灵——本应是自由地对自然做出回应，却早已不属于自己，而是被迫屈服于这个男权社会的种种制度和潜规则。

压迫女性与压迫自然的逻辑如此切近，自然而然的，解放女性与解放自然殊途同归。“女性的真正解放，在于恢复女性长久以来被压抑被扭曲的天性，发挥女性在人类历史进程中的独特优势。”①

也许，我们要批判的是对女性生命意识的冷漠和歧视，我们要清理的是来自传统男权社会的霸权和社会制度以及伦理文化、道德规范。社会应该给予女性重生，给予自然一种新理解，这对于改变女性悲苦的命运，对于未来的生态社会建设无疑是一种健康的选择。

女人天然地与自然世界有着同构的身体，女性的生命节律和自然的四季循环有着密切的关系，所以女性创造世界的方式是纯粹生态化的。她们每月必来的月经、怀孕时的消耗精力、生育的痛苦和给婴儿哺乳的喜悦，让她们了解自身和自然，认识到人类和自然是同一的、共生的。著名精神生态女性主义者斯塔霍克在一首诗中写道：

正如你的生活已经成为她的生产
出自骨骸，灰烬
出自灰烬，痛苦
出自痛苦，膨胀
出自张开，生产
出自生产，胎儿来到世界
胎儿分娩，车轮旋转，
潮起潮落，代代相传②

可见，女人的生命创造从根本上说就是自然生产的一个浓缩过程。女

① 鲁枢元：《生态文艺学》，陕西人民教育出版社，2000，第94页。

② 转引自〔美〕罗斯玛丽·帕特南·童《女性主义思潮导论》，艾晓明等译，华中师范大学出版社，2002，第383页。

人孕育生命，创造生命，抚育生命，用全身心去体现自然世界的无私伟大的奉献，丰盈整个世界！对女性身体具有生态意义的肯定，就是对珍贵生命存在的证明。关怀女性就是关怀所有生命。在人类社会选择更加生态化生存的今天——从女人天然的身体和生命意蕴中寻找生态生活的启示，是当代生态思想的一个新课题。相对于男人的身体异化和男权社会的权力意志特征，女人的内心世界与女人的身体，更具有生态的意义和结构特点。

如果人类要最终摧毁把人凌驾于大自然之上的等级制度，就不能不真正从自我的狭小圈子里跳出来。人类并不是宇宙的唯一，男人也不是人类的唯一。只有倡导相互关爱和依存，女性和自然才能摆脱被控制和被压迫的地位。

要拯救女性，就必须拯救自然；要拯救自然，也就必须拯救女性。

有人说，当今社会有两种战争：男女之战与金钱之战。男女之间，人与人之间利益的冲突伴随着人类的产生和发展由来已久。女性主义不是妇女向男人发出的宣战书，而是在特定时代表达的一种渴望——寻求男女关系的新平衡。性别的差异也许会带来性别的不公正和冲突，然而差异并非必定导致冲突，差异中的和谐才是最美的。

海明威在其名著《丧钟为谁而鸣》中已流露出高明的生态女性意识：男人和女人之间，不再是等级森严的支配与被支配的关系，而是一种相互联系、互相关爱的平等关系。男主人公乔丹和女主人公玛利亚相互关联，相互关爱，和谐相处，并由此改变了乔丹对土地的态度，对自然的看法。这种相互关联相互关爱存在于自然和人类之间，也存在于男人和女人之间，只有这样一种伦理观才能确保国家、民族、社会的生存与和谐发展。

环境的恶化是文明的丧钟。地球上的人类，不论是男是女，要亲手敲响的不是丧钟，而是警钟，男人女人要互相关爱，互相警醒。地球上的万事万物处在一个相互联系的因果网中，并无上下高低的等级之分。男人和女人都是地球上的一分子，自然生产与人类生产都是活跃的，是以生理和社会的再生产为中心的辩证生产，而非机械的系统。所以，当女人受到压迫时，女人会奋起反抗；当自然受到人类过分的压迫时，自然也会做出相应的报复。

我们呼唤建立男人和女人、自然和人类的和谐关系，共同维系地球这个大环境，让子孙后代的生活里，“蝉噪林愈静，鸟鸣山更幽”不只是想象中的图画，让“竹喧归浣女，莲动下渔舟”不只是意境中的诗篇。《红字》中的一段话，为此做出了注解：“在一个更为光明的时代，世界对这一问题的看法会变得成熟，上苍在适合的时候，定会揭示一个新的真理。以便在更可靠的相互幸福的基础上，建立起男人和女人之间的全部关系。”

男人和女人，一个家园，一片原野，一刻宁静，一片天空……

第二节　生态女性主义：挑战与希望

在这个文明与野蛮并存，创造与毁灭同在，全球化与本土化同样激烈的时代，生态女性主义站在生生不息的大自然的立场上，站在柔弱而又刚强的女性立场上，坚强勇敢、理性执着地不断认同自我，发展自我，并致力于构造男女共同生存的和谐社会，保护人类与自然共同繁衍的地球。但是，如同女性主义自产生之日起就不断受到质疑和挑战一样，生态女性主义的问题同样面临各种责难。它究竟是一种应景的时髦还是一种久远的谋略？究竟是一种情绪的宣泄还是一种理性的设计？究竟是一种美丽的幻影还是一种希望的拯救？

一　生态的女性与女性的生态

在保护环境的行动中，妇女占据着更优越的位置。由于妇女在社会生产与消费活动中担负着重要角色，如食物生产、烹调、清洁、购买家庭日用品、生育后代、照顾病人等，这既使她们对环境更为敏感，也使她们更容易受到生态破坏的伤害。正如前文中所说，女人与自然是同构的，她们在生理上更接近于自然。女人在生育中的特性（月经期、哺乳、生育），使她们与自然的节奏息息相关，更为密切。同时，女人比男人拥有更多的爱心，更容易同情自然，她们与自然同呼吸、共命运。美国生态主义的代表斯特金认为，女人比男人离自然更近。“男性是把世界当成狩猎场，与自然为敌；女性则要与自然和睦相处。因此，女性比男性更适合于为保护自然而战，更有责任也更有希望结束人统治自然的现状——治愈人与非人自然之间的疏离。”①

女性意识与生态意识之间的亲和性，使她们对地球环境的严重破坏更加痛心疾首：“我们的生活正在毁掉环境，毁掉我们的肉体，甚至我们的遗传基因”，“对地球的一切形式的强奸，就像以种种借口强奸妇女一样”。②

于是，女性环保主义者反思的主题更为深刻更为尖锐：我们一直追求的生活方式，是在改善生活还是在摧残生活？我们一直奉若神明的价值体系，是在接近幸福还是在远离幸福？在这般犀利的追问下，女性生命与自然同构的天然性被渐渐唤醒，女性主体生命意识中被压抑的种子在复苏。在更靠近自然的地方，女性已做好准备，对男权非生态社会进行一番清理、批判与反思。环境保护史上那些具有划时代意义的文献和思想，都与女性紧紧联系在一起。这与其说是偶然，不如说是必然，这种必然性源自妇女对环境天生的敏感性。

1962 年美国女海洋生物学家 R. 卡逊出版了震惊世界的环保著作《寂静的春天》，向人们讲述了 DDT 等其他杀虫剂、化学药品对人类、其他生物和环境造成的严重危害，揭开了环保事业的新篇章；

1972 年，美国女经济学家芭芭拉·沃德、勒内·杜博斯写下了《只有一个地球》，以经济学家的敏锐和女性特有的热忱、忧伤向我们传递着“只有一个地球”这样一个几乎被民众遗忘的事实；

1987 年，布伦特兰夫人主持编撰了《我们共同的未来》，统一了可持续发展的含义，风靡世界；

1996 年，“地球村环保文化中心”“绿色家园志愿者组织”在廖晓义、汪永晨、金嘉满等女士的努力下在北京成立；

2004 年，肯尼亚环境和自然资源部女副部长旺加里·马塔伊博士获得了环保领域的第一个诺贝尔和平奖，被誉为“和平的绿色使者”；

…………

2006 年，联合国环境规划署曾在“三八”国际劳动妇女节之际推出一份“女性环保名人录”，以彰显各国巾帼英雄们在促进可持续发展方面

① 李银河：《女性主义》，山东人民出版社，2005，第 84 页。

② 转引自李银河《女性主义》，山东人民出版社，2005，第 84 页。

的重要作用，名录几乎涵盖了女性涉足的所有领域，既有社会活动家和基层妇女，也有为可持续发展做出重大贡献的科学家和政治家。这份名录再次佐证了女性在环保领域的才华与潜质，也让人们清晰地看到女性在这一领域的未来发展空间。

为了挽救人类赖以生存的地球，许多普普通通的女性自发组织起来，从自身点滴做起，排除万难，勇敢地站在斗争最前线，甚至冒着酷刑、袭击的威胁。一批又一批女性为了构建生态和谐、性别和谐的新图景将生死置之度外，孜孜以求。

这就是女性的执着，执着的女性；这就是女性的生态，生态的女性。

在当代全球化的进程中，女性的身心更多地积淀了生态意识和生态智慧，但是，男性霸权筑造的这个社会，使女性的身体被更多地运用于商业——在当代中国的媒体中，女性的部位几乎无一不被广告所渲染，从上到下，从里到外，从公开的到隐秘的，女性的商业化命运无处可逃，这导致了女性天然的生态意义与女性生命中的生态意识和经验被悄然抹去。远离女性生态身心的文化和社会是非生态化的必然结局。

生态女性主义就是要让这种“远走的背影”再回首。它既不是环保主义，也不是女权主义，更不是两者的相加，而是一种本体论，一种崭新的思维方式。尽管它还没有成为一种体系，但是却代表了一种思潮，日渐为人们所接受。“90 年代以来，经过 30 多年的发展并与多元文化主义潮流相适应，妇女学呈现兼容并蓄、蓬勃发展的繁荣景象。而其在 90 年代最重大的理论运动是生态女性主义，并且‘它至今仍然是女权主义理论中最有活力的派别之一’。”①

这种“最有活力的派别”，在理论和实践上均向传统哲学和社会发起了挑战。

它从“社会性别”的角度出发，对各种传统哲学理论进行审视和反思，以一种不同于原有的解读和诠释对几千年的哲学史重新加以分析与评价，并冲击着一直由男性占统治地位的哲学领域。它指出，传统的哲学包

① 〔美〕约瑟芬·多诺万：《女权主义的知识分子传统》，赵育春译，江苏人民出版社，2003，第 286 页。

括经典文献，处处充斥着对女性的歧视和排斥的“男性霸权话语”。同时，它竭力对长期存在的男尊女卑这一性别歧视进行纠正，进而确立女性在哲学领域的话语权。它力求重新改写的是这样一部历史：人类历史是一部男性对女性接连不断进行伤天害理、强取豪夺、任意欺压的历史。

它试图摒弃父权制概念，反对构建大一统的哲学理论，倡导以一种多元的、复杂的、有差异的非二元论作为生态女性主义的哲学基础。它所探索的非二元论的经验认识论，为其本体论提供了认识论依据，在人们经验感受到的固有的统一性、连续性、系统性中为其整体论的世界观提供佐证。

它对“启蒙”以来的哲学进行了批判，对科学和理性重新做了研究，指出由于“科学”的出现，其他的知识被当作“非科学”的而遭排斥，科学实际上并不是“价值中立”的，也不是仅仅遵循客观性的知识。

它从对自然的关注和女性受压迫的分析入手，倡导“无性别”的文化奋争，提出寻求女性政治、女性文化和女性伦理，通过建立一套“妇女文化”来改善生态问题和其他问题。

经过 30 多年的发展，生态女性主义在倡导性别公正、环境公正、和平发展等方面都有着重大意义。

它为倡导性别公正、保障妇女权益发挥了重大作用。《21 世纪议程》第三部分第 24 章“为妇女采取全球性行动以谋求可持续的公平的发展”提出：“国际社会已认可了几项促进妇女充分、平等和有利地参与所有发展活动的行动和公约……包括《消除对妇女一切形式歧视公约》等，保证妇女和男子有同等的权利自由。”女性的平等权利没有人会恩赐，只有靠自己坚持不懈的努力才有可能实现这一目标。生态女性主义还特别关心妇女贫困化问题，她们认为，公平的社会发展观必须增强贫困者尤其是生活于贫困之中的妇女的权利。

它为弘扬环境正义、保障弱势群体的利益付出了巨大努力。她们注意到，环境伤害不是“一视同仁”的，在大多数国家中，穷困的人们和占少数的族群总是处在较大的环境风险和极少的利益分享机会的双重压迫下，无力把握自己的命运，其控制环境灾害的能力也每况愈下。生态女性主义者认为，女性常常是各种环境灾难最直接的受害者，她们对那些直接威胁着地球生命的环境灾害有着更为直接、更为具体、更为深刻的体验，因而每次在面对各种破坏自然的事件时，生态女性主义者都会做出积极的回应，强烈谴责对自然的侵略行为。生态女性主义之所以必然要反对环境不公正现象，是由于她们认为对妇女的压迫、对自然的压迫总是与其他压迫相互交织在一起，相互支持、彼此强化。

它为坚持可持续发展、保障后代利益做出了突出贡献。由于女性特有的柔弱和孕育后代的能力，在坚持走可持续发展的和平道路上，生态女性主义敏锐地认识到和平对于可持续发展与环境保护的重要性。她们从一开始就反对军国主义、反对核战争、反对霸权主义。用战争与暴力来解决人类之间的冲突是不可能实现全球可持续发展的，因为战争不仅会使人类的生命和地球上的其他生命被大肆毁灭，而且还会使生态环境遭到巨大破坏，损害后代利益。生态女性主义在结束所有形式的男性暴力、结束压迫、结束战争、呼唤和平、谴责军国主义等方面始终站在时代的前沿。

二　女性：自然的天然守护者？

当女性把自己当作自然环境的天然守护者的时候，人们也企图在“女性 = 自然”的等式中寻找裂缝，一个不断被人诟病的事实是：富人女性追求高档奢侈品，如貂皮、名贵动物油脂制成的化妆品，严重地诱导着人们去伤害生命、破坏环境。

在西方国家，乃至东方的一些富裕城市的上流社会，富人女性中流行一种叫“Shahtoosh”（音译为“沙图什”）的披肩，这个词来源于波斯语的“shah”（意为“国王”“王者”）和“toosh”（意为“羊毛”或“毛制品”），它被当作地位和财富的象征。按重量计，比金和铂还值钱。

这种奢华的披肩自诞生于克什米尔之后就受到贵族和富人们的青睐，其状况延续了好几个世纪。如今，这种昂贵的披肩从印度被大量地非法出口至欧洲、北美、远东、亚洲、澳大利亚和中东。然而，很少有消费者知道“沙图什”的真正来源。这种极品披肩是用什么原料制成的，一直是个谜。经营披肩的商人一直声称，披肩原料来自西藏或喜马拉雅北山羊、野山羊、家山羊，甚至一种鸟，即西伯利亚鹅的羽绒。他们说，在换毛季节，动物的毛蹭在它们出没的灌木丛上或岩石上，然后由当地人极辛苦地从这些地方一点点收集起来。这些故事使“沙图什”蒙上一层神秘的面纱，对消费者产生了很强的吸引力。

揭开谜底的是一位名叫乔治·夏勒的美国动物学博士，他是美国野生生物保护协会负责人。从1985年开始，他每年在青藏高原上工作好几个月，研究青藏高原的特有动物——藏羚羊。越来越多的证据显示在他面前，羊绒来自藏羚羊。经过欧洲、美国以及印度的实验，并从几百条“沙图什”上取样品进行绒发技术鉴定，结果都确定无疑地表明这种绒只来自一个物种——藏羚羊。1992年，夏勒博士向世界公开了他的研究结果：“沙图什”只产自藏羚羊，采集这种绒的唯一办法是先把藏羚羊杀死——由于这种动物的栖息习惯，当夏季换绒时，在任何靠近人类居住的地区都很难发现它们。

可见，“沙图什”的存在是一种血腥的时尚，是一种野蛮的文明！当富人女性们把“沙图什”披肩当作财富、地位的象征时，一场场令人发指的残忍猎杀活动正在藏羚羊的故乡——中国可可西里进行着！

藏羚羊，被称为“可可西里的骄傲”，是我国特有物种，国家一级保护动物，也是《濒危野生动植物物种国际贸易公约》中严禁贸易的濒危动物。“藏羚羊不是大熊猫。它是一种优势动物。只要你看到它们成群结队在雪后初霁的地平线上涌出，精灵一般的身材，飞翔一样的跑姿，你就会相信，它们能够在这片土地上生存数千万年，就是因为它们是属于这里的。它们不是一种自身濒临灭绝、适应能力差的动物，只要你不去管它们，它们自己就能活得好好的。”一个去过可可西里的学生这样说。

藏羚羊绒因其精细的质地被誉为“羊绒之王”，也就是众所周知的“沙图什”的制作原料。“沙图什”女式披肩通常为2米长，1米宽，重约100克，男式披肩通常为3米长，1.5米宽。织一条女式披肩需要300至400克绒，相当于3只藏羚羊的生命，而一条男式披肩则需要5只藏羚羊的生命。一个世纪以前，约有100万只藏羚羊生活在我国的青藏高原上，而如今在野外存活的藏羚羊仅剩下5万只左右。近几年来，再也无人见到集群数量超过2000头的藏羚羊群。在许多昔日藏羚羊集聚的地方，如今只能看到零星的藏羚羊。这个古老的物种已经走向面临灭绝危险的边缘。

是女人们钟情于“沙图什”，才使藏羚羊落入今日的境地，这无疑折射出作为维护生态和女性地位的理论——生态女性主义存在不可忽视的缺憾。

从理论上来看，文化生态女性主义继承了激进女性主义的观点，在驳斥“男性话语霸权”时，主张建立一套“妇女文化”来解决生态问题和别的问题，用一种特别的“女人方式”来理解、体验和评价世界，寻求用一种精神或神的理论来反驳父权的统治。她们崇尚女神，把她看作大自然之内在，视大自然为神圣的精神。照此发展，这一思想可能将成为一种新的“统治逻辑”。这样，生态女性主义岂不跌入另一个新的“怪圈之中”去？另外，这种用“女人方式”来理解、体验和评价世界，承认妇女比男子更靠近自然会强化独裁和支配的逻辑，容易导致以一种新的理性的方式使妇女受压迫的境况继续下去。

社会生态女性主义则过于强调女性原则，认为女性原则的内涵是能动的、创造性、多样性、整体性、可持续性和生命神圣性，将大自然女性化，从文化和概念上贬低男性。这种牵强附会的观点使得男性充满了迷惑与怀疑。如果承认妇女对自然有特殊的理解、有一种直觉，那么这种直觉是生理原因还是心理原因造成的呢？男性对自然是否存在类似女性对自然的这种感觉呢？这些迷惑还有待于进一步探讨。

同时，在女性主义反对父权文化，强调其对女性伤害更甚于男性时，不可避免地忽视了事物的两面性。父权制与环境破坏对男性的伤害更小，并不代表没有伤害。当女性因繁重的家务劳动而遭受种种直接的环境污染时，工作场所的空调排污、办公室污染、工业废气废水污染、汽车尾气污染，也在给男性带来巨大的伤害。既然男性和女性共存于一个地球，那么地球的任何变化都不可能只针对其中之一。“如果说生态破坏直接伤害了女性的生殖能力，也有研究表面，男性的生殖能力同样受环境污染的毒害。而且，女人的孩子也是男人的孩子，如果一个女人因为新生儿成为生态破坏的牺牲品而痛苦，必定也有一个男人因为同样的理由而痛心。”①

生态女性主义反对非理性的父权制以及大多数主流理论和激进批判的

① 方刚：《对生态女性主义的男性研究视角回应》，《河南社会科学》2005年第6期。

男人模式，在这种理解中，它已经远远地超越了性别的层次，进入了更深刻的哲学理论层次。但如何使其从女性中心主义立场转变到完全的生态立场？生态女性主义需要不断地进行自我超越的追问。

在实践上，生态女性主义不可避免地具有诸多空乏之嫌。

生态女性主义形成了多种派别以及丰富的思想观点，但与之相适应的生态女性运动却要空乏得多。尽管其发展经过了三次浪潮，但是主要限于西方一些国家小范围的集会与游行示威，没有真正地在世界范围内形成声势浩大的运动，特别是没有影响到国家环境政策的形成和实践。尤其是在第三世界，这些实践的发展更为缓慢。虽然也出现过印度“抱树”运动，但是，受压迫最深重的第三世界妇女还没有形成强大的势力充分参与到保护生态环境和自身的解放与发展中来，特别是一些女性还缺乏对自身被压迫与自然被盘剥之间相关联的自觉认识和反抗，她们习惯在逆来顺受中默默地忍受着一切。

列宁曾说：“判断历史的功绩，不是根据历史活动家没有提供现代所要求的东西，而是根据他们比他们的前辈提供了新的东西。”① 生态女性主义在运用性别分析的工具来批判西方主流哲学中抽象的男性化理性、工具理性及其价值观方面，有独到之处。它不是要回到性别压迫更深重的前现代社会，而是向往一种多元化、有差别、没有等级压迫的平等社会，并为一个公正的、可持续发展的星球提出一套新的价值体系和伦理准则。

道路就在行走的途中！虽然女性主义的构想和追求带有乌托邦的味道，其思想观点充满着争论，也存在理论与实践的缺漏，但它至少向人们提供了解决人类面临环境问题的一种新思路。这让人们在迷茫之中看见一丝希望的曙光。

三　本土化：来自第三世界的声音

20世纪80年代以来，世界环保运动发生新变化，参与的社会力量在西方发达国家逐渐分化。更多的人意识到，环保不能只是一种声音，它应

① 《列宁全集》（第2卷），人民出版社，1984，第154页。

当尽力适时改变，满足不同阶层、不同地区的利益诉求，而非只是中产阶级抑或发达国家人群价值观的代表。对生态女性主义的研究和应用亦是如此。

与发达国家富裕阶层的女性的生活环境和条件完全不同，在第三世界，妇女常常处于受剥削、受压迫的“生活底层”。例如，当欧美中产阶级女性在为“代理母亲”问题大肆辩论，为保护古木而住在树上的时候，这些妇女已经是在为了生活质量的提高而奋斗，为了保护精神家园的延续而呐喊，对她们而言，温饱已不成问题；而在第三世界，妇女面临的却常常是“温饱”还是“环保”、“生存”还是“死亡”的选择。生存境况的差异必然导致她们的理论诉求和生活目标的差异。

因此，第三世界的生态女性主义研究更为重视理论与实践的结合，即立足于本土的知识体系和现实国情进行理论改造，并用新的理论指导新一轮的实践。在本土化的过程中，实现了与群众运动的互动，成为世界生态女性主义的一支生力军，日渐引起世人瞩目。

这其中的代表人物当属印度著名学者范达娜·席瓦。作为世界知名的环境保护思想家和社会活动家、生态女性主义者，她在1993年度获得有另类诺贝尔和平奖之称的“适宜生存奖”；2001年在《亚洲周刊》评出的“对亚洲最有影响50人”中，她名列第五；2002年获美国《时代周刊》颁发的“环境英雄奖”……

1986年，席瓦在论文《让我们活下去：妇女、生态和发展》中首次明晰地阐述了其生态女性主义思想。随后，她的几本著作如《继续生存：妇女、生态和发展》《生态女性主义》以及引人注目的实践都产生了巨大的影响力。席瓦借鉴了西方生态女性主义的理论框架，却没有延续她们的纯理论的研究方式。她始终重视理论与实践相结合，立足于下层人民的立场与印度本国的知识体系、文化传统，以一种更新更广的视角来关注印度乃至整个第三世界迫切关注的问题，如发展问题、环境问题、妇女问题；对马克思主义理论、后现代主义理论均采用“拿来主义”态度，把理论应用于草根组织运动，以理论指导基层运动，以运动丰富理论内涵。席瓦身体力行，致力于宣扬被主流环境学、女性主义等所忽略的第三世界经验及知识体系，提出以本土知识体系为基础重建女性主义的生态文明，同时，她将这一文明与人民的社会实践，如下层妇女的环保运动、人民反对新殖民主义的运动、全球反对恐怖主义的运动联系起来，体现了一种彻底的革命精神，是世界舞台上不可多得的“不同的声音”。[①] 席瓦以其深刻的洞察力，无比的激情与印度众多环保主义者、女性主义者、NGO 成员一道，拨开强制话语的重重面纱，使生态女性主义在印度有了独特的光芒，在第三世界的环境正义征途上立下汗马功劳。

性别、环境、发展是第三世界面临的重要问题。不论是在印度还是中国，不公正的社会生产生活方式使发展中国家的妇女儿童依然处在社会最底层。例如，较之男童，女童的出生权利可以被轻易剥夺，在印度每年有 24 万女胎被堕胎；在中国，尤其是农村，女胎被堕胎的比例也远远高于男胎。和印度妇女一样，也有很多中国农村妇女为求生存，离开村庄，忍受巨大的环境伤害，在许多安全条件不合格、生活饮食条件差的工厂工作。农村妇女组成的一线女工在这些工厂的员工中占 90%，生产皮具、玩具或塑料制品，尘毒、高温、噪声、有毒气体不同程度地危害着她们的生命……此类的状况不胜枚举，我国在环境问题与妇女问题上所存在的弊病阻碍着中国的可持续发展、和谐社会的建设。

因此，借鉴西方生态女性主义的理论成果，汲取以印度为代表的第三世界的生态女性主义实践经验，立足于自身的现实国情，推广中国生态女性主义的本土化研究是迫在眉睫的重大任务。

四　中国的回响：从理论到现实

生态女性主义能否给解放自然、解放女性带来新的启迪？能否给中国的环境保护和男女平等带来新的思路？中国是否做好了接纳生态女性主义的准备？在中国，男女平等不再仅仅被狭义地看作简单的女权问题，而且是涉及中国发展的问题。妇女问题已成为解决中国社会、经济和环境等战略问题的重要环节。同时，随着性别平等事业的不断发展，自 1980 年环境保护作为基本国策以来，女性在社会各领域的影响力正稳步增长，中国

---

① 参见赵冰冰、刘兵《席瓦和她的第三世界生态女性主义——“9·11”事件后发出的不同声音》，《妇女研究论丛》2002 年第 3 期。

女性也在环保事业中占据着重要的地位，特别是近20年来，妇女在改善生态、保护环境上的价值愈发明显。

加拿大社会文化人类学家胡玉坤女士曾撰文指出：在转型期的中国，我们必须认识到妇女是变革的主体和受益者。关注妇女与环境问题的关键，在于增强妇女争取自己权益的能力，也就是争取一个公平、清洁的未来的能力。

实践一次次证明：中国妇女是保护环境的一支不可缺少的生力军。从环保部门女干部到女科技人员，从各岗位女环保工作者到普通的妇女群众，中国妇女以她们独有的姿态站在环保事业的舞台，承接历史和社会赋予的重任。其间，涌现出许多美丽而闪光的身影……

1990年，中华全国妇联发起的“三八绿色工程”活动得到积极响应。我国每年有1.2亿妇女加入义务植树、防护林建设、小流域治理的活动中，数年植树50多亿株。

彝族女人阿罗牛牛，带领女儿种树，在长达16年的时间里种植了2000多亩37万多棵树。为此，她被授予世界妇女高峰基金会“农村妇女生活创造奖”。世界妇女高峰基金会创始人埃利·普利得凡德给她写信，颁发奖章、奖金和证书。

被藏族同胞誉为“森林女神”的生态专家徐凤祥教授，20年前开始考察雪域高原的生态环境，退休后举家迁至京西的门头沟山区，在山林中建立生态研究所，让西藏奇花异木在京西的灵山安家。

环境恶化曾使巴比伦覆灭，使玛雅文明成了旧梦。众多孕育文明的古老江河的断流、湖泊的污染一再向人类敲响警钟，对于中国人而言，母亲河——黄河的断流将是中华文明的断流。保护母亲河的声音不绝于耳。

刘春，海南某建设银行的一名普通职员。1998年在北京治病时看到两院院士联名疾呼“拯救黄河”的报道后，便义无反顾地投身于“保卫黄河”的战斗。“保卫黄河”的旋律在她的胸中激荡，她渴望把黄河的现状拍摄下来，唤醒百姓去珍爱母亲河。这个二十出头的年轻女子，一不懂行，二不富裕，三没关系，却变卖了所有家产，又借遍所有亲戚，怀揣56万元和理想，毅然上路！中国纪录片学术委员会会长陈汉之被其感动，承诺担任该片的总策划和总撰稿，原水电部部长钱正英被她的激情所感动，亲自为解说词把关，提出了一些关键性的意见。从黄河入河口到青藏高原，刘春带领摄制组遭遇了零下 23 摄氏度的酷寒考验，遭遇了海拔 5000 米的暴风雪的袭击，更有拍摄中途的晴天霹雳：一场大火将全部素材、设备、钱烧光……但她始终未言放弃——对黄河的使命感让她顽强地坚持下来，死神和困难挥不去她对黄河的魂牵梦萦！最终，这个未学过一天影视的女子凭着自己的直觉和努力，以赴汤蹈火的意志呼唤着人们的环保意识，捧出了内行看了也称赞、专家审查一次性通过的成果。2000 年，九集纪录片《拯救黄河》播出，刘春坐在自己的小屋里，含泪看着血汗换来的成果……

有一位与刘春经历略有相似的人物也许更为人所熟知，她就是被誉为“绿色皇后”“地球的女儿”、北京地球村环境文化中心主任——廖晓义，她也是一位环保巾帼英雄。

廖晓义的环保情结源于 1990 年的一次偶然经历。一位研究生态哲学的老友，与当时身为中国社科院科研办副主任的她谈起，环境污染已给人类生存造成严重威胁。一席忧心忡忡的谈话与网上查阅到的触目惊心的数字荡起了她忧国忧民的激情。此后几年，她与家人在美国生活。团聚的日子并不安逸，除了没日没夜地学习、工作，她积极投身于当地的环保活动，并通过各类线索采访了国外 40 多名热心环保的女士，集结成一部纪录片《地球的女儿》。1995 年，廖晓义带着尚未杀青的《地球的女儿》回国，并以环保志愿者的身份登上第四次世界妇女大会的讲台。《地球的女儿》博得了好评与奖励，以及社会的支持。于是，中国第一个民间环保组织——“地球村”诞生了，“村长”就是廖晓义。从此之后，她的足迹遍布大江南北，拍环保，说环保，10 多年来拍摄环保专题片 100 多部，做了上百次环保讲座，发表相关的论文和文章 40 多万字。“地球村”的志愿者们利用电视、报纸、杂志等大众媒体推动公民环境教育，先后在中央电视台、中国教育电视台及《中国妇女报》《中国青年报》等报刊推出了一系列环保专栏或专刊，他们与国家环保总局共同编审了《公民环保行为规范》《儿童环保行为规范》。在卷首廖晓义语重心长地写道：“21 世纪，环保行为意味着一个人的素质和教养，环境质量标志着一个国家的尊重和力量。”她的努力化作了全国百姓的普遍行动。2005 年 9 月 20 日，北京“地球村”等9家民间组织发出“今天不开车”的倡议，呼吁首都有车族多乘坐公交、地铁或骑自行车上下班。如今，这个行动在全国得到推广。目前在全国推行的26℃空调节能行动也是廖晓义等人首先发起的……在她看来，“节约是最大的环保”。廖晓义的努力得到了一系列的肯定：2000年国际环境大奖“苏菲奖”，2001年澳大利亚最高环境奖“班克西亚国际奖”，2005年CCTV中国经济年度人物称号，2006年绿色中国年度人物称号……“关注环保的人很多，但她是细节大师；她擅长从生活方式的微小缝隙里勘察出浪费的黑洞，让最大众的消费转化成最有效的环保行为，她时刻提醒我们：处处节约和舒适的生活可以和谐共存”，这是CCTV给她的颁奖辞。当当代中国不可抵挡地被卷入全球化的财富浪潮，当越来越多的国人追求消费娱乐及高标准的物质生活时，她用别样的方式诠释了生活与财富的关系：为了让后代子孙能过上和我们一样的幸福生活，我们要用自己的财富和汗水重建那被只顾获得私人财富、肆意享受的人所破坏了的绿色环境。

女性的坚强、执着和爱心为自身的存在和力量求得了公正，也为自然求得了公正。将会有越来越多的人意识到，妇女在解决环境问题上有着特殊作用，她们身上蕴藏着巨大的能量、智慧与热情。牢狱、恫吓、死亡，吓不倒这些环保女性，金钱、地位、安逸，也诱惑不了她们，责任和压力在谦虚的女性心中内化为不竭动力，……女性一旦做出了环保的选择便九死无悔——这就是女性！历史将铭记她们。也许从这些人的传奇经历中，人们得到了震撼，但更多的是启示：环保，不仅仅是一句口号，而更应该是一个个具体的行动！

一般认为，生态女性主义事业在中国的转折始于1995年的联合国第四次世界妇女大会，一批关注此专题的专家学者、环保主义者齐聚一堂，认真探索妇女与环境之间的联系，并出版了《地球·女人》论文集。

1996年，在山东、江苏、北京，联合国开发计划署支持中国环境科学学会分别举办了三期“妇女、环境与可持续发展”培训班，受到广大妇女的热烈欢迎和积极响应。

1997年，在联合国开发计划署的资助下，旨在提高中国广大基层女领导的环保意识的“中国可持续发展进程中女市长、女乡镇企业管理人员的能力建设”项目启动。该项目举办了一系列培训及研讨会，并进行了为期一年的“妇女与环境调研”，出版了《妇女与环境》调研报告。该调研主要涉及中国小城镇环境问题，报告作为此类文献的重要代表，为中国妇女及环境现状提供了较为全面的材料，其中提出的方法和建议也有很多可取之处。

1998 年 1 月，中国环境科学学会“妇女与环境网络”成立，这是中国第一个以环境保护为目标集结起来的跨学科跨部门的妇女网络。该网络由深孚众望的专家学者出任负责人，并制定了由成员共同讨论认可的目标和工作计划。仅参加成立大会的就有来自 16 个省、自治区、直辖市及计划单列市的约 70 个单位的 120 多名代表。她们来自全国各行各业、各条战线，有从事环境科研和教学的专家学者，有奋战在环保第一线的专业人员，有处于环境决策岗位的女领导，有热心于环保的文艺工作者、医护工作者及环保志愿者等。

这一阳光事业，在人们的热情、良知和义行的托举下熠熠生辉。然而，欣喜之余，不可忽视的是：由于中国妇女问题、环境问题研究起步较晚，生态女性主义进入中国的时间不长、基础薄弱，无论是在理论研究上还是在实践推广上，均面临种种考验。

首先，在理论研究上，“妇女与环境”依然是两个难以关联的问题，如有的研究言及环保，却鲜与妇女问题关联，即便说到女性，也多数时候只是看到天然性别与环境保护之间的关系等诸如此类的牵强附会的理由，只是做出空洞的强调，缺乏历史唯物主义的视角，将妇女问题和环境问题非历史化，又将女人和自然盲目关联，忽略了两者之所以形成的深刻的社会根源。

其次，在实践推广上，我国公众的环境知识水平与环保工作所面临的严峻的形势之间形成了巨大的落差：妇女的环保知识普遍不足，自我保护意识较差，参与环境保护的实际决策力不强。中国工程院院士、北京大学环境学院教授唐孝炎在“中国中小城镇环境状况对妇女健康的影响以及妇女的环境意识”调研项目中揭示了我国妇女的环境保护意识现状：（1）从总体上看，妇女的环保意识水平偏低，但正在逐步提高。例如，大部分妇女把一次性泡沫餐具扔掉（占 59.6%）。（2）妇女参与环境保护的积极性和主动性较低，有待提高。例如，占50.3%的妇女只是偶尔参加或顺便听一下有关环境保护的宣传活动。（3）生活环境意识较高，生态环境意识较低。[①] 较之于男性，中国女性因其不同的社会分工、家庭分工及其遭遇的环境伤害，更加务实地开展环保运动。然而，许多环保活动直接以“主妇联盟”“环保妈妈”等命名，将女性形象刻板地等同于母亲、妻子，无意识地排除了男性，也排除了母亲、妻子以外的不被主流重视的女性群体，如女独身主义者、女同性恋等。事实上，人人都有生存的权利，不论男人或女人，母亲或妻子或独身者，同样都有维护生存环境的权利。把不同于主流阶层的人排除在外，不仅是对其权利的一种忽视，更使环境正义的建立丧失了许多机会和力量。

面对发展过程中所存在的障碍和不足，唯有把理论和实践、历史和现实结合起来，中国生态女性主义建设才会更上一层楼，为中国的可持续发展贡献力量。

第一，从政府角度来看，首先，要继续扩大妇女在环境与发展领域（如全国人大环境与资源委员会、国家环保部、省地市县各级政府环保部门）中的领导干部及管理人员的比例，增加妇女在环保及性别公正工作中的话语权，积极发挥妇女在保护及改变环境中的优势作用，促进妇女参与可持续发展。其次，要继续重视对妇女干部环境保护意识的培训。如加大对“妇女与环境网络”的支持力度，帮助实施类似联合国开发计划署批准执行的“可持续发展进程中女市长和女乡镇企业管理人员能力建设”项目之一的“社区环保培训工作”等，以此增强她们的环保意识，补充更新的环保科学管理的知识，提升相关的工作经验、管理决策能力。再次，要多组织召开关于环境性别的有影响力的研讨会、论坛等，让专家学者与妇女群众齐聚一堂，既反映群众的现实呼声，也产生理论与实践的共鸣。另外，政府应加大资金投入，保护、改善妇女生存的自然环境、公共空间，为提高妇女的生活质量创造有利条件。最后，要加大对男女平等基本国策的宣传和执行力度，完善环保及维护妇女权益的相关法律法规，积

① 唐孝炎等：《中国中小城镇环境状况对妇女健康的影响以及妇女的环境意识》，载杨明主编《环境问题与环境意识》，华夏出版社，2002，第51～52页。

极创造有利于环境公正、性别平等、妇女发展的社会环境，提高男性公民对于保护妇女健康和提高妇女在环境保护工作中的作用的认识，逐步消除社会对女性的偏见、歧视。

第二，从理论工作者来说，他们应当跳出概念之争，尽可能多地从实践中获得中国妇女与环境的实际状况。只有掌握真实全面的第一手研究资料，致力于中国生态女性主义的基础研究，并使各相关群体因地制宜地及时开展预防或整治环境生态问题，才能有利于切实提高妇女的社会地位，改善环境和生活质量。同时，要更多地借鉴第三世界的理论成果，与中国本土的传统文化相结合，致力于该理论的本土化，形成有中国特色、易于为国人接受的中国化生态女性主义理论。

第三，从非政府组织而言，环保是一种全民运动，性别环境公正也需要得到全社会的认可和努力，不能仅仅依靠政府的环保决策和专家学者的努力，还需要发挥各种民间环保组织尤其是以女性为主体的环保组织的无穷力量。民间环保组织应积极开展与政府的合作，有效合法地扩大资金渠道，增强实力，推动绿色生产和生活方式，救济环境伤害，改善自然和人居环境；吸收多层次多方面的女性群体及更多的男性参与环保活动，拓宽活动渠道，创新活动形式，使其辐射范围越来越大；积极与世界其他国家或地区的环保 NGO 交流活动主旨、经验与信息，开创合作项目，互通有无，取长补短，共谋人类与自然的福祉。

第四，从女性个人来看，性别公正与环境公正的实现，需要全社会的积极参与，特别是那些与自然有着同构关系、休戚与共的普通女性群众，要从我做起，从身边做起。根据 2010 年第六次全国人口普查主要数据公报，全国总人口为 133972 万人，其中女性人口为 65287 万人，占 48.73%。[①]“妇女半边天”，众所周知，妇女是引导消费的主体力量，并肩负着教育青少年儿童树立绿色文明意识的责任，因此，要特别重视引导我国妇女树立节约资源、绿色消费、资源回收等正确的生活消费观念。女性的环保意识一旦觉醒，环境行动一旦兴起，中国防治污染、改善环境的工作就可以迈出一大步。香港地区著名的环保人士吴芳笑薇曾代表“地球之友”发

① 《2010 年第六次全国人口普查主要数据公报（第 1 号）》。

表了一封《致女性朋友的公开信》，呼吁广大女性朋友们以大地女儿的身份捍卫大自然，以消费者身份捍卫消费者权益，以生育者身份捍卫下一代的健康。也就是说，参与环境资源消耗过程的女性，其贫困中的节俭或是富裕后的消费，其自身的行为或是对子女的言传身教，所有琐碎的日常行为，都可能会影响环境。在现实生活中，也许不是人人都能像环保杰出人士一样，在环保或性别发展领域有所建树，但是每一个个体身体力行，自觉自发的行为都会给这项事业贡献不可忽视的力量，同时，这也是对自身以及后代的关爱。在各种成功的环保拯救行动中，正是全民参与扮演了“监控器”的角色，实现了最有效的监督和最实际的作为。群众的广泛参与，才是环保的重头戏。

第五，从媒体来说，推进性别环境公正，要充分发挥信息时代的媒体的作用。网络资料显示，79%的公众是通过电视广播获得环保信息的。“绿色皇后”廖晓义就曾在中央电视台开办一档环保节目《环保时刻》，引起不小反响。所以，无论是电视电台，还是网络报刊，都应当发挥正面的宣传及引导作用，营造积极的环保公正氛围，传递环保信息和知识，为性别环境公正铺路，推进生态女性主义事业在中国的发展。知识改变习惯，知识改变命运！西方的谚语说：教育好了一个男孩只是教育好了一个人，而教育好一个女孩却教育好了一个家庭、一个民族、一个国家！今天的女孩就是明天的母亲，儿童的素质高低很大程度上取决于母亲的素质高低，而母亲素质的高低很大程度上决定着民族的未来，提高公众的环保知识水平、加强对妇女儿童的环保教育工作刻不容缓。

总之，以中国的视角开展中国的性别环境公正研究，既会对我国的环境、性别与发展研究起到促进作用，也会对世界生态主义、生态女性主义研究起到巨大的推动作用。也许它是一项旷日持久的艰巨任务，但它昭示着和谐的希望、生存的出路以及公正的力量。

为了捍卫自然与女性的生存地位，生态女性主义应运而生——这是一种男人与女人、人类与自然之间的新的对话，一种停止相互之间的战争，转向友好相处的新的对话。生态女性主义或许还有一定的激进性，但并不代表它拒绝合作；反抗父权制也不仅仅是为了关心女人，恰恰相反，生态女性主义在诞生后就积极地寻求与其他富有批判性的流派联手，试图从追求最初的性别公正到追求环境公正，以至解放包括自然、女人在内的所有被压迫者，实现两性、人与自然间的和谐，实现人与万物的共生互敬，永续共存，化冲突为祥和，化偏颇为公正。

在男性和女性之间，在当代人和后代人之间，需要某种平衡，需要某种正义，以使我们的后代——无论是男是女——都享有同等的生存的权利，以使那些即将到来的生命——无论是男是女——都享有同一片明朗蔚蓝的天空。

第七章　我的祖先　我的孩子

——时际环境公正

过去、现在和未来不是像可以分解为简单单元的珠子一样串在一起，而是如一条从上游向下游流动的河，只是比河流多了些有机性。那些目光短浅而骄傲自大的“当今”一代人，认为过去已经死去，而未来还不存在，只有现今是活的。眼光长远的人则认为生活在现在就要承接过去和走向未来。如果是这样，那么倒是那存在不了多久的“当今”一代是跟已经死去差不多，因为他们不知道活着意味着什么。我们是存在于对过去的回忆与对将来的希望之中。一个民族如果没有远见就会消失，这确是一个真理。

——霍尔姆斯·罗尔斯顿

几乎人类所有的公正问题，都是以在场的当代人为商谈对象的；唯有环境公正，不仅具有悲天悯地的情怀，而且还触及不在场的后代人。这是一种博大的境界，还是一种无谓的视界？是一种超人的道德，还是一种盲目的气概？历史的车轮总是驶向未来，没有对未来的道德向度，人类始终不能超越“一个物种”之立场；没有对后代的真切关怀，人类终究难逃“短视”的诟病。人类之为地球之精灵，就在于它有一颗超越时空限制的心灵。

第一节　代内公正与代际公正

当新一天的太阳冉冉升起之时，当晨钟暮鼓幽幽传响的瞬间，作为平凡人的你——一棵“会思考的芦苇”——是否曾为悠悠岁月而驻足凝思，为浩瀚天空而浮想联翩？为全球纪元而沉思默想？为现今社会而寝食难安？为人类的命运深表忧虑？……毕竟，太多的往事值得我们回首反思，太多的近事让我们痛心不已，又有太多的未来何去何从的抉择等着我们去定夺。

一　代际问题始于代内的践踏

当今社会并不太平，每时每刻都有许多人死于战乱、灾害、疾病、贫困，世界的万花筒每天都在人们用餐之际将水灾、沙尘暴、暴力冲突、龙卷风、泥石流、海啸、禽流感等画面带到我们的眼前，送到地球村的千家万户中。地区冲突、恐怖事件、核战威胁、生态危机、技术统治、人口激增、资源告罄、网络安全等一系列文明病困扰着上至国家首脑下至平民百姓的社会各阶层人士，社会发展的每一步都显得举步维艰，现代文明似乎走进了死胡同。

新兴社会科学的大批问世正是这些社会困境的表征，社会现实是它们产生的肥沃土壤（看起来社会科学的繁荣并非好事，而是社会问题繁多的体现）。环境伦理学就是在这样的社会背景之下产生的一门新兴社会科学。人们希冀它能不辱使命，为日益严峻的环境形势寻得出路，从而拨开云雾见天日。

如果说环境伦理学是应用伦理学最活跃的一个分支，那么环境公正则是环境伦理学一个炙手可热的话题。环境公正作为一个整体是建构和谐社会的基本前提，其向度受到社会的极大关注，而代内公正与代际公正作为环境公正的两大中心话题更受到持续热烈的讨论。人们对代内公正与代际公正的厚爱反衬了环境公正的严峻形势和尴尬局面，而这也正是代内公正与代际公正的困境之所在。

一般认为，环境公正是指人类社会在处理环境保护问题上，各群体、区域、种族、民族、国家之间所享受的权利与所承诺的义务的公平对等。它又有广义和狭义两种理解，广义上指人类与自然之间实施正义的可能性问题，即种际正义；狭义上包含两层含义：一是指所有主体都应拥有平等享用环境资源、清洁环境而不遭受资源限制和不利环境伤害的权利，二是指享用环境权利与承担环境保护的义务的统一性，即环境利益上的社会公正。[①] 从狭义的角度看，前者是后者的平等权利的保障，而后者却可延伸至更为复杂的环境争端，作为一个基本原则来权衡各方的权利收益与责任分担关系。

在某种意义上，我们可将代内公正和代际公正看作环境公正中处理人际伦理关系的基本概念和核心内容，而将种际正义视为非人类中心主义的鲜明主题，人际正义（代内公正和代际公正）的形成、发展以种际正义为基本内容。代内公正和代际公正两者本身也是紧密相连、不可分割的关系，切不可孤立而论。“一方面，只有在‘代际（间）公平’的关照下，才能真正有效地恰当地解决‘代内公平’问题；另一方面，‘代内公平’问题的解决，为解决‘代际公平’问题既会创造财富和生态环境等物质基础，又会创造经济、政治、社会、文化等多种制度条件。因此，无论在理论上还是在实践上，这两个概念是不应割裂的。”[②]

但在实践上，两者还是有轻重缓急、孰先孰后之别的。笔者曾经指出，西方发达国家由于国内环境压力已有舒缓，它们的环境忧虑主要在于国际层面，因而更多强调“代际公正”的实现。发展中国家面临生存发展与环境保护的双重压力，加之在不平等的国际环境格局中处于弱势，因而更多关注“代内公正”的实施。显然，主体需求不同，选择次序不同。另外，由于“代内公正”更具现实性、敏感性、重要性，因而当两者发生冲突时，“代际公正”应向“代内公正”让步，可以设想，当现实中的“代内公正”的实现化为泡影时，“代际公正”也不过是镜中花水中月而已。事实上，不同主体在“代际公正”上往往能达成一致，而对“代内公正”则意见不一。[③]

不难看到，不同主体（尤指国家）所达成的一致意见往往流于一纸空文，许多国际条约议而不决、决而不行、行而不果，甚至许多会议不欢而散不就是此种情形的生动写照吗？可持续发展的“可持续”与“发展”

---

① 曾建平：《环境哲学的求索》，中央编译出版社，2004，第 216 页。

② 徐嵩龄：《环境伦理学研究论纲》，《学术研究》1999 年第 4 期。

③ 曾建平：《环境正义——发展中国家环境伦理问题探究》，山东人民出版社，2007，第 72 页。

之间的内在语词矛盾之争（语词矛盾指涉实践的矛盾）不也表征着其发展路程的崎岖坎坷吗？结果，剩下的只是各国经过包装而改头换面了的“代际公正”——一国之内的“代际公正”。

在现实生活的电视和新闻媒体中，我们瞅到的是国与国之间礼尚往来，互通有无，尤其是高层互访频繁，各国之间所谓的各种伙伴关系层出不穷，但谁又不是在背地里磨刀霍霍、暗度陈仓呢？尽管我们不能说其间是一种非此即彼的零和关系，但有时这种矛盾也可能达到极其尖锐甚至白热化的程度。在这种情况下，这种现象的产生便不足为奇了：一个国家所走的可持续发展的道路是以另一个国家的不可持续发展为代价的。许多发达国家是靠殖民时代赤裸裸的掠夺的变相方式来掠夺他国的矿产和能源，来维持他们的“进口可持续”的。

在同一个地球之上，同一片蓝天之下生活着不同种族、国家、性别、群体的人类，这些自然属性与社会属性的区分自有史以来就不断彼此相互加强着，人们在获得个人身份和归属的同时慢慢地遗忘了自己的始源和本根——地球共同体的一员，尽管全球纪元的列车已驶过五个世纪（全球纪元是从地理大发现开始计算的），但目前这种人际裂隙还在扩大，这从对代内国际正义的争议中可窥见一斑。

国家是当今国际社会的主要主体，国际正义是代内公正的重要内容，并由于其本身历史的延续性和自成一体性，它无意之间又具备浓郁的未来面向，即代际公正的蕴含。代内公正和代际公正在遭遇国家主体时问题丛生，大家各抒己见而又各执己见，所以往往止步不前，难以打破坚冰。

他们相互摆理，彼此指责，只是“手电筒只照别人”式地讲理，反思自己则“墨索里尼总有理”。地球在他们无休无止的指责声中归于沉沦与死寂。

人类似乎缺乏全球伦理的境界和智慧，或准确地说缺少“操练”。蒙田曾说：人们接受警句和箴言似乎为了告诫别人，而不是规箴自己，因此不是将它们融入自己的习惯，而仅仅是装进记忆中，这种做法是极其愚蠢、绝对无用的。人类的整体不也如此吗？但为了能够诗意般地栖息于这唯一的、美丽的、脆弱的行星——地球，我们必须清楚地认识到每个人都是世界公民：“世界不仅仅是一批主权国家和分割的民族的集合，更是一个用国界也无法分割开的人类社会；我们都从属于两个国家——我们自己的国家和地球。”[①] 而人们显然觉得这是施里达斯·拉夫尔的狂言呓语，并未认真听取，因为环境悲剧依旧一再上演，悲剧主角依旧是弱势国家，剧场依旧只有稀稀落落的少数观看者，寥落的观看者中又多半是看客。

就让我们看看一个天灾形式化了的人祸吧。图瓦卢气象局的首席预报员塔瓦拉·卡蒂阿（Tavala Katea）提供的一组检测数据显示，从1993年至2009年的16年间，图瓦卢的海平面总共上升了9.12厘米，按照这个数字推算，50年之后，海平面将上升37.62厘米，这意味着图瓦卢至少将有60%的国土彻底沉入海中。塔瓦拉·卡蒂阿认为，这对图瓦卢就是意味着灭亡，因为涨潮时图瓦卢将不会有任何一块土地能露在海面上。事实上，图瓦卢的末日可能会提前到来。图瓦卢的整个国土都是由珊瑚礁组成，全球气温变暖导致珊瑚的生长速度减慢甚至大量死去，被珊瑚礁托起来的图瓦卢也会因此而“下沉”。[②]

一种新的亡国形式就以这种赤裸裸的方式展示在世人面前，这不是世界上最早的“生态亡国”（古巴比伦、玛雅文明等古老文明的消失都是生态后果所致），但却是当今人们亲眼目睹的生态亡国悲剧，温室效应就是刽子手。太平洋里正在发生的一个个“图瓦卢式悲剧”将是许多国家沿海城市的“翻版未来”。极具盛名的海洋研究专家、南太平洋大学海洋系环境与可持续发展中心主任托尼·维尔（Tony Weir）教授说：“我们都知道我们即将面临的灾难，可有几个政府愿意听取我们这些专家的建议呢？只能眼睁睁地看着蓝色星球走上不归路。”[③] 谁来负责？联合国太过懦弱，协调全球生态环境好转，需要的恐怕不是一个“全球当家人”。由谁负责？肇事者无处寻觅，谁能拿全球人兴师问罪呢？法不责众啊！况且，主谋者是财大气粗的发达国家，它仅占世界人口的约18%，而二氧化碳排放量却占全球总排放量的50%。

图瓦卢将以移民史上的另类姿态载入世界吉尼斯纪录。二氧化碳在继

---

① 转引自王伟主笔《生存与发展——地球伦理学》，人民出版社，1995，第257页。

② 《图瓦卢即将成为首个沉入海底国家》，《广州日报》2009年12月1日。

③ 《图瓦卢即将成为首个沉入海底国家》，《广州日报》2009年12月1日。

续排放，全球在继续升温，冰山在继续融化，海平面在继续上涨，人们不禁要问：谁将成为下一个图瓦卢？联合国环保专家说：50 年之后，孟加拉国的 20%、尼罗河三角洲的 1/3、印度洋上的整个马尔代夫共和国都将淹没。今天，死神正由于温室效应不断加剧而在天空游荡，一种新的死亡形式悄悄闯进了人类的生命领地。

我们不能将一国政府等同于一国人民，国家是台机器，而个人是血肉之躯，但个人也往往沦落为国家的愚忠使徒。现代新正统基督教伦理学杰出代表人物莱因霍尔德·布尼尔在《道德的人与不道德的社会》一书中认为，个人的本性有自私性与非自私性（包括美好冲动，如同情）两种冲动，所谓“一半是天使，一半是恶魔”，而社会群体（包括国家、民族、阶级、团体、组织等）却只有利己倾向，民族国家是一种扩大的利己主义者。他引用乔治·华盛顿的一句名言——“只有符合其自身利益时，民族才是可以信赖的”——来论证说，甚至爱国主义也是一种将个体的无私转化成民族的利己主义的自私形式，也即道德的人一旦融入群体就往往蜕变为不道德社会的一分子。这与社会心理学的“旁观者效应”(一人在场往往会打抱不平，救他人于危难之际，而大众在场往往出现普遍冷漠）何其相似，也印证了中国一句古话：一个和尚担水喝，两个和尚抬水喝，三个和尚没水喝。这就是集体的逻辑。布尼尔认为解决社会问题和消除社会不公正的主要资源有三种：宗教信仰、人类理性和社会强制。

我们姑且对此搁置不论，但它确实为我们对环境公正在现实生活中屡屡受挫提供了一个反思的新视角，事情似乎也正是照此规律运行，国家背负的强烈利益意识不容它腾出更多的仁慈空间去关心当代其他国家的利益，去关心全球的命运，去关心未来后代人的福祉。政治家的肺腑之言——“没有永久的朋友，也没有永久的敌人，只有永久的利益”——已成为大家共同的心声，也已然成为决策者们的处事原则。

支配自然直接根源于特权等级制度的社会结构模式，在这样的社会中，总有一部分人统治、支配另一部分人，在剥夺他们的生存和发展权利的同时也获得了凌驾于自然之上的霸主地位。

作为中国的母亲河黄河流域曾经“草木畅茂，禽兽繁殖”。[①] 汉唐盛世，引无数英雄竞折腰，让无数百姓慕千年；然而，谁又知道，打造盛世，使用了多少后代的资源？汉代对黄河流域的大力开发，使黄河中下游出现人口危机，而中上游的植被破坏则使黄河从此开始危害民生。这条母亲河，在没有代际意识的大肆开发、掠夺之下，从此有如魔鬼附身，温顺的时候，始终以乳汁灌溉着两岸人民，而咆哮的时候，则生灵涂炭。自唐代以后，黄河每况愈下，到了宋代，黄河的泥沙含量达到50%，明朝达到60%，清代达到70%，现在已是“一碗水，半碗泥”，其含沙量约相当于北美洲科罗拉多河的4倍，中亚阿姆河的9倍多，非洲尼罗河的近38倍。

世界是一个整体，生态无国界，可有的发达国家仍执迷不悟，对现状依旧安之若素，对未来依旧我行我素，不管前面是荆棘密布，还是万丈深渊……

印度博帕尔毒气事件——一个至今都让人们胆战心惊、毛骨悚然的重大的国际环境污染事故：它直接致使3150人死亡，5万多人失明，2万多人受到严重毒害，近8万人终身残疾，15万人接受治疗，受这起事件影响的人口多达150余万，约占博帕尔市总人口的一半。当博帕尔的灾难发生后，消息立即传开，世界舆论哗然。不少媒体纷纷发表文章指责美国联合碳化物公司不重视工厂在环境安全上的保护措施，在安全措施上采用内外有别的“双重标准”。

可肇事者在事故发生后闻风逃脱，至今逍遥法外。联合碳化物公司在1989年与印度政府达成协议时也只付出了4.7亿美元，每个受害人平均只能拿取370至533美元的赔偿，这还不足以支付伤者5年的医疗费用。世界历史上最严重的工业意外也只不过令联合碳化物公司需要付出每股48美元的代价。

在2004年的纪念仪式上，幸存的活者与死者的后代在追悼无辜的亡灵之时恐怕只有陶潜的一首诗能表达其心境了：“亲戚或余悲，他人亦已歌，死去何所道，托体同山阿。”然而，悲剧的恶劣之处不仅仅在于留下悲歌嘹嘹、伤痕累累，还将给未来生存在这片土地上的人们埋下巨大的隐

---

① 《孟子·滕文公上》。

患。它非常贴切地印证了德国社会学家乌尔里希·贝克的观点：社会位置和社会决策责任从具体时空之中的分离，引致陌生人群成为可能的物理及社会伤害的对象。这是代内不公正导致代际不公正的经典案例：当代人的错误造成后代陌生人的伤害。凤凰卫视著名主持人梁文道先生说：一代人干了一些事，后果却由下一代承担；甲地的人做了一些决定，风险却由乙地的居民承受。从这个角度来看，环境问题还是一个正义的问题。①

悲剧再一次见证，发达国家在谋杀地球母亲的同时残杀着自己的兄弟，诚如一位第三世界国家的环境保护官员所言："跨国公司往往把更富危险性的工厂开办在发展中国家，以逃避其在国内必须遵守的严厉限制，现在这已成为带有明显倾向性的问题。"以牺牲他国的当代利益和全球的未来利益获取自己的发展，这是发达国家现代化道路的"奥秘"。如果环境公正没有全球共识，没有代际意识，我们将悲哀地预言，这种悲剧还将延续。

当然，这种风险不公平不仅发生在国际上，在迅速发展中的中国也比比皆是。继湖南、陕西、云南、河南之后，福建上杭也发生儿童集体铅中毒事件。这些儿童恰恰不是肇事企业主管阶层的子弟。在这里，环境风险考验的是环境公正问题——环境风险具有这样的特征：风险的发生往往在时空上是分离的，与风险行为毫无干系的人却在不公平地承担着风险带来的伤害。后代人正是在这里做了当代人的替罪羊。

二 代内公正系于命运共同体

迄今为止的现代化，都是围绕着"大量生产—大量消费—大量废弃"的生活方式的主轴而运转。

人是个差别很大的物种。我们知道，同一物种的动物所消耗的资源不会有太大的差别，内蒙古草原上的羊不会比澳大利亚草原上的羊多吃几倍的草，美国鹿的草食量也绝不会比印度的多几十倍。而万物灵长——人不同，他们往往能根据其所处国家和集团"灵活"处理其消费量，尽管个体之间的生物学差异不大（身高、胃的大小），可社会因素却造就了人与人之间的天壤之别。"恣意挥霍的富人"与"一无所有的穷人"就是这种

① 梁文道：《你得利润，我来埋单》，《南方周末》2009 年 10 月 8 日。

差异的典型，发达国家占世界约 18% 的人口却消费着世界能源的 50% 多，消耗的金属占 75%，木材占 85%，粮食占 60%。

我们需要一个新的地球，世界人民需要“价值洗脑”，发达国家需要打破无知偏见。只有代内公正的脚步铿锵有力，代际公正才可能步履从容。现代国际社会倡导不干涉他国内政，但目前有些国家（尤指发达国家）的“内政”（如大量生产—大量消费—大量废弃的生活方式）已严重阻碍了全世界的利益的实现。

许多发展中国家由于严重的生存压力不得不变卖自己仅剩的“家当”，不得不牺牲代际公正以换取代内公正，而发达国家依旧过着穷奢极欲的生活。日本（一个森林覆盖率高达 65% 的国家）的一次性筷子所需木材基本从海外进口，从东南亚（当然包括我国）进口木材占其总量的 90%，以致这些国家或地区的热带雨林大范围减少。2006 年 4 月我国为保护森林资源限制树木砍伐而决定对一次性筷子征收 5% 的消费税后，媒体就有以“中国有了环保意识日本人吃饭成问题了”为标题的报道。

许多发达国家甚至不惜发动战争来掠夺第三世界国家的自然资源，这一直是某些西方国家的拿手好戏。战争不仅造成了大量的生命财产损失，更使本已千疮百孔的地球雪上加霜，造成生态系统的严重失衡。

为了维持当前的生活模式，竟有学者提出一套脆弱的理论，摇旗呐喊，制止人们对后代生存的担忧。美国经济学家朱利安·西蒙在《最后的资源》一书中认为，地球的“可以发现的资源”和“存在于地壳中的资源”远远超过“已知储量”。而按照“可以发现的资源”或“存在于地壳中的资源”来计算，几乎所有矿物资源的耗竭都是遥遥无期的。按照西蒙的观点，担心自然资源有一天会用尽是多余的，人们完全可以微笑着面对未来。他甚至鼓励人们多多生育，因为人口的增长能推动科技的发展。假设西蒙的理论是正确的，人们确实可以高枕无忧，因为资源无穷，科技强大，人类尽情挥霍，不光有物质“保驾”，更有科技“护航”。可是，他竟全然没想到地球是个实体，其存量再怎么说也是个永恒的常数。尽管太过悲观常常扼杀人类的自救勇气，但太过乐观也往往会使人在恍惚迷离间掉进万丈深渊。科技的进步只能缓解现存资源的压力，但并不能无中生有，将水变油，消除资源有限的困境。

由于生态系统的整体性和环境污染的跨国性，任何国家都不能对本国的破坏环境行为听之任之，任何国家都不能对他国的环境不理不睬，甚至隔岸观火，置之身外。现实的窘境使我们承受不起生命之重的儿戏，这把“火”不久即会燃烧到自家门口，谁能泰然自若？西班牙总理冈萨雷斯在1992年联合国环境与发展大会上说得好：问题是全球性的，解决问题的办法也应具有全球性。

鉴于历史和现实，我们都有充足的理由认为发达国家理应承担更多的环境责任，《里约宣言》也说：“各国应本着全球伙伴精神，为保存、保护和恢复地球生态系统的健康和完整而合作”，“任何地区任何国家的发展都不能以损害别的地区和国家的发展为代价，特别是要注意维护弱发展地区的国家的需求”。但事情往往说来轻巧，做来艰难，因为“人往高处走，水往低处流”，世人向来只认“由俭入奢易，由奢入俭难”的单向规律，哪有让“历史的车轮倒退”之理？

可悲的是，如今，在占80%多人口的发展中国家和人民的眼中，占约18%人口的发达国家已然成为他们心中崇拜的偶像，成为现代化学习的标兵和楷模，他们不甘落后，也争先恐后、亦步亦趋地追赶现代化的浪潮。

面对贫富差距的扩大，代内公正看来似乎遥遥无期。

目视代内的不公正导致各国持续的恶性竞争，恶性的竞争导致资源的耗尽与生态的浩劫，拿什么留给后代？可见“代际公正”只是说说而已，也许是“后无来者”了吧。

也许我们曾为印度尼西亚史无前例的海啸中所表现出来的国际人道主义精神而感动过，为“一方有难、八方支援”的轰动场面所震撼过，我们认识到人并非铁石心肠，国家也不都麻木不仁。这是“奇怪的世界化：人们不仅以观众的身份看到这个世界的悲剧、屠杀和暴行，同时也介入了别人的生活并为他们的苦难所触动。即使只有闪光灯一亮的瞬间，人类的情感也能被激发起来，人们纷纷把衣服和钱物捐献给国际援助机构和人道行动组织”。[①] 但是目前各国政府和人民仍然存在种种隔阂甚或敌视，“全球化的行动和思想已具雏形，但地方主义和狭隘观念依然影响和阻碍着它

① 〔法〕埃德加·莫林等：《地球祖国》，马胜利译，三联书店，1997，第27页。

的发展。全球相互连带的统一性还没能形成社会的统一性（民族）。尽管命运共同体已经存在，休戚与共的意识尚未形成”。①

关照代际公正，首先在于形成命运共同体！

三　时际公正有赖于绿色伦理

面对日益严峻的环境危机和日渐棘手的环境公正，我们是否就此束手无策、坐以待毙呢？俗话说：解铃还需系铃人。“头痛医头、脚痛医脚”对遍体鳞伤的地球母亲已于事无补，应彻底改变的是以往那些误人的错误观念，对迄今以来的人类血色文明输入颜色革命，使人类社会走向绿色文明。

我们从古人那里继承了丰富的自然资源和物质精神财富，我们却采取“坐吃山空”的“败家子”方式追求和打造所谓的生存质量，后代在我们的眼中太过模糊。的确，我们的生物属性极其有限，并无锐眼利爪，人的生物眼也不过只能穿越数百米的距离，我们何以能料胜千里？人在动物王国并非向来就是王者，在茹毛饮血的时代，人类常常是遭受欺压的弱者。然而，不甘束手就擒的人类终究以其独特之招站立起来。人的伟大之处在于其心灵的奥秘——笛卡儿认为是思维，当代哲人认为是非理性的情感。理性使人成为自然界的万物之灵，理性创造了五彩缤纷的现代科技，理性更创造了近世的巨大物质精神财富。然而，理性也有“理性的吊诡”——“只顾低头拉车，不顾抬头看路”，于是引起非理性的反叛，不仅上帝死了，人也死了。理性一直压抑着人的内在情感，片面扩张的恶果是人性的畸形。人类社会已在理性的掌舵下航行了数世纪，目前已是岌岌可危。

毛泽东诗云：风物长宜放眼量。对于后代，没有广博的心胸和浓厚的情感，谁能指望有穿越时空隧道的生命之约而获致穿越时空的生死爱恋？待到“海枯石烂”之时，人类——这个一阐提还能获得释迦牟尼佛祖的赦免吗？须知，自然历来遵循礼尚往来的原则，你给我一拳，我还你一腿。早在一百多年前，恩格斯就已告诫人类：“不要过分陶醉于我们人类对自然界的胜利。对于每一次这样的胜利，自然界都对我们进行报复。每

① 〔法〕埃德加·莫林等：《地球祖国》，马胜利译，三联书店，1997，第29～30页。

一次胜利，起初确实取得了我们预期的结果，但是往后和再往后却发生完全不同的、出乎预料的影响，常常把起初的结果又消除了。”①

迷茫于十字路口的人类亟须认清形势，找准方向，落实行动，既为诺亚方舟——地球免于毁灭，也为同祖的当代人和后代人能和谐共处与持续生存。人们能否小心翼翼地经营着茫茫宇宙中的一叶扁舟，让它背负着人类和人类的朋友们在宇宙时空中安全航行且与日月同辉，这取决于今日的所作所为。截至今日，没有任何东西可与之抗衡，人类只剩下他自己最后一个敌人了，但“破山中贼易，破心中贼难”。

从现实的角度看，人们仍缺乏全球共同利益的体认，民族国家以自己利益为准绳的实用主义政策不仅危及人类和平，也往往损害到其自身的长远利益。人类必须跨越狭隘的民族国家利益和封闭文化的藩篱，去闯出一条新的生存之路，否则等待人类的只会是一扇地狱之门。黑格尔说，密涅瓦的猫头鹰在黄昏之际才会飞翔，可为何“黄昏”已过多时，却迟迟不见猫头鹰的踪影？等待人类的是永久的黄昏还是明晨的旭日？

当今，代内国际不公正是许多发展中国家解决代际公正的最大制约因素，我国也概莫能外。正因为此，两院院士宋健在联合国环境与发展大会上阐述建立“新的全球伙伴关系”的基本原则时指出：“‘新的全球伙伴关系’必须建立在尊重国家主权和领土完整、互不侵犯、互不干涉内政、平等互利、和平共处等国际关系准则的基础之上。各国经济、社会发展阶段不同，都有权根据自己的需要，开发利用自己的资源，同时不给邻国造成损害，这一权利必须得到尊重。世界是丰富多彩的，任何试图将某一政治、经济模式强加给其他国家的做法，或在合作中附加种种不合理条件的做法，都将从根本上削弱这一‘伙伴关系’的基础。”②

我国作为一个发展中国家，在遭受西方国家“生态侵略”的同时也面临自身代内公正的修补和代际公正的压力，生存与发展的矛盾表现得极其尖锐。

---

① 《马克思恩格斯文集》（第9卷），人民出版社，2009，第559~560页。

② 《中国政府代表团团长宋健在“联合国环境与发展大会”上的讲话》，《云南地理环境研究》1992年第1期。

到目前为止，我国仍有大量贫困人口徘徊在生死线上。据世界银行驻中国代表处首席代表兼局长杜大伟（David Dollar）博士表示，中国的贫困人口仍然有13490万人（2004年），占世界贫困人口的10%以上。前文已述，2011年国家将农村扶贫标准提高到年人均纯收入2300元，按照新标准，年末农村扶贫对象为12238万人。

在历史教训的默念中，在现实的生存压力下，“发展是硬道理”的口号响彻九州大地，并深深扎根于华夏儿女的心中，我们在取得举世公认的成绩的同时也刻下难以言说的隐痛：环境事故不绝于耳，煤矿爆炸自不待说，涝旱灾害轮番到访，水体污染时有发生，酸雨也不甘寂寞，隔三岔五地骚扰我国大片国土，而与此相反，绿色GDP却迟迟难以推行。

我国生态系统早已不堪重负。在临界点的附近，生存与发展展开着激烈的交锋。“温饱”还是“环保”？“生存”还是“发展”？这是一个问题。

一年一度的国家环境状况公报用的措辞几乎相同：局部有所改善，整体仍在恶化，前景令人担忧。不难想见，不扭转、不调整现行的生产方式和生活方式，生态环境的二元趋势还将延续，环境事故还将纷至沓来。

尽管我国政府对环保工作重视有加，环保官员也呕心沥血，但由于生存压力和落后观念，全国环境并未见多大好转，“政府领着群众走”的上热下冷模式难以推进环保的实质进展。环境问题亟须“庙堂之高”和“江湖之远”的密切配合，只有这样，我国的环境事业才能开启一片新天地。

近年来，尽管生态立法不断完善，生态执法趋于硬朗，生态守法却不尽如人意，中国依然存在“守法成本高，违法成本低”的怪病，环境保护总体上依旧循着“先污染后治理”或“边污染边治理”的西方老路，污染防治设施与生产主体工程同时设计、同时施工、同时投产的“三同时”制度经常遭遇企业偷工减料的简单化处理，中国20世纪80年代以来实行的三大环境政策体系（“预防为主”“谁污染谁治理”和“强化环境管理”）仍旧“大有用武之地”，仍旧要矢志不渝地坚持。

就个人而言，居民的环境意识还相当淡薄，环境保护行为消极。环保民生指数是由中国环境文化促进会组织编制，在国家环保部（原为国家环境保护总局）指导下，从2005年开始推出的国内首个环保指数，被誉为中国公众环保意识与行为的“晴雨表”。据《中国公众环保民生指数(2007)》显示：在9个公众关注的热点问题中，环境污染问题排名第二，仅次于物价问题，并与社会治安问题一起成为公众关注的三大热点。公众的环保意识总体得分为42.1分，环保行为得分为36.6分，环保满意度得分为44.7分。环境污染已经对公众的衣、食、住、行等各方面都产生了严重的影响：60.7%的公众对食品安全最不放心，39.7%的公众担忧“装修涂料安全”，25.8%的公众对于本地区的空气质量表示“不满意”和“不太满意”，41.8%的公众对服装材料污染表示极大关注……[①]知行之间的巨大反差让人回味无穷，它也颠覆了苏格拉底“知识即美德”的信条，以强有力的“事实”战胜了哲人的“雄辩”。但此“知”非彼“知”，苏格拉底式的“知”是裹挟着深厚的道德情感的。

我们能否扪心自问：难道频传的煤矿事故还不曾唤起我们的良知？松花江污染事件还不曾触动我们的心灵？北京大学吴国盛教授曾感言：弘扬绿色意识、倡导绿色观念、确立绿色伦理，是我们走向新世纪所面临的一个迫切而又艰巨的文化工程，中国的绿色事业任重而道远。我们深感此言切中时弊。

有一首老歌经久不衰，她就是苏芮的《奉献》：长路奉献给远方/玫瑰奉献给爱情/我拿什么奉献给你/我的爱人/白云奉献给草场/江河奉献给海洋/我拿什么奉献给你/我的朋友/我拿什么奉献给你/我不停地问/我不停地找/不停地想/白鸽奉献给蓝天/星光奉献给长夜/我拿什么奉献给你/我的小孩/雨季奉献给大地/岁月奉献给季节/我拿什么奉献给你/我的爹娘。面对我们的祖先，面对我们的孩子，面对我们的地球，全人类需要不停地问、不停地找、不停地想！

第二节　时际环境公正的反思

众所周知，环境问题作为一个问题被尖锐地提出，并非人类的自觉体

① 《中国环境报》2008年1月9日。

悟，而是人类的被迫迎战。这就不难理解人类的环境政策及行为刻画着算计和权衡的深深烙印，由“代际正义”这个看似并不那么亟待解决的问题却远离人们的视野就可想而知。它与可持续发展的现实困境相互印证，两者内在的亲缘关系决定了它们共同的命运。但哀莫大于心死，面红耳赤的争吵终归比无动于衷的冷漠要强数倍，因为代际环境公正毕竟体现了人类要求改变现实的努力和强烈愿望，于是就有了超越的可能。

一　理论困境：谁来保护后代的利益?

代际正义是一个以空间同一性、时间差异性为维度的当代人与后代人之间公正的概念，其基本要求是当代人在满足自己的需要时，要维护支持继续发展的生态系统的负荷能力，以满足后代的需要和利益。[①] 由此可见，它与可持续发展的概念“既满足当代人的需求又不危害后代人满足其需求的发展”是紧密关联的，就犹如一个硬币的两面。但应指出，两者还有稍微差别，可持续发展是一个涉及经济、社会、文化、技术和自然环境的综合的动态的概念，其内涵要丰富得多。它要求的公平性原则，既指代内正义，也指代际正义，但毫无疑问，它首先指涉的是代际正义，而在考虑代际正义的同时必然会逻辑地要求代内公平。

对未来人的责任是现代环境价值观念之一，关注代际正义是环境伦理思想的特色之一。代际正义向人们道出，地球是当代人和后代人的共同栖息之地，后代人和我们一样享有神圣不可侵犯的生存权和发展权，其实质是有限的地球资源在代际的合理分配与补偿问题。它至少有两个方面内涵：一是在利用自然资源上改变饕餮式的滥用方式，为后代人保有一份后备资源；二是我们对生态环境造成了不利影响，为此应该做出适当的补偿。

追求公平一直是国际可持续发展的主旨，公平性是可持续发展的重要特征。1992 年世界环境发展大会通过《21 世纪议程》，把代际正义作为可持续发展的核心。2002 年世界首脑会议，更是把解决当代社会公平问题作为可持续发展的重要内容。

---

① 曾建平：《环境哲学的求索》，中央编译出版社，2004，第 143 页。

目前，可持续发展概念面临许多争议。正如有一百个人，就有一百个哈姆雷特一样，对可持续发展概念也存在诸多理解，即使是布伦特兰的定义也见仁见智，远未达成一致意见。“有的认为这一定义在语言上是含混的、暧昧的、难懂的；有的认为它只讲了人与人的关系，而没有明确提出人与自然的关系；有的认为它反映了代与代之间的公平要求，而没有考虑国与国之间的公平；还有的甚至认为从定义规则来看，它在逻辑上是不对称的，即前一句是一个肯定句，而后一个则是一个与之不对称的否定句。”[①] 在代际正义上，也是意见歧出，众家聚讼。

讨论对未来人的责任问题，我们常会遭遇意想不到的困难，主要有四种有分量的诘问：“出于无知型”“受益人失踪型”“时间坐标型”[②]“科技乐观型”。我们将就此逐一展开分析，体味其诘难深度并指出其缺陷甚或错误之处。

第一种是“出于无知型”即“不知情”的争论。持此论者以我们对后代不知情为由抹杀我们对后代人的责任。他们说：我们既不能确定他/她是张三还是李四，也不知他们的脸蛋是方是圆，是出身皇宫贵胄、名门世家还是平民百姓、农家寒舍，是喜欢萝卜抑或白菜等。由于对道德对象所知甚少（是谁，什么样，兴趣爱好等），于是我们无法使我们的责任具体化，因此我们也就不必负责。它颇似这样一条推理思路：对什么事都负责任就等于对什么事都不具有责任，即责任的泛化导致责任的虚无。此类理由并不地道，可以肯定的是，不论我们对后代人具有何等的模糊认识，但只要人们心藏后代人存在的意识（除非我们全体绝育），那么完全可以确知，他们首先需要生存所需的环境，如清新空气、洁净的水、适宜的气候和免遭有毒物质和疾病的伤害等。只要人类没有脱离这些需要，我们就有责任维护它们的可持续性。倘若停止发展，那么这对至今尚存 11 亿贫困人口的地球人来说无疑是一个不可饶恕的罪过。对于主张把经济技术发展的速度降为“零”的所谓“经济原点发展”，曲格平明确指出：“第三世界广大人民所处的恶劣环境，不是发展过分造成的，而正是发展不足造

① 廖小平：《伦理的代际之维》，人民出版社，2004，第 185～186 页。

② 〔美〕戴斯·贾丁斯：《环境伦理学——环境哲学导论》，林官明、杨爱民译，北京大学出版社，2002，第 80 页。

成的，贫穷就是最大的环境问题。”[①] 更何况就人类的生存来说，人类社会一刻也不能停止生产运作，否则不出数月就会全面瘫痪，天堂瞬间变地狱。

第二种是“受益人失踪型”。该论断认为，后代人作为道德关注的受益主体实际上是不存在的，本代人也就无法确定对他们的义务和责任的内容和限度。简言之，因为不存在需要对其负责的具体对象，我们可以对未来后代不负任何责任。此言之荒谬，显而易见。之所以会得出此荒谬的结论，实质上反映了当代人与后代人之间存在一种不平等的关系。当代人是当政者和强者，后代人很可能胜过他们的前人，即便如此，由于此时此刻他们不在场，他们又能做什么呢？诚如《我们共同的未来》所言：“我们从我们的后代那里借用环境资本，没打算也没有可能偿还；后代人可能会责怪我们挥霍浪费，但他们却无法向我们讨债。我们可以为所欲为，因为我们可以毫无顾忌：后代人不参加选举，他们没有政治和财政权力，对我们做出的决定不能提出反对。”[②]

然而，受益人真的失踪了吗？非也。尽管我们不能确知会有多少后代人以及他们会具有何种可能的特征，但他们作为一种潜在的存在无时无刻不成为影响我们决策的一个重要参数。千年之后，仍旧会有人居住于我们今天生活的土地上，这是一个不需要论证的问题。事实上，我们一刻都不曾割舍与后代人的情缘，否则，峰会频频、首脑云集、文件迭出是为谁辛苦为谁忙呢？今天，温室效应、可持续发展等高端话题已飞入寻常百姓家，成为人们茶余饭后的热门谈资。如果在我们面前，后代人的面孔真的模糊不堪，又何须兴师动众，劳师远征呢？又何故为今日的环境破坏而茶不思饭不想、疲惫不堪乃至焦头烂额呢？这足以说明，我们对远方的未来人有一种轮廓，“但这一知识已足以使我们有义务，不向那里投掷手榴弹”。[③] 有感于此，环境伦理学家罗尔斯顿深刻地指出：“现在实际存在着的我们，不知道怎样在我们与某种潜在的‘他们’的利益之间做出判决，

① 曲格平：《中国环境问题及对策》，中国环境科学出版社，2007，第297页。

② 世界环境与发展委员会：《我们共同的未来》，王之佳等译，吉林人民出版社，1997，第10页。

③ 转引自甘绍平《应用伦理学前沿问题研究》，江西人民出版社，2002，第165页。

因为未来的权利的拥有者是模糊不清的，太多地依赖于我们的各种假定。但是，如果我们把生命看作是一个整体性的‘流’，这些模糊性就消失了，因为此时已有了未来之可能性的现实的载体。这个未来不再属于一些抽象的、设想出来的别人，而是我们自己的未来。这个未来是由我们现在存在着的人承载和传递着的。它不是从虚无中硬造出来的，而是由我们贯穿起来的。它是我们这一代的未来，是由我们生发出来的未来，是我们生命之河的下游。”① 的确，我们与后代人并非两个孤立的实体，后代人并非是某种抽象的存在，而是我们生命之流的一部分，是我们生命延伸的潜在兑现。生命之流需要大地的滋润，需要基本的生态系统支持。

第三种是“时间坐标型”。持此论者认为，当代人无法在时间上确定今天的生态环境问题究竟会影响到未来的哪一代人，我们也无法确定我们的责任止于何代，是一代？两代？几十代？甚至上百代乃至千代万代？这的确给当代人造成实践操作上的巨大困难，它集中表现在代际储存原则上，如储存什么、储存多少、如何储存等。“由于我们的道德选择自由受到这些问题的限制，我们的道德责任才变得十分模糊和难以履行。倘若我们对道德对象的需求一无所知，我们对应尽的责任也就茫然无绪，而如果我们就此推卸我们的道德责任，我们又将成为千古罪人。”②

对此我们可作一比喻。设想我们都是坐在一辆穿越时空隧道的列车上，我们中的某个人非法将装有易燃易爆剧毒气体的箱子带上火车，每一车站都有上车人（新生的一代）和下车人（逝去的一代）。在我们之后，火车不知进出了多少车站，依旧安全地行驶着。可有一天，前人的遗物——箱子终究还是爆炸了，造成了许多无辜人伤亡。尽管遗留箱子的人也希望并相信不会有事，但能说他没责任吗？他能逃过后人的谴责吗？对于环境破坏的隐蔽性和滞后性，我们只有将眼光尽量放远，将责任无限延伸，才能确保万无一失。或至少遵循按罪处罚原则，即测定破坏程度的指数而负相应系数的责任。

---

① 〔美〕霍尔姆斯·罗尔斯顿：《哲学走向荒野》，刘耳、叶平译，吉林人民出版社，2000，第97页。

② 曾建平：《环境正义——发展中国家环境伦理问题探究》，山东人民出版社，2007，第68页。

极目远眺，道路在我们的视界中趋于狭窄并终究消失于我们的视野之外，莫非我们的心灵之眼也有时空的偏爱？卡夫卡对此做了否定回答。他认为，正如偏爱一个人目前的愿望超出他将来的愿望不合理一样，偏爱满足目前人的愿望超过未来人的愿望也是不合理的。[①] 但这个类比并不恰当。在现实生活中，人们对自己的父母、兄弟姐妹或亲朋好友常常倾注更多的关切，对儿孙们也有些微的期望，但是很难看到他们对更长远的后代人会有很强的感情投入。看来，我们只有寄希望于善良的人们善待自己的直系子孙，而直系子孙又善待自己的后代，如此代代相传，使关爱的纽带在连续不断中达致一个遥远蓝图——代际正义的实现。

第四种是“科技乐观型”。持该论点者认为，由于科技日新月异，未来人或许能借助于科技的伟大力量找到新的无限能源，因此我们完全不必杞人忧天。然而，这种看法毫无根据。事实是科技也有限度，科技本质上是一种发现而非创造，而能量守恒定律又以铁的定律敲醒沉睡之中的人们，把他们从黄粱梦境拉回到窘困的现实，此其一。其二，科技本身是柄双刃剑，它在给人们带来巨大福利的同时也造成无尽的祸害，这是由工具理性和价值理性失衡而生发的必然后果，但谁能保证后代人能以其价值理性遏制工具理性的嚣张气焰，使社会发展复归到正常轨道上呢？科学主义将科学和技术分离对待，认为技术和应用科学是双刃剑，但单纯的科学是求真的、崇善的，这种说法与事实很不相符。实际上，只要是人的活动就不可能是价值中立的，真善美往往是一种“你中有我我中有你”的关系，每一个事实都会融入价值，而每一种价值都承载着某种事实，科学家也绝非与世隔绝的界外之人。

至此，尽管我们仍旧有许多疑难，但我们却感觉很有必要去履行这份千年契约，将后代人纳入一个道德共同体中予以呵护，我们终究跨越了第一道门槛。但我们的道德理据何在呢？我们总不能说它好，却又不知如何着手去做，以至它备受赞扬却饥寒而死吧？

目前，对代际正义的辩护有以下几种思想进路。

---

① 〔美〕戴斯·贾丁斯：《环境伦理学——环境哲学导论》，林官明、杨爱民译，北京大学出版社，2002，第 84 页。

第一种是功利主义的论证方式。功利主义认为人类的行为无不受趋乐避苦倾向的操纵，在苦乐原理的理论假设下铺陈起“最大多数人的最大幸福”原则的核心观点。边沁在《道德与立法原理》一书中开宗明义：“自然把人类置于两个至上的主人——‘苦’与‘乐’——的统治之下。只有它们两个才能够指出我们应该做什么，以及决定我们将要怎么做。在它们的宝座上紧紧系着的，一边是是非的标准，一边是因果的链环。凡是我们的所行、所言和所思，都要受它们的支配；凡是我们所作一切设法摆脱它们的努力，都是足以证明和证实它们的权威之存在而已。一个人在口头上尽可以自命弃绝它们的统治，但事实上他却始终屈从于它们。”①

在代际正义问题上，功利主义论者认为应该最大化未来后代的幸福，但究竟是最大化总体幸福还是最大化平均幸福呢？如果我们采纳增加总体幸福的方案，环境政策旨在增加未来的总体幸福，这个观点意味着让我们去增加未来人口的规模，而我们的义务在于创造一个由上亿的边际幸福的人组成的社会，这种观点在效果上意味着我们就不应该让未来人出生，除非他们能享受到如今人一样幸福的生活。但事实上我们饕餮式的生活已耗尽大部分地球资源，留给后人的只会越来越少，和今人相比，他们很可能不如当今的普通人幸福。

如果我们采取平均幸福，那么就会在实践上导致严重的侵权行为。因为“一个地球，两个世界”已是不争的事实，贫困的非工业国家的人出生后肯定不会增加平均幸福，那么我们就应当限制穷国人的生殖自由，而发达国家以其雄厚的财力、物力和尖端科技而享有生殖优先权，一个严重违背道德直觉的结论就这样在平均幸福的推导下而产生了。

功利主义鼻祖边沁曾别具一格地设置了计算快乐的七个衡量标准：(1) 强度，即行为所带来快乐感觉的强度。(2) 持续性，即快乐感觉延续时间的长短。(3) 确定性，即快乐感觉的真假性。(4) 远近性，即快乐感觉远近有别。(5) 繁殖性，即快乐能否派生其他快乐感觉。(6) 纯洁性，即快乐在与痛苦的较量中所占比重。(7) 广延性，即快乐波及的范围。这样一来，不确定性和远期的愉悦就要比确定的近期的愉悦在量上

---

① 周辅成编《西方伦理学名著选辑》(下卷)，商务印书馆，1987，第210页。

要少。这意味着年代越久远，越遥远的后代的幸福就越微小，无限趋近于零，这似乎暗合了人们的实践经验，但又是一个矛盾的结论。

第二种是情感主义的论证方式。情感主义一反传统个人主义的理性人预设，尤其是西方经验主义道德思维定式，另辟蹊径，认为情感是道德基础。沙甫慈伯利首开情感主义的先河，尔后还有弗朗西斯·哈奇逊、大卫·休谟、亚当·斯密等人。情感主义有一个关键术语“同情”，即人同此心、心同此理之意，是一种心有灵犀的默契，如沙甫慈伯利的“公众情感”、哈奇逊的“道德感”。但在休谟和斯密那里，同情已变成人心自爱的外饰，他们认为同情导源于人的自爱心理，斯密还提出“公正旁观者”的联想主义方法，这与中国语境的“同情”——“恻隐之心”大相径庭。

不管情感主义内部存在怎样的分歧，情感主义都主张情感是道德基础，情感主义同意人们在道德行为上能做到无私利他。在代际正义上，当代人能设身处地地为后代人着想并油然而生兔死狐悲之感。因此，情感主义者要求人们关怀未来人，为了后代人的幸福安宁负起应负的责任并付诸行动。帕斯莫尔认为：“我们不应该把后代人抽象地理解为‘未来的人类’，而应理解为‘直系子孙’的‘爱的纽带’。”[①] 这当然是一种美好的道德诉求，但实际上，由于人的情感喜怒无常，情感也常沦为个人的道德偏好，因情感主义的理论基础受到人们的质疑，其普遍的道德约束力同样令人怀疑，情感主义不可避免地滑向相对主义的歧途。特别是在中国，重男轻女的思想根深蒂固，把儿子的后代看作自己的子孙，视女儿的后代为他人的后代。在这样的情感下，不难想象，人们会有怎样的后代情感，会有怎样的关照后代的意识和责任。

第三种是自由主义的进路。自由主义是近代以来的西方主流思想，它强调每个人都是一个独一无二的价值个体，任何个人的权利都神圣不可侵犯。因此在自由主义者看来，要确定当代人与后代人之间的公平，必须以承认和肯定后代人的权利为前提。在西方传统中，权利的论证常常借助于契约论的历史假设，甚至有些思想家还一厢情愿地认定为真实历史。后来

① 刘大椿、〔日〕岩佐茂：《环境思想研究——基于中日传统与现实的回应》，中国人民大学出版社，1998，第9页。

的思想家承袭了这种理论思路，但只是把它当作一种论证方法，一种纯粹的假设状态，并不相信自然状态的真实存在。契约论经一代代的思想家继承与发展，不断走向精致和完善，罗尔斯的《正义论》的问世标志着契约论已达到其最高的致思水平。契约论本质上是一种天赋人权论，即认为每个人先天具有平等权利，这些权利是通过契约来保障实现的。因此，在契约论的框架内，要承认后代人的权利，就必须将后代人纳入一个确定的道德共同体，并使后代人作为契约的一方与当代人达成互不侵犯的君子之约。

将契约论嫁接到代际正义的论证，不少思想家做过尝试，其中主要代表有J. 范伯格、约翰·罗尔斯等人。J. 范伯格提出"未出生的后代的权利"，也即"时代间的权利"或"时代间伦理"，它有两方面的含义：第一，既然人类后代也有享受地球资源的权利，那么我们就有避免浪费有限资源、把资源留给后代人的义务；第二，既然后代人也和我们一样具有享受优良环境的权利，那么我们就有为后代人保全环境的义务。或许历经沧海桑田的变化，后代人与我们并非面临同样的问题，也不分享共同的价值观，乃至不一样的美好生活的期待，但后代人"在住宅空间、肥沃土壤、新鲜空气等各个方面上，都具有相同利益"，这一点是毋庸置疑的。

范伯格通过对后代人利益的承认而确证后代人的权利，而席拉德－弗蕾切特认为我们与后代人依据时代契约而同居一个道德共同体，后代人作为契约一方而享有权利，这与拜尔、戈尔丁的观点类同。

在国内，还有学者从"道德实在论"的立场尝试为后代人的权利进行本体论的证明。[①] 应然性的道德实在论与实然性的因果实在论不同，因果实在论标示一种事件或事实之间的因果链条，而道德实在论从目的论出发，承认未来的东西对现在的作用。

但无论是"时代间伦理"或"道德共同体"，还是"道德实在论"，无一不要求对后代人权益的体认，它们都诉诸当代人对后代人的一种情感。正义的原则需要正义美德的支撑，否则后代人的权利只是一个美丽的谎言。"所谓正义，最一般地说就是对社会权利和义务的公平分配或安

① 廖小平：《伦理的代际之维》，人民出版社，2004，第224页。

排，以及与此种分配或安排秩序相适宜的道义品质。”[①] 伦理正义既是一种社会伦理规范，又是一种个人美德。不仅社会规则的遵循需要道德品质的信诺，而且道德品质需要道德规则的验证（真伪之别、善恶之分），但当代际正义在社会伦理的层次上莫衷一是之时，代际正义的美德要求就显得尤为重要了，而这又不免与情感主义的论证方式不谋而合、殊途同归。

在后代人的权利的论证中，最闪亮的论证方式当数罗尔斯的新契约论，其目的不在于建立某种特殊的社会制度和进入某种特定社会，而在于建立一种指导社会基本结构设置的道德原则。在代际正义的论证中，罗尔斯赞同西季维克对时间偏爱的看法，认为“纯粹的时间偏爱是不正义的：它意味着（在不考虑将来的更为常见的情况下），现在活着的人利用他们在时间上的位置来谋取他们自己的利益”。[②] 在《正义论》一书中，罗尔斯论证了在世各代之间的正义储存方案及当代人（在世各代）与后代人之间的正义储存方案。在相邻两代中，前代在发展水平上合理地估计后代人期望的东西是什么及前代人需要储存多少。相邻两代的关系被罗尔斯看成父亲与子女之间的亲子关系，具有私人情感的关爱发挥着重要的调节作用。在论及我们与更遥远的后代人的关系时，罗尔斯以著名的正义两原则为基础，在“原初状态”和“无知之幕”的合理假设下，人们都会选择“差别原则”。在“无知之幕”下相互冷淡的各方除了有关社会理论的一般知识之外并不知道自己的社会地位、先天资质、能力、智力、体力等方面的运气，特定的善观念和特殊的心理倾向等有关个人和社会的特殊信息。同样，在代际正义中，所有的人都处于原初状态中，每代人都不清楚自己属于哪一代，于是每个人都会一致同意最少惠者的最大利益。正义的储存原则被解释为代际的一种相互理解而各自承担公平的一份。尽管罗尔斯的理论很精致，但其前提却是虚假的，其结论早已蕴含于前提的假设之中，它只是思想家思辨的产物从而适用于某种思想实验，对现实世界不具备很强的解说力，没有很大的指导意义，这种理论也只有束之高阁供人观赏了。

---

① 万俊人：《现代性的伦理话语》，黑龙江人民出版社，2002，第97页。

② 〔美〕约翰·罗尔斯：《正义论》，何怀宏等译，中国社会科学出版社，1988，第295页。

自由主义的思想尽管都肯定后代人的权利，但他们对“后代人可以有权利吗”的问题并没有做出有力的论证。很明显，我们与后代人处于一种不平等的关系中，根据休谟对正义的论证，似乎我们很难与后代人达成正义的关系。后来罗尔斯对此做了发展，提出理性多元论，他承认多种善和好生活的观念，这是截然不同的两种正义概念，[①] 一是作为互利的正义，一是作为公平的正义。互利的正义与其说是一种正义，毋宁说它是一种精致的利己主义或理性利己主义。理性多元论完善了对正义的环境的诠释，它与资源的适度匮乏构成正义环境的两个必要条件，但仍然没有关注到人作为道德存在物的属性事实，正是这种道德属性使人总不满足于经验的存在而总想获得超越的形上存在，人也就永远奔走于寻求天使的去动物性的超越之路上。

二　实践困境：怎样做才对得起子孙？

如果说后代人权利的论证凸现了代际正义的理论困境，那么可持续发展的艰难处境则印证了代际正义的严重挫折。从实践上看，代际正义的遭遇不仅反映了世界各国间的弱肉强食现象，即代内正义横遭践踏，而且显示了当今发展模式的痼疾，可持续发展依然任重道远。

可持续发展是人们面对日趋严峻的环境破坏而在反思传统发展观的基础上的被迫选择，是两个世界对一个共同地球的认罪检讨书，是国际社会政治妥协的结果。检讨并不诚恳，表述语焉不详，硬将“可持续”与“发展”扯在一块，从而造成“可持续”与“发展”的窝里斗的隐患。强扭的瓜不甜，这种苦涩我们已慢慢品尝到了。实际上，不同发展程度的国家的着眼点相去甚远，有的侧重于“可持续”方面，有的则强调“发展”方面，但终归还是要发展。俗话说：不怕慢，就怕站，就这么跑着吧。对此，吴国盛一针见血地指出：“‘发展’依然是当今世界的主旋律，这就常常使‘可持续’变得十分尴尬。发达国家说要搞‘可持续’，可它又不愿意放弃既有的生活方式，不愿意背离工业化社会的体制结构、价值观念，你搞什么可持续？无非想让发展中国家搞慢一点，好维持自己的既

① 参见杨通进《论正义的环境——兼论代际正义的环境》，《哲学动态》2006 年第 6 期。

得利益。发展中国家说要搞‘可持续’，可它非要大搞特搞传统的工业化不可，有什么可持续可言？只不过吸取发达国家高污染的教训，使污染速度放低一点，但污染还是要污染的。农药照施不误，森林树木照砍不误，污水毒气照排不误。”①

我们明明知道“环境不是我们从先辈那里继承来的，而是从子孙后代那里借来的”，但在无休止的明争暗斗中，我们已处于积重难返的严重透支危机中，有借无还或父债子还无异于是对后代人实施强盗式的掠夺，何谈公正？与此同时，食言而肥的我们也沾染上“肥胖病”，陷入无尽的苦恼之中。

今天，人们依旧在以经济学的眼光界定发展，许多文化传统、生活智慧和伦理价值受到无情挤压并日渐萎缩。我们赫然发现，发展的性质概念已蜕变了，手段已升格为目的。在发展思想君临一切的时候，人们已陷入单调乏味的精神困扰，发展忘却了存在的本真意义，我们陷入高度文明社会的异化之中而浑然不觉。殊不知，发展的诸成果早已站在历史的被告席上接受审判，发展就意味进步吗？发展等于天然良善吗？传统的发展主义正失于迷途而不知返，它有两个主要表现：“一方面，它完全是一种神话：社会进入工业化后便可实现福利，缩小极端的不平等，并给予个人尽量多的幸福。另一方面，它是一种简单化的观念：经济增长是推动社会、精神、道德等诸方面发展所必要和足够的动力。这种技术——经济观念完全无视人类的特性、共同体、相互联系和文化等问题。因此，发展的概念仍处在严重的不发达阶段。”② 可是这两个臆断已遭历史无情的掌击，物质的丰盈并没有增加人们的幸福感，反倒使人们徒增几许失落感。经济与道德也只是在一定限度内才呈正相关关系，一旦超过这一限度，经济的作用就会越来越微弱，甚至产生截然相反的负面影响，成为道德堕落的催化剂。中国式富人所具有的中国式道德已经为我们做了事实论证——“感动中国”的人物多是那些与富无缘却铁肩担道义的平民百姓，财富富翁与道德富翁之间并不能画等号。

① 吴国盛：《现代化之忧思》，三联书店，1999，第210～211页。

② 〔法〕埃德加·莫林等：《地球祖国》，马胜利译，三联书店，1997，第78页。

美国作者格雷戈·伊斯特布鲁克在《美国人何以如此郁闷》一书中指出一个令人难以置信的事实：幸福指数在近50年来没有任何增长，认为自己“非常幸福”的人口比例自20世纪40年代以来一直在下降。几乎所有人的一切都变得越来越好，但人们却没有觉得更幸福。社会进步中的这一悖论引起诸多学者的关注，他们开始研究“幸福”。甚至有学者研究了不同国家之间的相对幸福度，排名前五位的国家分别是荷兰、冰岛、爱尔兰、丹麦和瑞典，而不是经济强国美国和日本。事实再一次表明“有钱不一定幸福”，人们在歇斯底里的即时享受中慢慢掏空了自己的精神体验。

如今，我们的物质生活不知比古人要好多少倍，但是我们的文化传统却遭受着无情的挫败，屈膝而坐、对酒当歌的赋诗雅兴已成为现代人的奢望，舞文弄墨、琴棋书画的艺技格调也定格于专家学者的职业，成为他们艰难跋涉的文化苦旅，严格的专业要求早已吞噬了他们最初的兴趣爱好。在此，我无意于贬低他们工作的意义，这些民族文化精粹还得靠这些少数人传承下去。但是，不可否认，大众文化（迎合大众的文化）日趋庸俗粗陋，精神荒漠在现代社会不断蔓延，生命的绿洲在不断萎缩。现代人普遍患有“近视”和“色盲”，缺乏去探寻意义的“远虑”，常常被无穷的“近忧”弄得精疲力竭。今天，我们不得不承认诸多的生活幸福蜕变为苦恼：过去偶尔下馆子的幸福体验被“应酬饭局”所湮没了，逢年过节再也找不到往昔穿新衣领压岁钱的快乐了，电视频道越来越多而节目越来越单调了，挣钱越来越多却越来越不够花了……没完没了的会议，城市噪声的喧嚣，畸形滋长的欲望，已使我们的内心世界无法保持荷塘月色般的宁静。随着宁静的丧失，人们也渐渐地失去了充足的睡眠、理想的健康、平和的心态。在《忏悔录》第六章中，卢梭曾以他特有的工笔咏叹生命的幸福时光：“黎明即起，我感到幸福；散散步，我感到幸福；看见妈妈，我感到幸福；离开她一会儿，我感到幸福；我在树林和小丘间游荡，我在山谷间徘徊，我读书，我闲暇无事，我在园子里干活，我采摘水果，我帮助料理家务——不论到什么地方，幸福步步跟随着我；这种幸福并不是存在于任何可以明确指出的事物中，而完全在我的身上，片刻也不能离开我。”[①] 那么，

① 〔法〕卢梭：《忏悔录》，黎星、范希衡译，商务印书馆，2005，第280页。

现代人的幸福又是让谁给偷走了呢？

另外，经济增长并非意味着道德水平的提高。对经济与道德的关系，贺麟先生在《文化与人生》一书中有过精辟的阐述，他认为经济与道德存在以下四种事实关系①：

1. 经济富足可以使道德好，所谓“衣食足知荣辱，仓廪实知礼节；有恒产即有恒心”。

2. 经济贫乏可以使道德好，所谓“家贫出孝子；士穷见节义；无恒产而有恒心者，惟士为能”。

3. 经济富足可以使道德坏，所谓“饱暖思淫欲，人闲惹是非”，所谓“经济中心即罪恶渊薮”。

4. 经济贫乏可以使道德坏，所谓“无恒产即无恒心；小人穷斯滥矣，或饥寒起盗心”。

因此，经济的贫乏与道德的好坏之间并无必然的因果关系，我们不能以经济的贫富作为道德好坏的标准，不能说经济的贫富必能决定道德好坏。在某种意义上，经济可以决定或者支配道德，但为经济所决定的道德并非真道德——富而善非真道德，贫而邪非真不道德。而真正的道德或不道德均非经济所能决定。为经济所决定的道德，可随经济的发展而改进，可随经济问题的解决而解决，因为其本身即是纯经济问题，而非真正的道德问题。真正的道德非经济所能决定，故不随经济状况的改进而改进，亦不随经济问题的解决而解决。这么说来，道德具有独立于经济的价值和意义，这样的道德才是火炼真金。当然，道德对经济也有重要影响。我们认为有道德的经济才是真经济，才能长久不衰，保持其旺盛的生命力，无论于个人、企业、国家甚或某种经济体制来说，莫不如此。

今天的人们常常对道德的进步深信不疑，他们对于道德进步的坚信不仅源于经济万能论，而且往往是将政治的进步和知识的进步等同于道德的

① 贺麟：《文化与人生》，商务印书馆，2005，第26页。

进步。事实上，人们在现实生活中看到的只是道德进步的脸谱假象。不可否认，在现代社会中，人的自由得到了极大的伸张，人的权利神圣不可侵犯，国家作为“守夜人”角色的呼唤不绝如缕地在我们耳边响起，现代体制刺激着人们的政治参与热情的同时又为私人空间筑起一道坚固的防线，因而现代人都能自由地享受“凡人的幸福”，但是这是政治进步的福音，而非道德进步的甜果，切不可将两者混淆。现代的知识也较以前更进步了，人们的知识水平和文化素质得到极大提高，但由于“存在之链”的丧失，一切都可化约为科学分析的原子，因而人们的知识与道德也相互背离，这是现代人特有的精神分裂症，骇人听闻的高智商犯罪成为现代社会的一大弊病。

毋庸置疑，原有发展观存在诸多问题，但是可持续发展也并非完美无缺——并未上升到人本身的变革和文明的变革的高度，仍旧是一种权宜之计。尽管如此，迄今为止，可持续发展是在人类还没有更好的办法提出之前，更好的文明形态成熟之前的最好选择，它依旧能为我们的代际正义提供强有力的理论和实践支持，因为它至少向我们道出一个处事原则：自古不谋万世者，不足谋一时；不谋全局者，不足谋一域。它为人类走出狭隘的利己主义打开了一扇窗，表征的是人类自我拯救的一种努力。因此，展望生态文明，正如毛泽东同志在《星星之火，可以燎原》中展望中国革命高潮那样，“它是站在海岸遥望海中已经看得见桅杆尖头了的一只航船，它是立于高山之巅远看东方已见光芒四射喷薄欲出的一轮朝日，它是躁动于母腹中的快要成熟了的一个婴儿”①。我们坚信生态文明并非可望而不可即。当然，我们还需要不懈努力去促成那美妙一刻的到来。

在昙花与常春藤之间，我们不难做出选择，难得的是孜孜以求、锲而不舍地坚执我们的初衷。此时此刻，我们需要抛弃一种偏见：代际正义完全是为后代人做出的一种牺牲。事实上，它也是我们自身追求幸福的一种尝试，我们也无须像斯巴达人的战争纪念牌的遗训——“过客们，请寄语拉西第蒙人，我们躺在这里，遵照他们的命令”——那样号召人们抛头颅、洒热血那样的巨大牺牲，需要的只是一点点深谋远虑和一点点举手之劳。

---

① 《毛泽东选集》（第1卷），人民出版社，1991，第106页。

（一）合理消费

印度独立前夕，有人问甘地，印度独立之后能否达到英国的生活水平。甘地著名的回答具有非常深刻的伦理内涵："英国耗费了地球一半的资源来实现它的繁荣。那么，像印度这样的国家需要几个地球呢?"美国学者艾伦·杜宁写了一本《多少算够——消费社会与地球未来》的书，引起了极大的社会反响。他不仅告诉人们物质财富与幸福没有必然的关系，更警告世人：消费主义文化正在制造一把斩断子息延绵的利剑，联系人类和自然王国的命运掌握在我们——消费者的手中。的确，与日俱增的消费欲望正在吞噬着地球的躯体，现代人——一群富裕的挥霍者，正在抢夺仅剩不多的自然资源。可是，现代条件下的消费已不再是纯粹满足生理需要，而是不断追求被制造出来、被刺激起来的欲望的满足，它已被赋予了某种具有社会意义的符号与象征，成为一种取代血缘传统的新等级标准。从对消费品的质量的重视到对产品的象征——文化质量的偏爱的转变，是大众消费向充满审美和文化意义要求的消费过渡的必然结果，它表达了人们对精神生活的追求与向往，但也容易走向消费文化的陷阱。在价值多元化的时代，人们享受着个性选择的充分自由，但在没有一种正确价值观的导航下，主流价值不免陷入低俗甚至邪恶的偏差之中而不能自拔。到那时，我们不再愤怒于"卑鄙是卑鄙者的通行证，高尚是高尚者的墓志铭"，而是热情讴歌"高尚是卑鄙者的通行证，卑鄙是高尚者的墓志铭"，这绝非危言耸听。坚持弘扬社会主义核心价值体系，坚持弘扬社会主义"八荣八耻"的荣辱观，在这里值得我们认真体会。对我们来说，改变饕餮式消费已刻不容缓，一种新的消费观呼之欲出：从消费的数量来说，要提倡适度消费，反对过量消费；就消费的方式而言，要力行文明消费，反对奢靡消费；从消费的内容来讲，要施行绿色消费，反对有害消费。①

（二）控制人口

早在20世纪中叶，美国学者保罗·埃利希便在《人口炸弹》中说过

① 曾建平：《自然之思：西方生态伦理思想探究》，中国社会科学出版社，2004，第226～230页。

“我们将会被我们自己的繁殖逐渐湮没”，警告全球人口爆炸将成为威胁人类可持续发展的定时炸弹。[①] 中国的人口问题其实就是世界的人口问题，我们把实行计划生育作为国策，这既给我国的环境和发展问题减轻了压力，也为世界人口发展做出了重要贡献，树立了负责任人口大国的良好形象。我国实行计划生育40余年少生4亿人，使世界70亿人口日推迟5年到来。据测算，如果不实行计划生育，我国目前的人口规模可能会超过17亿，资源、环境将面临更为沉重的压力，人均耕地、粮食、森林、水资源、能源等将比目前减少20%以上。环境的压力与人口的数量之间存在密切关系，人口基数的过大或过少都不利于环境保护。威廉·福格特在1949年的《生存之路》中提出“环境容量”概念并以此来说明对人口制约的必要性。他的公式是：C=B∶E。式中C（环境容量）即土地对动物提供饮食和住的负载能力，如果专指人口，则它表示的是土地为复杂的文明生活服务的能力；B（生物潜力）即生物圈为人类提供食物、衣着等的能力，亦包括现代社会生产所需的一切资源和能力；E（环境阻力）指各种限制生物潜力发挥的不利因素，包括人口压力、不合理的资源的利用方式、环境恶化等。[②] 这个公式也许过于简单，但它揭示了某一地区的环境容量与生物潜力成正比，与环境阻力成反比这一真知。福格特要告诉人们的结论是，生存之路在于控制人口增长，恢复并保持人口数量与土地、自然资源之间的平衡。

为了有效遏制人口问题，发展中国家需要合理控制生育，各国都应该建立符合自己国情的科学的人口发展战略，尤其要控制人口数量，提高人口质量，调整人口结构。对我国来说，为了解决人口问题，我们既有过沉痛的教训，也做出了积极探索。改革开放以来，经过30多年的风雨历程和艰辛努力，我国人口和计划生育事业取得了举世瞩目的伟大成就，实现了人口再生产类型由高出生、低死亡、高增长向低出生、低死亡、低增长的历史性转变，有效缓解了资源、环境的压力，有力促进了经济发展和社会进步，促进了民生改善，人民群众生活实现了由贫困到温饱再到总体小

① 转引自徐崇温《全球问题和“人类困境”》，辽宁人民出版社，1986年，第74页。

② 〔美〕威廉·福格特：《生存之路》，张子美译，商务印书馆，1981，第23页。

康的历史性飞跃。2007 年 1 月 3 日《国家人口发展战略研究报告》公开发表，该报告在总结中国人口发展成就和经验，分析现阶段面临的人口形势和严峻挑战的基础上，做出了四个基本判断：一是生育水平过高或过低都不利于人口与经济社会的协调发展；二是稳定低生育水平必须创新工作思路、机制和方法；三是制定人口发展战略，既要着眼于人口本身的问题，又要处理好人口与经济社会资源环境的关系；四是必须调整发展思路，确立“人口发展在国民经济和社会发展中处于基础性地位”“发展为了人民、发展依靠人民、发展成果全体人民共享”“优先投资于人的全面发展”等新的重要战略理念。尽管由于计划生育政策遏制了人口的猛速增长，但人口压力仍令我们气喘吁吁，不仅人口的内部关系存在严重问题，而且人口与资源、环境的关系越来越微妙和复杂。“多子多福”“养儿防老”“重男轻女”“越穷越生”的传统生育观念仍旧发挥着无形的巨大影响力，未来一个时期，人口数量问题仍然是制约我国经济社会发展的关键性问题之一，人口素质、结构和分布问题将逐渐成为影响经济社会协调和可持续发展的重要因素。为此，我国将坚持和完善现行生育政策，切实稳定低生育水平，保持生育政策的连续性和稳定性，努力将总和生育率维持在 1.8 左右。

（三）适度发展

随着社会发展步入高速运行轨道，人类正以惊人的速度沿着经济发展的道路狂奔不已。在谋求发展与再发展的征途中，人类浑然不觉自己早已越位，大自然频频向我们吹响警告的哨子，但在挑战一切权威的时代里，大自然的裁判权威又岂能独安其身。对于自然一次次的黄牌亮示，人们的反应是如此愚钝，大有死不悔改的执着，难道我们非要亲眼目睹红牌亮出，全体人类被罚下地球的壮观场景吗？果真如此，我们又到哪里寻找另一个生命的港湾呢？除了对我们自己毁灭地球生命的力量瞠目结舌之外，留下的将是一片虚无。不受任何约束的发展必将导致毁灭一切的后果，从而把人类引向万劫不复的深渊。适度发展不仅意味着调整发展速度，把“又快又好”修订为“又好又快”，而且意味着要坚持科学发展观，“着力把握发展规律、创新发展理念、转变发展方式、破解发展难题，提高发展质量和效益，实现又好又快发展”，也就是要“坚持生产发展、生活富裕、生态良好的文明发展道路，建设资源节约型、环境友好型社会，实现速度和结构质量效益相统一、经济发展与人口资源环境相协调”。①

（四）维护和平

和平与发展是当今世界两大主题，但至今不但没有一个得到解决，而且困难越来越沉重。世界大战似乎已远离我们，但地区冲突或战争此起彼伏，恐怖活动猖獗，核战威胁无时不在，军备竞赛一浪高过一浪。某些强权国家借冠冕堂皇的理由肆意对他国发动侵略战争，他们奉行“枪炮一响，黄金万两”的战争经济学理论，他们总想以自己的意识形态和价值观念同化他者，以这种同质化达成世界的一体化。当然，引发战争的因素是多种多样的，除了政治、文化的原因，资源争夺无疑是引燃现代战争的一个因素，而战争无论是对社会环境还是对生态环境，均有百害而无一利，战争不仅是人类的大灾难，也是地球的大灾难，已严重削弱着人类赖以生存和发展的生态和资源基础，从而成为代际正义的残酷杀手。1989年，中东的海湾战争爆发，这场战争造成了空前的生态灾难。据世界环保组织预测，海湾战争使52种鸟类灭绝，波斯湾的水生物种的灭绝难以计算，战争和油田大火造成的大气污染对地球构成的危害，更是难以估计。

对于中国的环境问题的解决，政府无疑在其中发挥着举足轻重的作用，其政策走向总体呈现一个由橙色—浅绿—深绿的发展过程或趋势，即由过去一味谋发展经由环保与发展并进到更注重环境保护的过程。事实上，从我国1989年12月26日《中华人民共和国环境保护法》正式颁布以来，政府就积极参与各项环保事业，尤其以一个负责的大国姿态融入国际社会，就环境问题与世界各国展开友好合作与对话，取得可喜可贺的成绩，我国的环保态度和努力赢得了世界人民的肯定和嘉许。但毋庸讳言，我国环保事业将任重道远，它既具有国际共同的环境挑战，又兼具发展中国家特有的环境与发展的矛盾压力，更面临国内日益加剧的生态失衡和环境破坏的残酷现实。尽管如此，我们仍要迎难而上，实现一场艰难的转型，一次悲壮的突围，诚如潘岳所言，中国本来就是传统工业文明的迟到者，我们不能在生态文明的路上再次落后。

---

① 《胡锦涛在中国共产党第十七次全国代表大会上的报告》，新华网，2008年10月24日。

社会实践促使人的认识不断升华，十六届五中全会提出要建设资源节约型、环境友好型社会，党的十七大又明确提出建设生态文明，使生态文明观念在全社会牢固树立。党的十八大更是把生态文明提升至社会主义事业的总体布局之中。生态文明是指以人与自然、人与人、人与社会和谐共生、良性循环、全面发展、持续繁荣为基本核心的人类社会进步状态，即人类与自然的交往达到和谐状态时所取得的一切优秀成果。它包括生态意识文明、生态制度文明和生态行为文明三个方面。这是一种新的文明形态，是迄今为止人类文明发展的最高形态。生产发展、生活富裕、生态良好的文明发展道路体现了人们在处理人与自然关系问题上的一次质的飞跃，它已不是一种权宜之计，而本身就是发展的要素和目标，并与社会主义物质文明、精神文明、社会文明、政治文明并立作为社会主义建设的重要内容，是建设和谐社会理念在生态与经济发展方面的进一步升华。

十七大以后，我国的环境保护在以下几方面有新的突破：一是产业结构的调整、经济发展方式的转变，真正落实又好又快的发展战略，彻底改变以前“高能耗、高物耗、高污染、低产出”的生产模式，从而为生态文明打下坚实的基础。资源节约、循环经济是解决问题的光明通道。二是主要污染物有效控制（工业污染），重点环保项目进一步强化（气候变化），责任制得到完善和落实（节能减排工作责任制），国际合作进一步加强。三是生态文明观念逐步在全社会牢固树立，环境教育和环境道德教育将得到前所未有的重视。在推进生态文明的进程中绿色将受到推崇：积极推广环保标志产品和绿色食品，建设绿色工厂、绿色学校、绿色社区，发展生态旅游……通过从生产到消费的全过程的绿色化，把人们带入绿色的世界，使环保行为自觉融入人们的日常生活中。这种生产方式、生活方式和消费模式将为我国的生态文明建设注入持久的内驱力。

全世界都意识到了中国面临着环境危机的挑战及其超越的希望。2005年6月，英国《自然》杂志推出探讨中国环境问题的封面文章《中国在世界中的地位》，作者写道：它（中国）庞大的人口和繁荣的经济意味着，与其他国家相比，中国的冲力将更加强劲。在过去20年，中国已经铸就了一个经济奇迹。我们希望，未来20年，中国也能造就一个环境奇迹，并且确立好例子让其他国家取得社会经济和环境的可持续发展。其结果不仅影响中国，更是整个世界。①

这不仅是世界的希望，也是中国的希望，如今，她正在为希望而奋斗！《南方周末》记者曾做过一个有意思的统计：从 1999 年至 2009 年十年间的中国政府工作报告，94 处涉及环境保护、87 处涉及生态、77 处涉及节能、73 处涉及环境污染、60 处涉及经济增长方式。其中，环境保护、节能在 2007 年之后被提及的频率更高。② 党的十八大专辟一章深刻论述生态文明是社会主义建设总体布局之一就是明证。这意味着什么？这说明：中国已经走出环境启蒙阶段，正在走向环境行动时代；中国政府不仅决心要成为经济大国，解决代内环境公正问题，而且决心着眼未来，要成为世界最大的绿色经济试验场，解决代际环境公正问题。

① 《英国〈自然〉周刊封面文章称中国环境影响世界》，《法制晚报》2005 年 7 月 16 日。

② 曹海东、梁嘉琳：《醒来，向着绿色前进》，《南方周末》2009 年 10 月 8 日。

第八章　拯救环境　救赎人类

——实现环境公正

建设生态文明，是关系人民福祉、关乎民族未来的长远大计。面对资源约束趋紧、环境污染严重、生态系统退化的严峻形势，必须树立尊重自然、顺应自然、保护自然的生态文明理念，把生态文明建设放在突出地位，融入经济建设、政治建设、文化建设、社会建设各方面和全过程，努力建设美丽中国，实现中华民族永续发展。坚持节约资源和保护环境的基本国策，坚持节约优先、保护优先、自然恢复为主的方针，着力推进绿色发展、循环发展、低碳发展，形成节约资源和保护环境的空间格局、产业结构、生产方式、生活方式，从源头上扭转生态环境恶化趋势，为人民创造良好生产生活环境，为全球生态安全作出贡献。

——十八大报告

马克思说，环境绝非一成不变的，“环境的改变和人的活动的一致，只能被看作是并合理地理解为革命的实践”。[①] 曾几何时，人类与自然有过搏斗，那是脆弱的人类不堪自然的重压而催生的自我保护；自此以后，人类的战争都是在人与人之间发生的，那是人们为了自我利益而进行的自相残杀。现在，人类不得不再次与自然搏斗，这是脆弱的自然不堪强大的

---

① 《马克思恩格斯文集》（第1卷），人民出版社，2009，第54页。

人类的统治而采取的拯救行动。环境危机是人类引发的自然对人类的威胁，悲痛和愁苦是在所难免的。然而，怨天尤人，无济于事。解脱的钥匙依然在人类手中。

拯救环境，就是救赎人类。

在社会公正的单子中，环境公正是一个“替补者”。人类在这个单子中开列了政治公正、经济公正、司法公正、性别公正、教育公正、医疗公正……与此相比，环境公正是“后现代”的产物。人们会说：政治公正保证了每一个人的政治参与权利，保证了人们社会理想的实现途径；经济公正保证了人们经济分配的权利，保证了人们生存财富的合法途径；司法公正保证了人们受到法律保护的权利，保证了人们维护社会尊严的基本人权；性别公正促进了女性与男性之间的平等，维护了女性的合理地位和待遇；教育公正促进了人们享受教育的权利，维护了人们竞争未来生活的平台；医疗公正促进了医患之间的平等，维护了人们保证健康的底线权利。

然而，环境公正有什么意义呢？似乎无它并无不可，有它未必坦然，而且，它“野心勃勃”地要求不仅要实现人种之间的公正性，还要促进人类与物种之间的和谐性，不仅要实现当代人之间的公正性，还要促进当代人与后代人之间的合理性。在人类社会遭遇种种不公正，在当代中国还有诸多棘手的迫切问题没有解决之前，这样一个目标可能实现吗？它会不会是一个“闲来无事”的幻想？是一种寄托人类美好想象的乌托邦？环境公正不是未来的期待，不是在人类社会的政治公正、司法公正、经济公正、教育公正、医疗公正等人们迫切关心的问题之外的某种独立存在，而是根植于人类的本质需要，是一个现实问题。

任何理想和目标的实现，都离不开特定的途径。探求环境公正的实现途径，是消除在环境公正问题上的各种疑惑的必然选择。如前所述，造成各种环境不公正的原因是复杂的和多方面的。因此，克服各种环境不公正，努力实现环境公正，需要从多方面、多角度入手，包括思想、观念、法律、制度、道德、科技、教育等。有人说：执行就是水平，落实就是能力。环境公正的实现，关键在于行动，关键在于落实。

第一节　确立指导思想

寻找破解当代中国环境问题的钥匙，首先必须确立科学发展观的指导思想。

2007年10月，党的十七大报告首次提出了建设生态文明的要求，强调要建设生态文明，基本形成节约能源资源和保护生态环境的产业结构、增长方式、消费模式。党的十七届四中全会、五中全会对生态文明建设进一步做出战略部署，要求提高生态文明水平。2012年7月23日，胡锦涛同志在省部级主要领导干部专题研讨班开班式上的重要讲话中，把生态文明建设摆在中国特色社会主义事业总体布局的高度加以阐述，强调推进生态文明建设是涉及生产方式和生活方式根本性变革的战略任务，必须把生态文明建设的理念、原则、目标等深刻融入和全面贯穿到我国经济、政治、文化、社会建设的各方面和全过程。2012年11月8日，党的十八大报告对推进生态文明建设做出了全面战略部署，例如：确立了生态文明建设的突出地位——把生态文明建设纳入中国特色社会主义建设“五位一体”总体布局；明确了生态文明建设的奋斗目标——努力建设美丽中国，实现中华民族永续发展；提出了生态文明建设的总体要求——树立尊重自然、顺应自然、保护自然的生态文明理念，把生态文明建设融入经济建设、政治建设、文化建设、社会建设各方面和全过程；指明了生态文明建设的现实路径——转变经济发展方式、优化国土空间开发格局、全面促进资源节约、加大自然生态系统和环境保护力度、加强生态文明制度建设。

科学发展观作为党必须长期坚持的指导思想，是马克思主义关于发展的世界观和方法论的集中体现，对新形势下实现什么样的发展、怎样发展等重大问题做出了新的科学回答。因此，它是关于发展的科学思想，是关于环境的科学思想，也是处理环境与发展、促进环境公正的科学思想，促进当代中国环境公正必须以科学发展观为根本指导思想和根本指针。

科学发展观认为，必须把建设资源节约型、环境友好型社会放在工业化、现代化发展战略的突出位置，落实到每个单位、每个家庭；它指出，建设生态文明，是关系人民福祉、关乎民族未来的长远大计。面对资源约束趋紧、环境污染严重、生态系统退化的严峻形势，必须树立尊重自然、顺应自然、保护自然的生态文明理念，把生态文明建设放在突出地位，融入经济建设、政治建设、文化建设、社会建设各方面和全过程，努力建设美丽中国，实现中华民族永续发展；它强调，坚持节约资源和保护环境的基本国策，坚持节约优先、保护优先、自然恢复为主的方针，着力推进绿色发展、循环发展、低碳发展，形成节约资源和保护环境的空间格局、产业结构、生产方式、生活方式，从源头上扭转生态环境恶化趋势，为人民创造良好生产生活环境，为全球生态安全做出贡献。

虽然这里并没有提出所谓环境公正问题，但显然，在建设生态文明过程中，必须实现中国与世界特别是与发达国家之间的国际环境公正、东部地区与西部地区之间的族际环境公正、城市与农村之间的域际环境公正、富裕人群与贫穷人群之间的群际环境公正、男性与女性之间的性别环境公正和当代人与未来人之间的时际环境公正，这是建设美丽中国的题中应有之义，是实现中华民族永续发展的内在要求。

第二节　强化环境意识

环境意识或生态意识，是人与自然关系在人们头脑中的反映，主要是指人们对人与自然关系的认识、态度、观念和行为取向等的总和，表征的是现代人的一种道德素质、道德人格。通常，人们的环境意识包括常识环境意识、科学环境意识和哲学环境意识。常识环境意识被直观地理解为环境保护意识，如人们在环境问题上的情绪、成见、习惯等。科学环境意识超越了直观，要求以科学理性把自然对象化为科学的对象，把环境问题全部纳入科学的范畴。哲学环境意识包括人们对环境的认识水平即环境价值观和人们保护环境行为的自觉程度，这种意识具有三层思想内涵：其一，它是人的自我理解，自我反思；其二，它是人对自身的自我关怀，通过对“实践意识”的反思和检讨来透射对人的生存的关怀程度；其三，它是自觉的人类意识，是人的一种主动的、自觉的精神要求。[①] 我们这里主张要强化的环境意识，包括这三个方面的理念和自觉，但当代中国的环境公正意识属于哲学层面的环境意识，它表现在对当代中国环境保护的自觉责任意识，对当代不同民族、阶层、群体、性别生存境况的平等关怀意识，对中国未来社会可持续的代际正义意识，而其中，最可宝贵的是人们的环境权利意识和环境责任意识。

中华民族是一个大家庭，13 多亿人生活在同一片蓝天下，这是一个无法改变的事实；中华大地所能恩赐给我们的资源是有限的，这同样是一个难以改变的事实；我们要一代一代地在中华大地生存和发展下去，这既是历史发展的客观规律，也是一个不可更改的事实。面对环境资源的有限性与世代发展的无限性之间的矛盾，我们该怎么办？诸如此类的问题，是生活在这片土地上的人们不得不面对和思考的。事实上，在处理这些问题的时候，我们已经走过许多弯路，也曾经有过深刻的教训，历史上发生的各种环境事件就是最好的明证。直到今天，我们不但没有处理好这些问题，甚至还有相当一部分人没有意识到这些问题的严峻性。

这从我国近 10 年来环境状况公报公布的环境事件中可见一斑。

2002 年，全国共发生 11 起特大和重大环境污染事件，其中 8 起有毒气体泄漏事件，3 起水污染事件。

2003 年，全国共发生 17 起特大和重大环境污染事件，其中有毒气体泄漏事件 8 起，水污染事件 3 起，其他事件 6 起。

2004 年，国家环保总局共接到 67 起突发环境事件报告，其中特别重大环境事件 6 起，重大环境事件 13 起。

2005 年，国家环保总局共接到 76 起突发环境事件报告，其中特别重大环境事件 4 起，重大环境事件 13 起，较大环境事件 18 起，一般环境事件 41 起。

2006 年，国家环保总局共接报处置 161 起突发环境事件。其中，特别重大事件 3 起，重大事件 15 起，较大事件 35 起，一般事件 108 起。

---

① 林兵、赵玲：《理解环境意识的真实内涵——一种哲学维度的思考》，《长春市委党校学报》2001 年第 6 期。

2007年，国家环保总局接报处置突发环境事件110起。其中，特大事件1起，重大事件8起，较大事件35起。

2008年，全国突发环境事件总体呈上升趋势，环境保护部直接调度处理的突发环境事件135起，比上年增长22.7%。

2009年，环境保护部直接调度处置的突发环境事件171起，比上年增长26.7%。其中，特别重大事件2起，较大事件41起。

2010年，环境保护部直接调度处置的突发环境事件156起，其中，重大环境事件5起，较大环境事件41起。

2011年，环境保护部直接调度处置的突发环境事件106起，较上年减少32%。其中，重大突发环境事件12起，较大突发环境事件11起，一般突发环境事件83起。

我国环境事件长期处于高发期，表明了客观上和主观上存在的问题：在客观上，随着经济发展步伐的加快，我国的自然条件、开发历史、发展阶段等决定其生态状况同世界平均水平相比具有很大的脆弱性，我们欠缺对环境事件、环境风险的预警预防预案意识，我国潜在的环境危机十分严峻，这在前述章节的有关数据中已得到印证；在主观上，人们的环境意识尚未完全觉醒，无论是对环境保护的自觉责任意识，还是对不同人群的生存境况的平等关怀意识，或者对未来人们生存和发展的代际正义意识，均十分薄弱，人们甚至还没有意识到如此频繁和不断加剧的环境事件究竟对自然资源、对自身生存、对未来社会意味着什么。这在《中国公众环保民生指数（2007）》中得到证明：公众认为自己在环境保护中的作用“非常重要”和“比较重要”的只有13.7%；公众“最关心可持续发展”的只有0.7%。显然，这些数据表明，改革开放30年来，大多数公民仍然缺乏足够的环境意识和环境作为，“清谈与抱怨文化显著强于探索与志愿行动文化”。

从总体上看，我国公民的环境权利和环境义务意识的发育均较缓慢。“私有公化”的时代，是一个物质文明贫乏、精神文明畸形的时期，人们对待自然环境尚且抱着“事不关己，高高挂起”的态度；在“公有私化”的时代，商品拜物观念已渗透至社会各阶层的意识深处，人们对待公共性质的环境资源更加冷漠。《中国公众环保民生指数（2007）》表明，我国公众的环保意识总体得分为42.1分，环保行为得分为36.6分，环保满意度得分为44.7分。三项指标较往年均有下降，这无疑为中国公众的环保意识与行为敲响了一记警钟。[①] 因为环保意识越高的公众，环保行为的参与度也越高；环保满意度越高的公众，环保行为的参与度也越高；而其中环保意识对于环保行为的影响表现得更为明显。

诚如马克思所说：权利永远不能超出社会的经济结构以及由经济结构所制约的社会的文化发展。中国公民环境权利与环境义务意识的发育状况是由中国的社会经济结构和文化环境所决定的。人们在相当程度上把自然环境当作与己甚远的公共物，在权利受到侵害时，既不可能意识到自己是环境权利的主体，更不知道或敢于对实施者提出控告，以维护自己的人权；在需要履行义务时，既没有意识到自己肩上所负有的深重责任，更缺乏自觉性、主动性、自为性和自律性。在环境权利意识和环境责任意识两方面都湮没在国家主体之中，而公民自身的环境权利意识和环境责任意识还没有发展起来的前提下，人们的环境意识无从谈起，更遑论人与自然的平等、自然的权利和人对自然的道德观念。不过，在权利和义务这一须臾不可分的范畴中，相对而言，权利的意识总是能够比较圆满地得到发展、理解甚或前置，而义务的意识却总是与权利分离、淡忘、滞后。这显然缘于享有权利能使人获得，而履行义务则意味着付出。[②]

中国环境问题之复杂、之紧迫、之严重，较发达国家都非常特殊。我们背负的不仅是发展经济的压力，更是环境保护的重荷。对此，以“兵临城下”来形容并不为过，解除危机之策，唯有众志成城，同仇敌忾，共担责任。“自然之友”的一个骨干曾经如此告诫自己：“很幸运，生活在北京，赶上了开放的时代，可以全景式地看到中国大陆的民间环保，更重要的是也能亲身参与其中。有沮丧，也有振奋，有绝望，也有希望。但总有种感觉压在心头，那就是时不我待。‘义勇军进行曲’上说‘中华民族到了最危险的时候’，现在，从我们的生态安全角度上讲，此话毫不为过。和平发展的年代，我们正投身一场生态反击战，进攻的对象是人们心

① 《中国环境报》2008年1月9日。

② 曾建平：《环境正义——发展中国家环境伦理问题探究》，山东人民出版社，2007，第266～267页。

中对环境的麻木、无知和贪婪。绿色与荒芜之间的拉锯战，生命与死寂之间的较量，我们屡战屡败，屡败屡战。虽看不到硝烟，但同样惨烈。我们愿意付出生命去收复失地。”①

只要对我国的环境资源现状有所了解，相信任何一个中国人都不会再以资源丰富、地大物博自诩了；只要对我国近些年来频繁发生的环境事件有所耳闻，相信任何一个中国人都不会视而不见，更不会保持沉默了。正如中国环境保护事业的开拓者和奠基人之一曲格平先生的一本书名——《我们需要一场变革》，面对我国日益严峻的环境资源形势，面对频繁发生的环境事件，我们确实急需“一场变革”。这将是一场全面而深刻的变革，包括思想观念、体制机制等各方面的变革，而这场变革的核心是唤起13亿中国人对环境资源的危机意识和责任意识。无论是我国的环境资源现状，还是近年来频繁发生的环境事件，都一再警示我们：节约资源、保护环境是全体中国人的共同使命。党的十七大报告旗帜鲜明地指出，坚持节约资源和保护环境的基本国策，关系到人民群众切身利益和中华民族生存发展。当我们从过去“地大物博”的陶醉转向“环境忧患”的沉思时，这标志着一个民族的环境意识的觉醒。反之，当我们依旧悠然自得地挥霍自然资源时，这显示着环境意识的蒙蔽。当代中国，环境意识的猛醒和环境意识的遮蔽十分吊诡地同时并存。

现代社会的治理包括政府、市场和公民社会这三大力量，只有当这三者形成稳定的合作互补关系时，社会的运行才能确保和谐。环保事业不仅是政府和企业的事情，更是公民责任和道德品质的必然作为；不仅需要宣传和承诺，更要给予货真价实的“实践兑现”；不仅具有社会属性，更是公民自我精神良性发展的必然指向。因此，环保事业的成败实际上取决于公众的环境意识的发育程度。政府部门发动的“环保风暴”固然可以对污染企业起到“秋风扫落叶”的功效，但这只能是一时一地的短暂效果，最重要的仍然是发育公众的环境参与意识。潘岳认为，环保部门最重要的事情，不是刮起“风暴”，而是建立公众参与环保的机制。他说：“公众是环境问题的最大利益相关者。环境对于他们来说，不是道德话语权，而

① 转引自杨东平《中国：21世纪生存空间》，西苑出版社，2001，第320页。

是财产和健康。这并不意味着一切决策无条件地都由公众说了算；而是创造一种机制，让包括公众在内的各利益相关方按照法律的框架去博弈。这既能补充行政监管，也能遏制地方保护主义和资本相结合的特殊利益。一个有效的公众参与机制，就是一个能把在‘上街’和‘下跪’两个极端间摇摆的公众纳入理性、建设性参与的机制。这一机制的起点，就是环境信息公开制度。信息公开，不仅在于对公民知情权的尊重，也是政府、市场和公民社会之间良性互动的基础。”[①] 对于解决包括环境公正问题在内的当代中国环境问题来说，“上街”宣示或“下跪”乞求均无济于事。因此，强调各地区、各部门、各单位对环境资源的共同责任和共同使命就显得尤为重要，党的十七大报告强调，必须把建设资源节约型、环境友好型社会放在工业化、现代化发展战略的突出位置，落实到每个单位、每个家庭。

圣人甘地说：善，总是以蜗牛的速度前进。当越来越多的公众具备环境意识、参与意识，在环保事业中履行“蜗牛责任”，我们的环保事业才能迎来“一花盛开不是春，百花齐放才是春”的景象，我们的环境公正才能呈现“日出江花红胜火，春来江水绿如蓝”的美景！

第三节　操执法律利器

法律法规是保障社会公平正义的利器。

从20世纪70年代末起，我国环境保护立法至今走过了30多个年头，共颁布了40部环境保护法律和法规、10部资源法律，环境保护部门发布了90余个环境保护规章、1000多件地方性环境保护法规，制定了427项国家环境标准，初步形成了适应社会主义市场经济体制的环境保护法律体系和环境标准体系。看起来，有关环境方面的立法建制是快速、完善的，但事实上，与发达国家的环境立法相比较、与保护环境的现实相对照，我国的环境法制建设还不完备。

从立法层面来看，土壤污染、化学物质污染、生态保护、遗传资源、

---

① 潘岳：《告别风暴建设制度》，《资源与人居环境》2007年第21期。

生物安全、臭氧层保护、核安全、环境损害赔偿和环境监测等方面，还没有制定出法律或行政法规，在环境技术规范和标准体系上，也还存在一定的规范空白；有些配套立法进展缓慢，如限期治理、排污许可法规等迟迟难以出台；有些法律法规的规定过于原则和死板，甚至只是口号性用语，在环境行政执法中难以把握，可操作性不强；有些法律法规的规定甚至互相矛盾。例如，在我国环境公益诉讼立法方面没有建立非实质性利益损害的司法救济制度，社会公众的司法监督地位没有得到确认，环境行政行为司法审查的范围过于狭窄，诉讼费和律师费的减免缺乏规定等。因此，环境立法不仅要体现中国现实的法律诉求，还要反映中华民族既有的道德传统，同时也要吻合国际社会的立法趋势。《中华人民共和国动物保护法(专家建议稿)》首席专家、中国社会科学院法学研究所社会法研究室主任常纪文研究员认为，我国的动物保护、管理立法体系存在以下不足：一是缺乏一部综合性的动物保护基本法，动物保护法制系统性不强，制度建设不周全，难以对所有的动物予以应有的保护；二是立法目的没有体现中华民族几千年来巩固和发展的怜悯生命的道德传统，没有体现中国加入或者签署的国际条约、宣言有关保护生物内在价值的要求，难以处罚一些遗弃或者虐待动物、危害社会秩序的行为，不利于社会和谐和稳定；三是没有充分响应国际上动物福利贸易标准建设的要求，难以逾越西方发达国家设置的动物福利贸易壁垒。① 因此，完善环境领域、生态领域的立法，使这些立法更具有可操作性、协调性、前瞻性对于促进环境保护、促进环境公正具有重要意义。

从处罚力度来看，我国环境保护法规定的处罚不足以使人“猛回头”。2005 年，中石油吉林石化分公司车间爆炸，造成了举国关注的松花江水污染事件，而国家环保部门只能对这家企业罚款 100 万元。按现有法律，这已是此类行政处罚的上限。相对于污染造成的巨大损失而言，显然微不足道。我国现行环境保护法规定的最高处罚额度是 100 万元，而超标排放污水的最高处罚额度只有 10 万元，省级环保部门的罚款额度最高也

① 《〈动物保护法（专家建议稿）〉向社会公开征求意见》，中国网新闻中心，2009 年 9 月 18 日。

只有10万元。企业通过故意不正常使用污染防治设施、偷排漏排等一段时间所获得的收益，就足够缴一次最高限额的罚款，一些大型企业的治污设备一天的运转费用就超过10万元。对他们来说，“三年不开张，开张吃三年”，环保部门的处罚除了责令停止排污、使用治污设备，罚收“九牛一毛”的款项，几乎没有任何震慑作用。何况这一点罚款与自然损失、大众利益伤害难以相提并论，“守法成本高，违法成本低”使环境伤痕累累，使公众环境利益不能得到有效保障。而且，基层环保部门对于企业的违法排污行为，存在发现难、取证难、查处率低等现象，更使企业心存侥幸，违法的低成本代价使得企业污染行为屡禁难止，这也是近几年我国江河湖泊屡遭污染的重要原因。当然，其中不乏一些执法部门出于部门利益、局部利益的算计，不但不捉耗子反而猫鼠同窝，沆瀣一气。如果某些不法企业造成环境污染并损害民众利益的行为得不到更加严厉的惩罚，那无疑是对不法企业的一种鼓励，还为其他企业提供了效仿的范本，而对那些无辜又无助的受害者来说却是一种极大的不公正！在环境污染事件频繁发生的今天，我们似乎很少听说哪家企业因为污染环境而被罚得倾家荡产或企业主因为自己的企业污染环境而锒铛入狱的消息。因此，提高对损害环境的惩罚力度也是立法和执法中必须重视的问题。

从监管体制来看，我国现行法律确定的以行政区划管理为主的环境管理体制，也在不同程度上造成了污染范围扩大，跨区域、跨流域污染情况严重而得不到有效遏制的局面。行政有区划，生态无边界。这也是“全球视野，地区行动”的口号之缘由。对于一国的环境保护来说，恰恰是许多行政区域缺乏“全局眼光”，以至于所谓“地方行动”处于被动、孤立的境地，从而无助于全局环境的保护。

目前，我国采用的是以自然资源单行立法或判例法作为实现可持续发展战略的基本法律途径，这种在立法上将自然资源的开发利用与环境保护分割开来的制度安排，是过去很长一段时期实行“先污染后治理，先破坏后保护”的发展模式带来的必然结果。根据科学发展观和环境公正的要求，自然资源的开发利用与环境保护是完整、统一和不可分割的过程。对自然资源的开发利用与环境保护进行约束和保障的法律当然也应该是完整、统一和不可分割的。因此，有必要制定统一的综合性环境资源基本法，将自然资源法与环境保护法纳入统一的法律体系，并确立环境保护优先的原则。环境保护优先原则的基本内涵是在自然资源开发利用过程中应该把环境保护放在优先位置予以考虑，在生态利益与其他利益发生冲突时，优先考虑生态利益。这一原则对于保障全体人民公正地享有新鲜的空气、清洁的水等环境权利，具有十分重要的意义。

相对变化发展的复杂生态系统来说，立法永远只是追随者，不可能做到超前；永远只能是相对完善，不可能做到万事俱备。因此，法律制定之后，更重要的是需要严格的执法和守法。一些地方深刻铭记“增长是主旋律”的政训，难以将“环境是第一基础”的发展规律刻骨铭心。与GDP等经济增长的硬指标比起来，环境保护法律法规的威力似乎远不足以遏制某些人追逐政绩的狂热。在一些严重污染环境或有生态破坏隐患的工业项目中，“长官意志”淹没了环境保护法律法规的声音。有些地方“明知山有虎（法律禁区），偏向虎山行”，甚至千方百计钻法律的空子、打法律的擦边球，“先上车，后买票”，“走自己的经济增长之路，让别人去负荷环境代价”。因此，当前，我国必须采取措施加强环境执法力度和环境执法监督。

首先，应该赋予环保部门必要的强制执行手段和权力，如查封、扣押、没收等强制手段以及对违法排污企业的“停产整顿”权和对出现严重环境违法行为的地方政府的“停批停建项目”权等。在一种高唱增长主旋律的格局中，在一种“唯GDP论英雄”的氛围中，环境执法部门听起来就像在唱反调，看起来是那么不重要，一些地方党政领导甚至说：“没有经济增长，你环保部门吃谁的喝谁的？”这是线性增长思维膨胀的表现。在这些人的眼里，环境执法部门是“有害增长”的阻力。因此，理解环境执法的重大意义，提高环境执法部门的权威，扩大环境执法部门的权力，是保证有效环境执法的前提。值得一提的是，环保部门在执法时，也要努力做到严格执法、公正执法、廉洁执法、高效执法，树立环保执法的权威，增强环保执法的威慑力。执法失之于宽，失之于公，是当前环境保护执法中必须纠正的问题。

其次，各级监督部门要充分发挥自身职能，加大对环境执法的监督力度，确保环境保护的法律法规能够真正落到实处，确保环境执法能够真正做到公正、透明、廉洁、高效。各级人民代表大会要充分发挥自身的监督职能，确保本级范围内的环境执法公正、透明、廉洁、高效。各级检察机关要充分发挥自身的执法监督职能，确保本级范围内的环境保护部门能做到有法必依、执法必严、违法必究。

此外，还要充分调动新闻媒体和人民群众对环境执法进行监督的积极性，动员全社会的力量来监督环境执法。公众的广泛参与和监督是实现环境公正的基础。只有当人们觉得环境伤害是有损生活质量、妨碍生活幸福时，只有当那些工作和生活环境、健康乃至生命受到污染企业侵害的个人和群体勇敢地拿起法律的武器维护自己的合法权益和环境利益的公正性时，追求环境公正才会是人们普遍的、内在的、正当的需求。在 2004 年 7 月审理的福建省南屏县某化工厂污染侵权案中，诉讼状原告名单上竟有 1643 人之多！庞大的原告队伍不仅扩大了维权的声势，彰显了案件的危害程度，提高了胜诉的概率，而且表明人们的环境意识得到提高，需求环境公正是生活的一种本然。

环境公平问题突显，直接表现为环境维权事件增多，环境冲突日趋激烈。自 1997 年后，环境污染纠纷呈直线上升趋势，每年上升的比例为 25%，2002 年超过了 50 万起。[①] 原国家环保总局的有关资料显示，近几年全国环保系统收到的环境问题投诉信件以每年 30% 的速度上升，仅 2003 年群众来信就达到 50 多万封，群众上访超过 8.5 万批次；2004 年在 2003 年的基础上分别增长近 7 万封和约 1400 批次，这表明百姓的环境意识和维权意识近年有很大提高，环境维权已成为社会关注的热点。而投诉的对象，据中国政法大学环境资源法研究和服务中心对 1999 ~ 2005 年环境纠纷和污染诉讼问题的分类，依次是噪声污染、大气污染、水污染、固体废弃物污染等。

然而，我国每年各地发生的污染伤害事件很多，但受害者形成环境抗争、真正走上法庭的却并不多见。2003 年全国综合社会调查显示，在接受调查的 5069 人中，除去未明确作答的 14 人，有高达 76.75% 的人报告自己或家人曾经遭受环境危害，但在这些人中，除去未明确作答的 62 人，

---

① 夏光等：《保障环境公平应当基于哪儿?》，《中国环境报》2005 年 3 月 8 日。

只有38.29%的人进行过抗争，而未进行过任何抗争的人高达61.71%，大多数人选择做“沉默的羔羊”。即使是有过抗争的人，基本上是体制内的行为而不是体制外的行为，基本上是个体行动，这些行为都是围绕特定事件而发生的，不是连续的、习惯性的行为。[①]

究其原因，一是我国民众的法律观念、环境保护意识和维权意识普遍淡薄，长期以来习惯于在受到环境伤害时要么认为是“自然灾祸”，人力不可逆之，要么认为是自己倒霉，逆来顺受；二是起诉难，环境诉讼的门槛太高，例如，2011年康菲公司渤海湾溢油污染范围超过5000平方千米，事故爆发三个多月后，河北乐亭县遭受损失的养殖户对康菲的索赔，天津海事法院却以“证据不足”为由驳回；三是我国环境维权的道路漫长而艰难，需要付出大量的时间、精力和高额费用，令一般民众望而生畏，许多人觉得与其选择大量的付出去讨回公道不如忍让迁就，退避三舍；四是环境维权的付出与回报不对等，维权者付出了大量的时间、精力和费用后，即使胜诉了，维权者所能得到的收益也是很少的，以高成本换取低回报，得不偿失；五是部分政府部门不支持环境诉讼，例如，2011年云南曲靖的铬污染事件中患癌的村民提起诉讼前，地方政府作出了“特别声明”：无证据证明村民患癌与铬渣堆放有直接联系。这等于提前把环境诉讼之路给封堵了。因此，环境诉讼有四难，“起诉难、审理难、判决难、执行难”。[②] 除此之外，环境事件上的集体无意识、无抗争也与环境伤害的特点有关。一般来说，身体伤害存在直接的个体的肇事者和受害者，这可以进行一对一的抗争，但环境伤害是大规模的群体事件——肇事者和受害者都是集体性的，而非个体性的，这就会出现法不责众、集体失语的情况；身体伤害是直接性的、瞬时性的，而大多数环境伤害却是间接性的、后发性的，时过境迁，受害者难以抗争。

为此，各级政府特别是环保部门要对人民群众的环境维权行为进行必要的援助和救济。一方面，各级政府特别是环保部门要为普通民众的环境维权聘请律师援助团给予免费维权。另一方面，要努力促使

① 冯仕政：《差序格局与环境抗争》，载洪大用主编《中国环境社会学——一门建构中的学科》，社会科学文献出版社，2007，第270～272页。

② 韩洪刚：《环境污染维权艰难靠什么飞跃诉讼困境?》，《时代周报》2011年9月9日。

司法改革更加有利于普通民众进行环境维权，比如：民事诉讼法应明确社会组织可提起公益诉讼；实行举证责任倒置和因果关系推定，且降低原告“完成举证责任”的标准，只要原告提供污染损害的经验事实即可，在此基础上，由法官形成自由心证来确定污染行为和损害事实的有无。[①]

以法律的强制性手段来保障环境公正的实现，是对一个法治社会的基本要求，也是构建社会主义和谐社会的应有之义。强化人们的法律观念、环境保护意识和维权意识是法律发挥作用、促进环境公正的关键。环境保护法律法规的制定和完善、环境保护目标的确立等是在环境问题上催生法律意识和生态意识的重要标志。这种新意识的形成，其主要来源在于人们对以往人类活动违背生态规律带来的严重不良后果的反思，对现存的严重生态危机的觉醒，对人类可持续发展的关注以及对保护地球和子孙后代生存与发展的责任感，等等。

环境是全民的环境，环境保护也应当成为全社会共同的使命和任务。

第四节　构筑制度篱笆

2007 年 9 月 10 日《南方都市报》刊登了被业界称为“环保风暴”勇士的环保总局副局长潘岳的文章《告别“风暴”，建设制度》，此文甫出，便在社会上引起强烈反响。文章指出：告别风暴，实质上是告别传统的以行政手段为主的环境管理模式，建设以经济、法律手段为主的现代环境管理制度；环境保护的根本出路在于制度建设。潘岳说：

四年以来，媒体把环保总局的执法行动称作“风暴”。这个名字很浪漫。但现实却是一场没有丝毫浪漫色彩的、漫长而艰辛的拉锯战。从第一次关停没有做环评的 30 家特大项目开始，到第二次松花江事件后对大江大河流域的化工业布局排查，到第三次今年初的以遏

① 李彩虹：《环境污染诉讼：原告无法完成的举证——一起村民诉化工厂污染案的田野调查》，《法学杂志》2010 年第 10 期。

> 制二氧化硫排放为目的的区域限批，再到今年夏天太湖蓝藻之后的流域限批。每一次，“风暴”都跟在突发事件和被动形势后面“亡羊补牢”；每一次，“风暴”都未能如愿变成常规性制度固定下来；每一次，“风暴”能改变的都远远不如人们期待的多。是该告别“风暴”寻找新路的时候了。什么是新路？制度建设。在环保复位的过程中，“风暴”是必需的，因为它的强势，才能够在错综复杂的利益格局中重新建立环保的权威；但“风暴”再强，也还是传统的行政手段，没有改变现有的游戏规则，而且过于依赖各级执行者的个人意志。我们需要的，是更长久、更富全局性的解决方案。①

潘岳提出的制度建设主要包括四点：一是制定可持续发展战略，即打破行政区划，根据不同地区的人口、资源、环境的总容量，制定不同地区的发展目标，再根据不同发展目标制定不同的考核评价体系，按不同的考核评价体系赋予不同的经济政策；二是设立一套对官员的环境考核和问责制度；三是加强中央监管能力；四是在政府之外，强化公众参与。诸如，联合人民银行、银监会推出“绿色信贷”；联合财政部开展环境财税政策、环境补偿政策等课题的研究和试点；联合证监会对上市公司进行环保核查，评价其环境绩效；联合保监会在环境事故高发的企业和区域推行环境污染责任险；联合商务部限制不履行环境责任企业的产品出口。

治理环境问题必须改变“上热下冷”的单向机制，实现公众与政府的互动。而要做到双向的联动，就必须通过制度手段，以经济激励、舆论鼓励的方式，使得公众对环境的参与由自发转向自觉。建立完善的制度体系，这才是治理环境的根本大计。

广义的制度包括法律，这里所讲的制度主要是指与环境相关的体制、政策等。我国目前的环境体制机制等制度的不合理安排是滋生和助长环境不公正的重要原因。因此，建立和完善环境保护的体制机制是当务之急。有关环境保护的体制机制等制度安排要符合德性，即要符合公正和合理的

① 潘岳：《告别“风暴”，建设制度》，《南方都市报》2007年9月10日。

要求，要保证环境资源的分配公正，保证由公共环境提供的好处和收益得到公正的分配和享用，保证对环境资源造成破坏的行为必须公正地承担相应的责任。为此，制定和推行以下制度显得极为重要。

一 理顺环保体制，实行垂直管理

目前的环境管理模式是分割的。工业污染归环保部，农业污染归农业部，污水处理厂归建设部，水管理归水利部，海洋污染归海洋局，沙尘暴治理归林业局，如此等等。责、权、利不统一，互相牵制，行政成本非常高。

例如，在黄河保护中，造成作为母亲河的黄河屡次遭到污染却得不到彻底根治的一个重要原因是沿黄河地区经济发展与地方环境保护的矛盾十分尖锐。丰富的土地、矿产和水资源是黄河流域经济发展的巨大优势，特别是相对便利的用水条件，使得沿黄河地区分布了大批高耗能、高污染的企业，对于相对贫困的黄河流域来说，这些高污染企业恰恰都是当地经济发展的支柱。因此，地方政府在追求经济发展的同时，很难真正下决心彻底治理和消除黄河污染。面对地方保护势力的盘根错节，面对经济与环境的两难抉择，地方政府和环保部门确实很难有“壮士断腕”、彻底根治污染之举。在理论上，经济发展和环境保护就像手心手背一样都是肉，但在实践中，很少有地方领导愿意牺牲作为手心的地方经济发展，来确保作为手背的环境保护。这里的原因主要是环境执法部门与地方政府的关系没有理顺。

目前，我国的各级环保部门从属于各级政府，地方环保部门从属于地方政府，地方环保部门的人力和财力都受制于地方政府，这就使得地方环保部门的地位最为尴尬：一方面，他们必须从环境需要出发，从事环境执法和监督；但另一方面，出于体制原因，他们又必须为当地传统工业保驾护航。在环境污染预防和治理的环境执法过程中要看地方政府的眼色行事，这就使他们难以做到坚决、彻底地履行职责。因此，理顺当前我国环保体制，实行垂直管理，可以使地方环保部门脱离地方政府的制约，消除地方经济保护主义的影响，以更加独立的姿态和更加开阔的视野开展环境执法和环境监督工作，加强地方环保执法和监督工作的力度，消除环境不公正的现象。

二 建立和完善环境保护监督机制

缺乏监督的权力容易滋生腐败，同样，缺乏监督的环境保护容易导致环境不公正。因此，建立和完善环境保护监督机制是实现环境公正的必然要求。

一是要加强环保部门对环保监督对象的监督力度。在我国，环保部门是专门的环境保护监督管理部门，依照环境保护法规定享有审批权、许可权、验收权、收费权、检查权、调查权、处罚权、限期治理权、调解权和监督权等。因此，环保部门要认真履行职责，行使好法律赋予的各项权力。近年来，环保部门顶住各方压力，毅然决然地采取了一系列强硬措施，刮起了“环保风暴”：一方面加大环境监管力度，如先后叫停了一批投资巨大的建设项目，对严重违法的企业实施挂牌督办；另一方面，适应新形势，不断建立、创新制度，如对严重违法的地方以及企业集团实施“区域限批”[①] 政策，与有关部门制定出台加强环境保护责任追究的措施，查处一批责任人。在 2007 年的世界环境日，环保总局有关负责人向中外媒体宣布，要把环境保护列入政府官员的政绩考核中，实行一票否决，充分表明了环保部门加强环境保护、落实科学发展观的坚定决心。环保总局的这些举措得到了党中央、国务院和全国人民的好评，在 2008 年全国“两会”上通过的《国务院机构改革方案》中，环保总局顺利升格为环境保护部。

但是，正如潘岳指出的，应该很冷静、很清醒地看到，三次环评风暴，包括“区域限批”在内，都只是局部的成效，并不能从根本上解决环境问题。就在“区域限批”的三个月内，高耗能、高污染的六大产业又增长了 20%。在现实中，还存在有些环保部门靠罚款生存或罚款致富的现象：越是环境保护好的地区，环保部门越穷；越是环境污染严重的地区，环保部门越富。这种不合理现象极大地影响了环保部门严格执法和监督的积极性，甚至出现环保部门充当污染企业保护伞的现象。因此，要克

① 即这个区域如果有一个企业或一个项目违规造成环境污染，区域限批政策将导致它所在的整个区域的全部的项目得不到审批。

服这种不合理的现象，就要采取有效措施提高环保部门和环保工作人员的待遇，要把环保部门的收入和环保工作人员的收入与环境保护、环境治理的业绩挂钩，而不是与环保部门对污染企业的罚款数额挂钩，以此来充分调动环保部门和环保工作人员的积极性。

二是环保部门要建立健全内部监督和制约机制。环保部门要按照权力与责任挂钩、权力与利益脱钩、利益与业绩挂钩的要求，实行审批与验收分离、调查与处罚分开、罚款决定与罚款收缴分离、排污收费“收支两条线”，逐步建立和完善公开、公平、公正的环境执法评议考核和环境执法过错追究制度，规范环境执法行为，防止环境执法权力的滥用。

三是环保部门要及时公开环保信息，自觉接受人民群众的监督。环保部门要通过各种途径（如广播、电视、报纸、网络等）及时公布环保信息，使公众的环境信息知情权得到充分保障，采取积极措施，广泛动员和吸引社会公众参与监督，如可以聘请当地有一定环保知识又热心环保事业的群众担当环保监督员，定期召开会议，听取环保监督员的意见和建议，也可以设立并对外公布举报电话和电子邮件等，引导人民群众不仅对社会上的环境污染、环境破坏进行监督，而且对环保部门的执法行为进行监督，增强环境执法的透明度和公信力。

三 建立和完善环境补偿机制

所谓环境补偿机制，是指生态受益者在合法利用环境资源的过程中，对环境资源所有人或为环境保护付出代价者给予利益补偿的制度。它是以改善或恢复生态功能为目的，以调整保护或破坏环境的相关利益者的利益分配关系为对象，具有经济激励作用的一种制度。环境资源虽然属于公共产品，但环境资源的利用、生态成果的享用绝不是“免费的午餐”。为了体现环境公正的原则，全社会应当建立一种生态环境的补偿机制，这种补偿包括破坏性补偿和保护性补偿。

破坏性补偿指的是如果企业和个人的生产生活造成了生态退化、环境污染和破坏，那么环境肇事者有责任将生态环境恢复原貌，并对由此而受到伤害和损失的人群给予必要的补偿。尤其对那些以邻为壑、只顾自己赚钱不管他人死活的违法者，更应该科以重罚，杀一儆百。

保护性补偿主要体现在区域与区域之间。我国地域辽阔，各地区的生态环境状况千差万别，对经济发展的承受能力也各不相同，这就要求环境资源开发地区对保护地区、环境资源受益地区对受损地区给予必要的利益补偿，这也是区域环境公正的内在要求。

众所周知，地球上的环境资源是有限的，因此对环境资源的利用必须是有偿的。环境补偿机制是建立环境资源有偿使用的有效方式，它体现了“谁污染，谁治理”“谁受益，谁补偿”等环境责任的基本原则。环境补偿机制主要包括以下几个方面的内容。

一是通过税收和财政转移支付等手段进行补偿，对因保护生态环境而造成生产经营成本增加和财政收入减少的，应该作为减免税收和财政转移支付资金分配的一个重要因素。

二是设立专项资金，对一些重要区域和重点项目进行补助。中央财政要安排环保专项资金对环境资源的保护、环境污染的治理项目进行补助。目前，我国中央财政安排的环保专项资金占GDP的比重太小，不足2%，今后应该逐步加大资金投入力度。此外，逐步富裕起来的长江、黄河、珠江中下游地区应当反哺上游地区的生态环境建设，使上游地区从生态环境的改善中将自身的利益与中下游地区的利益融为一体，通过共同发展，不断缩小区域环境不公正带来的差距。

三是环境资源的受益者对受损者进行补偿。在我国，西部一些经济欠发达地区和广大的农村地区居住着大量的贫困人口，他们急于摆脱贫穷落后状况、改善生存条件，而这种努力势必会对这些地区原本就十分脆弱的生态环境造成破坏。毫无疑问，这些地区应当以资源保护和环境建设为主，决不能盲目追求GDP的增长，因为在这些地区即使是1%的经济增长都有可能造成十倍甚至百倍于此的生态损失，并可能直接影响其他地区今后的发展。但是，如果一味要求他们安于贫困、抑制思富求发展的愿望，接受环境资源问题上的诸多限制，那显然是不公平的，也是很难奏效的。在这种情况下，有贡献有牺牲就应当有补偿，这也是环境公正原则的体现。几十年来，我国资源丰富的不发达地区源源不断地将资源输往发达地区，如今已经积累了强大发展力量的发达地区理所当然应该给予不发达地区足够的补偿，通过补偿带动和促进欠发达地区加快发展，帮助欠发达地区早日摆脱贫穷落后状况。

四是建立和完善生态环境破坏责任者的经济赔偿制度。对生态环境造成污染和破坏的责任主体必须为自己的行为承担相应的责任，不仅有责任修复被破坏和污染的生态环境，而且有责任对受害者进行适当的经济赔偿。

总之，环境补偿机制是消除环境不公正现象、实现环境公正的有效途径之一。环境补偿能够促使环境有害行为造成的外部不经济性内在化，激励环境有益行为普及化、社会化并且获得相应的回报和补偿，从而对社会公众的行为起到示范和导向作用，进而整合利益冲突，化解社会矛盾，实现环境公正，促进社会的公平正义。

四　完善“污染者付费”制度

20 世纪 70 年代初期，经济合作与发展组织（OECD）环境委员会提出了一个 PPP（Pollution Pay Principle）原则，即污染者付费原则，又称污染者负担原则。这一原则旨在针对过去污染者将污染造成的外部不经济性转嫁给社会和他人的不合理现象，通过由污染者承担治理污染的费用来使外部不经济性内部化。

这一原则提出后，很快被世界各国所接受和采纳。我国从 1979 年开始主要通过向污染者征收排污费，将征收到的排污费用于污染治理这种形式让污染者承担治理污染的费用。但是，30 多年的实践证明，我国的排污收费标准偏低，仅相当于污染治理设施运转费用的 50% 左右，少的甚至只有 10% 左右，很大一部分污染治理费用还得通过国家和社会来支付，这也是造成目前我国许多大江大河污染难以治理、难以有效控制的重要原因。

污染者付费这一原则是在传统计划经济体制下制定的，随着我国经济体制和管理体制改革的逐步深入，应当对这一原则进行检讨和审视，进一步予以补充和完善，以更好地发挥这一原则在维护环境公正、促进环境保护中的作用。在环境污染和环境破坏日益严重的新形势下，不能只强调污染者的治理活动，还应该强调污染者应对污染造成的损失予以补偿；不能只是强调污染者的个别治理，还应当积极推动个别治理与集中治理以及区域综合治理相结合。在落实污染者付费制度的同时，还应当正确运用市场手段控制环境污染，改革环境收费制度，如，推进资源价格改革，包括水、石油、天然气、煤炭、电力、供热、土地等价格，促进资源回收利用，包括鼓励资源再利用、发展可再生能源、垃圾焚烧、生产使用再生水、抑制过度包装，等等。

制度建设是一个综合体系，从中央到地方，从经济到政治，从管理到市场，从预防到监督，需要坚忍的意志、坚强的决心和坚实的步伐，正如潘岳所言："制度建设比'风暴'更为艰辛。在'花瓶'和'令箭'之间，在不同部门、地方和行业的利益冲突之间，在人们过高的期望和可能不那么完美的结果之间，亦有夭折的可能。我们不是天真的乐观主义者，因为遭遇过挫折与失败，所以深知，接下来的这段路，需要更多的冷静和坚忍。"① 这是因为环境与行政体制改革、环境与市场机制、环境与社会公平、环境与公众参与、环境与文化伦理密切相连，重建环境治理体系，其实是重建社会体系与核心价值的过程，这是因为环境公正问题不仅仅是一个孤立的社会问题，在这只小小的麻雀之后，可以"看得到中国所有的沉疴"，也可以"试验所有治病的良方"。②

第五节 攀升道德境界

法律和制度作为一种他律的外在规范和约束，能否被执行、能否起作用，在很大程度上取决于人们的道德意识和道德素质。例如，我国《野生动物保护法》早已颁布和实施，但许多野生动物甚至包括一些国家重点保护的珍贵濒危的野生动物却屡屡成为人们餐桌上的美食，成为一些餐馆、酒店吸引顾客的招牌。像这种有法不守、有禁不止的现象固然与人们的法律意识淡薄和法制观念不强有关，但说到底，原因还是在于人们缺乏动物伦理，缺乏生命意识。

"徒法不足以自行"，与法律和制度相比，道德是一种自律性的内在规范和约束，是通过唤起人们的道德良心来引导和调节人们的日常行为。

① 潘岳：《告别风暴建设制度》，《资源与人居环境》2007 年第 21 期。

② 潘岳：《告别风暴建设制度》，《资源与人居环境》2007 年第 21 期。

在环境保护问题上，只有人们具备良好的环境道德意识、高尚的环境道德观念，才会在这种意识和观念的支配和引导下，积极主动地去制定和执行保护环境的法律和制度，也才会自觉遵守和服从保护环境的法律和制度，才能降低法律和制度的执行成本，也才能通过法律和制度的强制性更好地保障和促进环境公正的实现。

环境伦理自20世纪60年代产生以来，主要形成了两大派系：一是人类中心论，二是自然中心论。前者又分为强式人类中心论和弱式人类中心论，后者也大致可以分为动物权利解放论、生物中心论、生态中心论等诸多流派。这些流派一方面可以看作依据各种逻辑而产生的不同理论主张，另一方面也可以视为不同人群可以选择的不同的环境道德境界。

人类中心论认为，我们人类对环境问题和生态危机负有道德责任，主要源于我们对人类生存和对子孙后代利益的关注，并非对自然事物本身的关注。区分所谓强式或弱式人类中心论，在于对待人类的两种需要心理偏好的不同态度。人类的需要心理偏好有两类：感性偏好，即人的欲望或需要至少能通过列举自身的经验表达出来的心理定向活动；理性偏好，即人的欲望或需要是一种经过审慎的理智思考后才表达的心理活动，思考的目的是要判断欲望或需要能否得到一种合理的世界观的支持，是否具有合道德性。仅满足感性偏好而不考虑伴生后果的理论是强式人类中心论。它以感性的意愿为价值参照系，把人的欲望的满足作为价值的圭臬，而自然则是达到这种目的的工具；“征服自然”“控制自然”是这种理论的主题，当代的环境问题与其不无关系，它不是真正的人类中心主义，因为它只以人的直接需要、当前利益为导向，在根本上放弃了人的长远利益、整体利益或共同利益，其实质是个人中心主义或人类沙文主义。我们如果坚持这种理论主张，实际上我们的环境道德就仍然没有任何改变，中国的环境状况就会继续恶化下去，中国的环境公正问题也无法得到解决。

认为人类满足理性偏好的理论是弱式人类中心论。这种理论的主旨认为，个人谋利的价值取向是否合理，要经道德过滤及权衡后才能判定。一方面，个人的利益及幸福是一种基本价值，追求这种价值的实现是人的天赋权利，因而每个人都应尊重而不应不公正地损害他人的利益；另一方面，谋求个人利益的价值取向不是最高的原则，还有比它更高的原则即个体的生命与意识活动还承担着种系繁衍与人类意识发展的责任。这样，当代人在利用资源与环境时就要遵循相应的道德原则：既要与同时代的人公正分配和合理处置，又要在代际恰当地配置。如果人们的感性偏好都能通过这种审慎的评判，那么那种一味掠夺大自然的行为就能得到遏制。显然，这种环境道德的境界还停留在对人类利益的考量上。

自然中心论认为，人类中心论的这些道德考量都只是以人类利益为范围，都存在局限性：一旦人们以自己的利益为借口，保护环境就会被置于可有可无的地位。因此，动物权利解放论认为，人类的利益不是划分环境保护的界限，有无感觉能力是评价存在物是否应被视为道德关怀对象的根据。动物具有与人类相同的感觉能力，因而道德义务的边界应扩展到所有动物。这就是说，当人们的环境道德境界接纳了这样一种理论，那么，人们就不仅会关心自身的利益，而且会关心动物的利益。道德关心的对象从人自身扩大到动物，表明人类的道德境界的提升。这是当前素食主义者普遍所具有的一种道德信仰。

很明显，动物权利解放论并非认为所有生物都值得人们关心，这就引发了生物中心论的不满。这种理论提出，在生命体的多种性质中选择将是否有感觉能力作为判断一种事物是否值得加以道德关注的标准，仍带有浓厚的人类中心主义色彩；有感觉能力的动物和无感觉能力的植物都是道德受体，因此，不仅动物，甚至所有的生物都应该被纳入人们的道德视野。其理由是：有机体是生命的目的的中心；任何动物、植物都有一种“力图”保持其自身的趋向性，能够自我更新、自我繁殖和自我调控，不断适应正在变化着的环境。这就是说，人们应站在其他生命的角度去对世界做出评判，去看待有机体与自然的关系，从而以伦理准则来约束自己的行为，保持生命共同体的稳定、有序和健康。石头、机器等无生命的存在物，不是生命的目的的中心，也不拥有自身的善，因而不是生命共同体成员，人们对待它们没有直接的道德义务。

到此为止，人们发现，我们所持有的保护环境的道德理由都是站在个体主义立场上的，即道德的依据是作为个体而存在的动物或植物的内在价值。作为物种形态的动物或植物的内在价值只是该种类的动物个体或植物个体的内在价值的平均数，人们之所以对物种和生态系统负有义务是因为它实际上是对动物或植物个体的一种间接义务。这使得生态中心论有了自己的理论空间。它强调自然之间相互联系相互依存的关系，把物种和生态系统这类非实体的“整体”视为道德关怀的对象。就是说，人们的思想境界不应该停留在个体的保护上，而要看到只有保护生态这样的系统，树立一种“大生”的意识，人们才能够保护好位于其中的个体。因此，环境道德只有提升到“大生”之德、“广生”之德才是其应有的境界。

其实，上述环境思想，如果不看成一种存在内在张力的理论，那么，它们事实上都为我们的环境保护行为提供了各具特色的道德理由。在现实生活中，我们也可以把它们看作为我们促进环境公正找到了一种道德理由或曰道德境界。例如，我们可以把弱式人类中心论看作一种普遍的社会伦理标准，要求人人都予以遵守，把动物权利解放论、生物中心论、生态中心论理解为具有终极关怀的个人道德理想，鼓励人们积极地加以追求。而且，历史地看，人类的道德境界就是将道德关怀的对象不断扩展的结果。这种被道德关心的共同体是以道德主体的自我为中心，向外以一系列圆圈扩展的。一开始，人们的道德对象来自身边的人，然后才逐渐向外扩展的，依次是对家人、邻居、社区、国家、人类、未来世代人（传统伦理学和人类中心论），以及对家养动物、野生动物（动物权利解放论）、植物（生物中心论）、濒危物种、生态系统、地球生态圈（生态中心论）。这就好比大树年轮围绕圆心不断向外扩展，道德的对象也是从中心向外扩展的，而这样一种扩展不仅表明道德客体的扩大，而且表明人们道德境界的提升。

持有不同的环境道德理论，就会持有不同的道德境界。上述各种环境道德理论为人们的道德选择提供了可供实践的依据，也为人们道德境界的攀升提供了阶梯式的方向。人类追求的道德境界可以是无限的。这是人类的向善本性使然，也是人类作为智慧动物的特性所在。这使改善环境公正具有哲学的依据和道义的力量。

第六节 提高科技锐力

“曾经年少爱追梦，一心只想往前飞。”20 世纪 60 年代出生的人们，如同笔者一样，一度把当科学家作为人生梦想。然而，在今天的小朋友那里，这一梦想似乎已不那么令人向往。南昌市三眼井小学六年级朱正昊小朋友坚定地说“科技发展弊大于利”[①]：

> 不管别人怎么想，我坚决认为：科技发展弊大于利：因为从一些地方来看，科技是隐形杀手。
>
> 纵观千百年的科技发展史，你们难道不会认为科学是惨无人道吗？虽然人们利用科学治好了我们的病，可是你们知道吗？在这背后有多少小白鼠的牺牲？为了找到更有疗效的药，多少动植物的生态平衡被破坏？多少动植物被灭绝？……
>
> 不只有动植物，就连生物圈、养我们的“母亲”——地球也不能躲过这一劫：因为汽车、工厂的废气，大气层也有部分的漏洞；因为生态的破坏，SARS、禽流感……“向人们发起了挑战”……

这些文字令人欣喜却又令人心酸。

欣喜的是如今的小朋友已经清醒地认识到：父辈们曾经顶礼膜拜的科技并非尽善尽美，在为人造福的同时也可能造祸，特别是科技还与当前的环境灾难存在千丝万缕的关系——这样的视野、这样的理智是我们那个时候不曾有过的。

心酸的是童心未泯的小朋友竟然如此之早地意识到科技的祸害，这究竟是好事还是坏事？说是好事，也许他们在未来的学习中能够有意识地预防和控制科技的副作用；说是坏事，也许他们从此就抵制和害怕发展科技，这对于解决人类的现实问题无疑是釜底抽薪啊！

是的，千百年来的科技既制造了地球之上的“摩登”，也打开了地球之上的“潘多拉魔盒”。20世纪最伟大的科学家爱因斯坦1931年在为加州理工学院学生所做的题为《科学与幸福》的演讲中痛苦地反问道：“这种光辉的科学得到应用后虽然节约了劳力并使生活更加轻松，但为什么给我们带来的幸福却是那样少？”我们享受到了科技所带来的繁华，却也体

① 《南昌晚报》2007年7月17日。

会到了科技带来的困境：我们向自然进军越深，我们给自己创造的幸福却越少……

也许，如果没有科学技术的进步和应用，几乎就不会有今天所面临的环境灾难，从此而言，我们不能不说“科技，想说爱你，并不是一件很容易的事”；但是，更为重要的是，没有科学技术，各种各样的环境问题恐怕难以解决，由此出发，我们又要说“科技，想要恨你，也不是一件很容易的事”。

首先，我们应该清醒地看到，科学技术是推动生产力发展和人类社会进步的第一动力。纵观人类文明的发展史，科学技术的每一次重大突破，都会引起生产力的深刻变革和人类社会的巨大进步。从 18 世纪中叶到 20 世纪中叶的 200 年间，人类总共经历了三次大规模的科学技术革命，每一次科学技术革命都使生产力发展产生一次质的飞跃，都对世界经济的发展、对人们的生产和生活方式产生过巨大而深远的影响。第一次科技革命使人类从手工工具时代跃进到机器时代，促进了生产力的飞速发展；第二次科技革命使人类从机器时代跃进到电气时代，带动了资本主义国家经济的大发展；第三次科技革命使人类从电气时代跃进到信息时代，使人类的生产方式、生活方式和思想观念发生根本性的变革。

其次，我们同样必须清醒地看到，科学技术也给人类带来了许多负面影响。由科学技术所推动的工业革命在给人类带来巨大物质财富的同时，也给人类带来了一系列灾难性的后果，如环境污染、生态危机、资源枯竭等等。究其原因，主要是因为工业革命以来，人类所采用的生产技术，大多都是以征服自然为基本目的发展起来的。以这种目的发展起来的科学技术，只强调人类作为主体对大自然无限制的索取和掠夺，而忽视了自然作为客体对人类的限制和反作用；只强调人类征服自然的能力，而忽视了自然资源和环境的承载能力。以这种目的发展起来的科学技术，无时不在消耗地球的资源，无时不在污染环境，无时不在削弱地球生态系统的承载能力，并且随着这类科学技术的应用和进步，资源枯竭、环境恶化等一系列问题越来越严重，形成危及人类生存和发展的全球性问题。

解铃还需系铃人。面对由科学技术的应用所引起的日益严峻的环境问题和生态危机，解决问题的根本出路还在于科学技术。科学技术造成的问题必须通过科学技术自身的完善和进步才能得以彻底解决，科学技术的进步是解决环境问题和生态危机的真正希望所在。环境问题和生态危机往往包含着高度的科技性，在这些领域寻求科技专家支持和帮助是必然的。试想一下，哪一个环境问题的发生和解决与科学技术无关、能不依靠众多领域的科学家？解决水土流失和荒漠化等重大生态问题，预防和控制环境污染和破坏，积极治理和恢复已遭污染和破坏的环境，维持不可再生资源的持续供给能力，大力开发新的无污染的能源……哪一项与科学技术无关？

人类要走出环境污染和生态危机的困境，就必须依靠科技进步，改变传统的工业模式，最大限度地节约资源、降低能耗、减少污染。中国政府已经在科学发展观的指导下，选择走一条资源节约型、环境友好型的经济社会发展的道路，这就更加需要依靠科技进步。例如，煤的燃烧是中国大气环境的最大污染源。煤燃烧释放的二氧化硫占到全国总排放量的87%，二氧化碳占到71%，烟尘占到60%。烧煤造成的污染已经成为我国日益严重的环境问题的一个重要原因。因此，我国必须通过科技进步大力发展其他清洁能源，如太阳能、水电、天然气以及风能等，逐步改变我国以煤为主的能源结构。同时，要大力开展科技攻关，研究燃煤污染防治和烟气脱硫等实用技术，减少烧煤对大气造成的环境污染。

2007年“两会”之后，“节能降耗”或“节能减排”这4个字，已经成为13亿中国人生活中的“关键词”之一，其分量会更加沉重。中国这块土地有限的环境容量无法支撑过度的经济发展需求，中国这块土地所能够提供的能源资源，也无法支撑目前的高消耗、高污染、低效益的发展状况。在2007年的全国“两会”上，国务院总理温家宝在《政府工作报告》中因为2006年全国没有完成年初确定的单位国内生产总值能耗降低4%左右、主要污染物排放总量减少2%的目标而向出席全国“两会”的代表和委员们做出解释和说明，这一场景令人印象深刻，又发人深省。直到2012年，在政府未能完成的工作目标中，节能减排仍在其列。之所以没有完成节能减排的目标，既与人们业已形成的不节俭、不节约的生产生活方式有关，而更为根本的还在于我国高消耗、高污染、低效益的粗放型经济增长方式，解决问题的关键是要转变经济增长方式，走出一条低消耗、少污染、高效益的发展新路，这已经成为全国人民的共识。然而，转变经济增长方式的根本在于依靠科技进步，提高资源利用效率。

此外，面对日益严峻的能源资源形势，科技还肩负着开发高效、清洁、安全的新能源的使命。然而，时至今日，人类无论是对太阳能，还是对地热、潮汐能等新能源的开发利用，都还没有达到令人满意的程度。如果没有足够的高效、清洁、安全的能源，仍然以煤和石油作为主要能源，不仅难以解决资源永续利用的问题，也难以从根本上避免和缓解环境污染和环境破坏问题。《我们共同的未来》一再指出，“对可持续发展来说，一种安全和可持续的能源道路至关重要，可我们尚未找到这条道路”“能源是日常生活所必不可少的。将来的发展关键取决于那些可以长期获取而又能不断增加其数量的能源，这些能源必须既安全又不污染环境。目前，还没有任何一种单独或混合的能源能够满足将来的这种需要”。[①] 在人类已经迈入 21 世纪的今天，科技肩负的寻找新能源的使命仍然任重道远。

同时，我们也不能对科技过分迷信，不能将希望完全寄托在科技上。科技绝不是可以包治百病的灵丹妙药，科技的作用并不是万能的，而是有限的。这种有限性主要表现在：

一是科技改变对象的能力有限。科技可以改变自然界的物质、能量和信息，代替人的体力和部分脑力劳动，但科技不可能改变人的自然本性。

二是科技解决问题的方法有限。科学技术可以帮助人们解决衣、食、住、行等许多日常生活问题，也可以帮助人们解决认识自然和改造自然的问题，但科技解决不了人们的思想、信念和道德问题。

三是科技本身存在风险。科技是人发明的，是用来为人服务的，但科技应用的结果却常常存在对人有害的成分，如汽车排放的尾气、工厂排放的废水、发电站造成的环境污染等。有时科技本身还会出现意想不到的环境事故，如切尔诺贝利核电站爆炸导致的生态灾难。

科技的这种有限性和负面性，使得它无法成为治理环境问题的利器，而必须与法律、制度、道德等紧密结合，才有可能在根治环境问题上产生实效。

---

① 世界环境与发展委员会：《我们共同的未来》，王之佳等译，吉林人民出版社，1997，第 17、214 页。

如果我们把环境公正比作一辆汽车，那么法律、制度、道德和科技就像汽车的四只轮子，缺少任何一只都会导致汽车抛锚，不可能顺利前行。法律和制度就像两只前轮，引导和保障着汽车顺利前行，而道德和科技就像两只后轮，推动和促进着汽车的行驶。有了前后轮的引导和推动，汽车就能沿着既定道路顺利前行。

第七节 加强环境教育

在全球性的环境问题和生态危机日益严重的今天，充分发挥教育的认识和解决环境问题、生态危机的特殊功能显得尤为重要。《21 世纪议程》指出："教育是促进可持续发展和提高人们解决环境与发展问题的能力的关键。教育对于改变人们的态度是不可缺少的，对于培养环境意识和道德意识、对于培养符合可持续发展和公众有效参与决策的价值观与态度、技术和行为也是必不可少的。"只有环境教育，才能提高人们的环境素质和环境保护意识。在保护环境的实践中，决定人们参与维护和改善环境质量的各因素中，环境素质和环境保护意识是关键，环境教育担负的重要使命就是要培养和提高人们的环境素质和环境保护意识。

开展环境道德教育，培养人们的环境道德意识，提高人们的环境道德素质，对于环境公正的实现是至关重要的。人的任何行为都具有价值取向，倘若人们对环境的价值没有自觉认识，对环境道德没有自律精神，那么法律的作用、制度的功能就会在被动应付中大打折扣。

在实施可持续发展战略的历史进程中，环境道德教育必须"优先行动"。可持续发展是一种全新的发展理念，本质上表达一种"公正"的伦理意蕴，而培养和树立"公正"理念，是道德教育一以贯之的重任。只有当环境道德教育把可持续发展所蕴含的公正思想作为至关重要的观念树立在生态意识中时，才能培养出习惯于采取具体行动促进社会公平正义的公民。试想，一个缺乏公正思想的决策者，人们很难指望他制定出一个良策——促进人口、生态、经济、社会四维结构大系统的良性互动与协调发展；一个缺乏公正精神的管理者和执行者，也难以在环境、经济、科技、社会等方面实现全方位的创新；一个缺乏公正态度的普通公民，更难以做出符合物质文明、政治文明、精神文明与生态文明共同进步和协调发展的行为。因此，实施可持续发展模式的转换，实现环境公正，环境道德教育应当优先行动。①

开展环境道德教育是一项功在当代、利在千秋的工作，要采取各种有效措施进行环境道德的宣传和教育，增强人们的环境保护意识、资源有限意识、保护环境的责任意识，转变人们的思想意识和价值观念，使人们逐渐意识到人类与大自然是共生共存、共荣共亡的关系，意识到追求人类活动与大自然的和谐是人类应该具备的高尚道德境界，从而在人们内心树立尊重自然、保护环境、与自然和谐相处的道德观念，正确处理好人与环境资源的关系，自觉引导和约束自己的行为。

环境是全民的环境，环境保护，人人有责，环境保护离不开全社会的共同参与。因此，环境道德教育的对象应该是全体社会成员，要从学校到社会，从党政领导、企业到社区、普通民众，多层次、多角度、全方位地开展环境道德教育。

党政机关工作人员尤其是党政机关领导干部必须具有较强的环境道德意识和较高的环境道德水平，才能在进行经济发展与环境保护的决策时克服部门主义和地方保护主义的狭隘观念，从全局利益和长远利益出发，把节约资源、保护环境放在优先考虑的位置，把实现生态、经济、社会的可持续发展作为追求的目标，才能在经济发展中走出“先污染，后治理”的误区，树立和落实科学的发展观和正确的政绩观，提高决策的科学性、合理性。

企业是市场经济中生产经营活动的主体，企业与环境资源的关系十分密切。当代社会，国家、地区、民族之间的相互依赖、相互影响、相互制约程度大大提高，企业对任何国家、任何地区的自然资源、生态环境的破坏和污染都有可能会“牵一发而动全身”，都有可能对周围资源环境乃至整个地球的资源环境产生不可低估的副作用和不容忽视的影响。在这种情况下，任何企业都不可能逃避对自己的行为及后果所应该承担的环境责任，也不可能逃避自己的行为所产生的负面效应带来的惩罚。然而，在社

① 参见曾建平《寻归绿色——环境道德教育》，人民出版社，2004，第64页。

会责任与企业利益、在环境保护与污染排放、在全局视野与局部考量、在长期利益与短期计较、在持续发展与一时性增长……一系列的选择中，很多企业选择的是后者。这就需要企业自觉加强环境教育，增强环境意识，促进环境公正。

普通民众是环境保护的主体，是环境公正的推动者和最终受益者。普通民众要充分认识到日益严重的环境问题是事关人类生死存亡的大问题，当代人的生存、发展、享受，不能以牺牲子孙后代人的环境资源利益为代价，否则，人类作为地球上的一个高级物种将难以延续下去。由于后代人是一个抽象的时间概念，后代人的意愿无法在当代表达，这就更加要求当代人要加强自律意识的培养，树立与后代人休戚与共的道德责任感。在现实生活中，普通民众要树立科学、合理、健康的需求理念，坚决摒弃奢侈浪费和污染环境的生活方式和消费方式，建立新的有利于保护环境和节约资源的生活方式和消费方式，关注人类未来的发展。在环境保护实践中，普通民众要改变环境保护与己无关、责任在政府的思想观念，树立环境保护人人有责的思想观念，积极参与环境保护的各项实践活动，敢于和勇于同浪费资源、污染环境、破坏生态的行为作斗争。

经过30多年的艰辛探索和不懈努力，我国的环境教育取得了初步成效。在环境教育的体系上，从正规教育到非正规教育，从幼儿园、小学、中学到大学、研究生教育，初步建立起了适应中国国情的环境教育网络；在环境教育内容上，环境知识、环境技能、环境法规和环境道德在一定程度上得到结合，对环境问题的复杂性有了一定认识；在环境教育方式方法上，环境课程已经形成了专业的、渗透的等多种类型，参与式教学方式得到普及和推广，丰富多彩的形式在逐渐取代单一的灌输、说教。

但是，无论是以我国环境状况和形势的要求来衡量，还是与国际环境教育相比较，我国的环境教育还存在明显的缺憾和不足：在指导思想上，我国的环境教育人文关怀不够，功利主义价值取向比较严重，重视技术、知识方面的教育，忽视、缺乏人文精神和伦理精神的教育，解决环境问题所需要的环境伦理理念还没有自觉地深入政府决策、经济管理、企业运作、公众行为等广泛层面；在教育模式上，传统教育模式仍占主流，包括环境素质在内的素质教育还没有全面地、真正地开展起来，在教材的改革、教学方式的改革、教学体制的改革等方面没有实质性的突破；在内容设计上，环境知识、环境法规、环境道德三者之间如何衔接，“关于环境”“通过环境”“为了环境”的教育如何配置等问题的解决还没有找到突破口，没有形成有效机制。因此，我国的环境教育实际上还处在起步或探索阶段，离形成成熟、健全、完善的环境教育体系还有漫长的距离。[①]毫无疑问，中国的环境教育仍然任重道远。在环境问题困扰世界进程，环境保护成为世界性主题的当下，作为传承知识的载体，作为培养人才的摇篮的学校必须勇担重任，有所作为。

因此，要在科学发展观指导下，加强环境教育，这对于中国实现可持续发展、建设生态文明、构建和谐社会具有重大意义。当前，仍然需要重视和改进正规环境教育和非正规环境教育。

正规环境教育是指在基础教育和高等教育阶段实施的关于环境知识、环境科技、环境法规、环境道德等的教育。其总体要求是教育要面向环境，使学校成为“绿色学校”，使学生成为“生态人”，具备生态人格。为此，教育思想要转换，使之对环境的考虑、对可持续发展的促进、对生态文明的传播成为教育的一个必不可少的维度和要素；教育模式要转变，使之具有开放式、平等式、对话式、参与式的特征，能够具有对未来价值的选择能力；教育方式要革新，使之在课程设计、课程结构和教材建设上适应时代需要；管理模式要变革，使之具备服务、对话、开拓的意识和能力。

重视正规环境教育就是重视青少年的环境意识教育。青少年是祖国的未来和民族的希望，环境教育要“从娃娃抓起”。“从娃娃抓起”不是一个贴到哪里都灵、用到哪儿都活的时尚标签。在环境教育中，“从娃娃抓起”不仅具有理论上的必要性，而且具有实践上的可能性。

从理论上说，青少年时期是一个人的思想意识和道德观念的形成和发展时期，因而是进行环境教育的黄金时期。同时，一个人在青少年时期形成的思想意识和道德观念将会在相当长的一段时期影响他今后的实践行为，这种影响有时甚至是一生的。因此，可以说，谁提高了青少年的生态

---

① 参见曾建平《寻归绿色——环境道德教育》，人民出版社，2004，第258～259页。

意识水平，谁就提高了未来社会的生态意识水平，谁就把握了未来的环境发展趋势。

从实践上来说，环境教育具有适应于青少年的天然优势。首先，青少年尤其是儿童与动物具有一种本能的“亲和性”。青少年可能并不十分理解环境问题的严重危害性，但他们本能地把生命（无论是人的还是动物的）看成平等的，在他们幼小的心灵中，动物，如一只狗、一只猫、一只鸡和一个人是没有本质区别的，对待动物的情感和对待人的情感也是没有区别的。其次，人的大部分美感来源于大自然，青少年的美感和情趣也主要来源于大自然。婴幼儿来到这个世界以后，首先接触到的是大自然中的花朵、树木、叶子、水、泥土、沙石……他们的美感也来源于对身边环境的感悟。因此，人们常说：“自然是人类最好的老师。”对青少年的环境教育就是要善于利用日常生活中青少年能够接触到的自然资源，引进有关自然环境的知识和人与自然的关系，把青少年引向对自然的美感和好感，培养青少年热爱大自然、热爱身边环境的思想意识和道德观念。

正规环境教育无疑是重要的，但它并不是环境教育的全部方面，而且对于现实环境的改善也是有限的。伴随着它的是另一个不可缺失的方面：非正规环境教育。所谓非正规环境教育就是学校之外进行的、与自然环境有关的各种教育，就是面向社会大众的环境教育。它大致可以分为参与式教育和非参与式教育。前者如环境专修学院、绿色社区、NGO 环保组织举办的活动以及各类讲座、讨论、演讲、集会、游行等；后者如广播、影视、出版物、报刊以及其他介质的环保宣传品等。在我国，为了加强环境教育，促进环境公正理念的传播，当前尤其要扶持和发展绿色社区和 NGO 环保组织。

绿色社区是指具备了符合环保要求的硬件设施和软件建设的社区，其硬件设施包括绿色建筑、社区绿化、垃圾分类、污水处理、节水、节能、使用新能源等；软件建设包括建立完善的社区环境管理体系和公民参与机制，经常性地开展环保教育。由于社区具有基层性、集聚性、群众性、自由性、生活化等特点，能够贴近公众实际生活，为人们所乐意接受，因此，开展绿色社区建设，不仅有利于直接实施环保措施，使人们的学习、生活和消费直接沾染“绿色”，而且有利于传播和促进环境公正理念，使人们能够从生活出发、从实际出发、从现在出发来维护和彰显环境正义。

NGO 环保组织对于促进全社会的环境意识的提高、环境公正思想的宣传具有相当积极的作用，由于 NGO 环保组织具有组织性、民间性、自治性、志愿性、非营利性、非政治性、非宗教性等特点，它们更能站在独立立场上，维护人民的环境权益，保护自然的环境价值。根据调查的结果，它们的活动主要集中在自然保护、资源循环使用、美化环境、推广对环境友好的生活方式、引导公众关注环境问题、开展环境教育等，也有部分 NGO 环保组织从事环境质量的监测、提出环境政策建议、开展环境国际合作等。我国的 NGO 环保组织起步较晚，但发展迅速，在促进环境保护措施的落实、开展环境教育、宣传环境价值、培育公众环境意识等方面发挥了极为重要的作用，如“自然之友”“地球村环境文化中心”等一些著名的 NGO 环保组织在社会生活中乃至政府关于环境的决策中、环境事件的解决中发挥着不可替代的作用，尤其是它们充当了公共利益和弱势群体的代言人，不仅正在成为一种力量，也正在搭建一个机制。它们以及它们所动员起来的对公共事务的公众参与表征的是中国社会民主进程向前迈出了重要的一步。

参考文献

一

《马克思恩格斯文集》（1～10卷），人民出版社，2009。

《马克思恩格斯选集》（1～4卷），人民出版社，1995。

《列宁全集》（第2卷），人民出版社，1984。

二

周辅成编《西方伦理学名著选辑》（下卷），商务印书馆，1987。

朱贻庭主编《伦理学大辞典》，上海辞书出版社，2002。

万俊人：《现代性的伦理话语》，黑龙江人民出版社，2002。

甘绍平：《应用伦理学前沿问题研究》，江西人民出版社，2002。

卢风：《应用伦理学》，中央编译出版社，2004。

刘湘溶：《人与自然的道德话语——环境伦理学的进展与反思》，湖南师范大学出版社，2004。

刘湘溶等：《我国生态文明发展战略研究》，人民出版社，2013。

李培超：《伦理拓展主义的颠覆——西方环境伦理思潮研究》，湖南师范大学出版社，2004。

徐嵩龄主编《环境伦理学进展：评论与阐释》，社会科学文献出版社，1999。

王伟主笔：《生存与发展——地球伦理学》，人民出版社，1995。

何劲松编选《池田大作集》，上海远东出版社，2003。

余谋昌：《创造美好的生态环境》，中国社会科学出版社，1990。

洪大用主编《中国环境社会学——一门建构中的学科》，社会科学文献出版社，2007。

刘大椿、〔日〕岩佐茂：《环境思想研究——基于中日传统与现实的回应》，中国人民大学出版社，1998。

万以诚、万岍选编《新文明的路标——人类绿色运动史上的经典文献》，吉林人民出版社，2000。

曲格平：《我们需要一场变革》，吉林人民出版社，1997。

曲格平：《中国环境问题及对策》，中国环境科学出版社，1989。

杨东平：《中国：21世纪生存空间》，西苑出版社，2001。

杨明主编《环境问题与环境意识》，华夏出版社，2002。

许先春：《走向未来之路——可持续发展的理论与实践》，中国广播电视出版社，2001。

易正：《中国抉择——关于中国生存条件的报告》，石油工业出版社，2001。

秦大河等主笔：《中国人口资源环境与可持续发展》，新华出版社，2002。

刘江主编《中国可持续发展战略研究》，中国农业出版社，2001。

何强：《环境学导论》，清华大学出版社，2004。

张兴杰主编《跨世纪的忧患——影响中国稳定发展的主要社会问题》，兰州大学出版社，1998。

《环境科学大辞典》编辑委员会编《环境科学大辞典》，中国环境科学出版社，1991。

绿色工作室编著《绿色消费》，民族出版社，1999。

新吉乐图主编《中国环境政策报告：生态移民》，内蒙古大学出版社，2005。

王晓朝、杨熙楠主编《生态与民族》，广西师范大学出版社，2006。

廖小平：《伦理的代际之维》，人民出版社，2004。

李桂梅：《冲突与融合——中国传统家庭伦理的现代转向及现代价值》，中南大学出版社，2002。

刘斌等：《中国三农问题报告》，中国发展出版社，2004。

林培英等主编《环境问题案例教程》，中国环境科学出版社，2002。

宋国涛等：《中国国际问题报告》，中国社会科学出版社，2002。

李银河：《女性主义》，山东人民出版社，2005。

王恩铭：《20世纪美国妇女研究》，上海外语教育出版社，2002。

中国环境科学学会、妇女与环境网络编著《妇女与环境——中国部分地区妇女与环境调研》，中国建筑工业出版社，2001。

吴国盛：《现代化之忧思》，三联书店，1999。

邓晓芒：《徜徉在思想的密林里》，山东友谊出版社，2005。

吴敬琏：《改革：我们正在过大关》，三联书店，2001。

李敖：《李敖语萃》，文汇出版社，2003。

沈晓阳：《正义论经纬》，人民出版社，2007。

孙未：《富人秀》，广西大学出版社，2006。

三

世界环境与发展委员会：《我们共同的未来》，王之佳等译，吉林人民出版社，1997。

〔英〕布赖恩·巴克斯特：《生态主义导论》，曾建平译，重庆出版社，2007。

〔澳〕彼得·辛格、〔美〕汤姆·雷根：《动物权利与人类义务》，曾建平、代峰译，北京大学出版社，2010。

〔英〕简·汉考克：《环境人权：权力、伦理与法律》，李隼译，重庆出版社，2007。

〔美〕彼得·S. 温茨：《环境正义论》，朱丹琼、宋玉波译，上海人民出版社，2007。

〔美〕彼得·S. 温茨：《现代环境伦理》，宋玉波等译，上海人民出版社，2007。

〔美〕霍尔姆斯·罗尔斯顿：《环境伦理学》，杨通进译，中国社会科学出版社，2000。

〔美〕戴斯·贾丁斯：《环境伦理学》，林官民、杨爱民译，北京大学出版社，2002。

〔美〕威廉·福格特：《生存之路》，张子美译，商务印书馆，1981。

〔美〕R. T. 诺兰等：《伦理学与现实生活》，姚新中等译，华夏出版社，1988。

〔美〕约翰·罗尔斯：《正义论》，何怀宏等译，中国社会科学出版社，1988。

〔美〕费舍等：《责任与控制——一种道德责任理论》，杨韶刚译，华夏出版社，2002。

〔美〕约翰·贝拉米·福斯特：《生态危机与资本主义》，耿建新等译，上海译文出版社，2006。

〔美〕弗里德里克·杰姆逊、三好将夫编《全球化的文化》，马丁译，南京大学出版社，2002。

〔美〕艾伦·杜宁：《多少算够：消费社会与地球的未来》，毕聿译，吉林人民出版社，1997。

〔美〕威廉·拉什杰、库伦·默菲：《垃圾之歌——垃圾的考古学研究》，周文萍等译，中国社会科学出版社，1999。

〔美〕施里达斯·拉夫尔：《我们的家园——地球》，夏堃堡译，中国环境科学出版社，1993。

〔美〕约瑟芬·多诺万：《女权主义的知识分子传统》，赵育春译，江苏人民出版社，2003。

〔美〕罗斯玛丽·帕特南·童：《女性主义思潮导论》，艾晓明等译，华中师范大学出版社，2002。

〔日〕池田大作、〔意〕奥锐里欧·贝恰：《二十一世纪的警钟》，卞立强译，中国国际广播出版社，1988。

〔日〕岩佐茂：《环境的思想：环境保护与马克思主义的结合处》，韩立新等译，中央编译出版社，1997。

〔日〕速水佑次郎：《发展经济学——从贫困到富裕》，李周译，社会科学文献出版社，2003。

〔法〕埃德加·莫林、安娜·布里吉特·凯恩：《地球祖国》，马胜利译，三联书店，1997。

〔加〕威廉·莱斯：《自然的控制》，岳长龄等译，重庆出版社，1993。

〔瑞典〕托马斯·安德森等：《环境与贸易——生态、经济、体制和政策》，黄晶等译，清华大学出版社，1998。

〔美〕迪帕·纳拉扬等：《谁倾听我们的声音》，付岩梅等译，中国人民大学出版社，2001。

Tom Regan, Peter Singer (ed.), *Animal Rights and Human Obligations* (2nd), Englewood Cliffs, New Jersey: Prentice-Hall, 1989.

B. Bryant (ed.), *Environmental Justice: Issues, Policies, and Solutions*, Washington D. C.: Island Press, 1995.

Vandana Shiva, *Let us Survive*, in R. Reuther (ed.), *Women Healing Earth*, New York: Orbis Books, 1996.

Ruxiu Qun, "Establishing China's Environmental Justice Study Modles," 14 The Georgetown International Environmental L. Rev., 2002.

Thomas L. Friedman, *The World is Flat: A Brief History of the Twenty-first Century*, New York: Farrar, Straus and Giroux, 2006.

索 引

后　记

2012年10月底，应中国环境伦理学会叶平会长的“描述和再现每个环境哲学工作者开展环境哲学研究的思想历程”要求，我开始撰写“我的环境哲学研究历程”。听闻十八大报告之后，我在这个“历程”的头几句话是这样写的：十八大报告前所未有地将生态文明作为一个专门部分来阐释，令我们从事环境伦理学研究的人员欢欣鼓舞、倍感振奋，这不但标志着中国特色社会主义建设已经形成物质文明、精神文明、社会文明、政治文明、生态文明“五位一体”的总体布局，而且昭示着党的指导思想、治国理念、执政方式、政绩评价等均将发生深刻的变化，这是中国特色社会主义理论的重大创新和突破。同时，我也倍加庆幸自己在十几年前选择通往生态文明之环境伦理学作为自己毕生的重要研究方向。此言非谬。

后记是作者完成书稿之后对自己当时心情的描述，一般来说，多是畅快淋漓的。屈指算来，这应该是我第八次为自己的著述或译作撰写后记了。然而，这一次的后记却握笔如椽，敲键如砖，甚至泪流满面……

我感念于我的祖国，感念于我的地球。本书落笔于至少五年前，从那以后一直就在修改之中，调整最多最频繁的是全文的数据和事件。在那里，我不断补填着自初稿以来发生的各种自然灾害——洞庭田鼠、无锡蓝藻、南方冰冻、汶川地震、西南干旱、河南血铅、渤海污染、雅安地震……一个个代价沉重的环境问题时时在发生。多么希望我这里的省略号从此就是一个句号，多么希望我的祖国上空从此就是一片祥云，多么希望我们的地球从此没有创伤！同时，我也感慨我们的党将生态文明确立为自己的追求目标是无比正确的！

我感念于我的选择，感念于我的学科。我很荣幸从事伦理学的研究，也很自豪选择了环境伦理这个切入点。我个人之所以从中国视角来审视环境公正问题，绝非心血来潮。首先这是环境现实的一种驱使。当今社会，环境问题之普遍、之严重，是可以从我们每一个人每一天的生存感受来体悟的，伤害是普遍的——环境问题具有这样的特点，但是，在普遍性的伤害中，并不均等，弱势国家、后发民族、落后地区、弱势群体、性别中的女性、后代人是其中的更为严重的受害者，这却并不为人所皆知。很多时候，我们既是环境危机的受害者，也是环境危机的施害者。严重的失衡需要普遍的正义来拯救。罗尔斯说："假如正义荡然无存，人类在这世界生存，又有什么价值?"为着在社会公平正义的大家庭中添加"环境公正"一员，为着在普遍且严重的环境伤害中振臂一呼"环境平等"，我孕育了这个目前在我国看来似乎还有些"稚嫩"的课题。

对如何看待中国的环境问题，我们走过了很长的一段弯路，从不承认、不屑一顾，到有限度地被迫承认、遮遮掩掩，再到大方承认、发誓解决，后到承认局部好转、整体恶化、坦言环境公正，以至于现在把建设生态文明作为中国特色社会主义的一个组成部分，中国在环境问题上的理性逐步得到回归，中国在生态保护方面的目标终于得到确立。环境问题是全球性的，因此需要合作，没有合作，无法自度，更无法度人；但是，中国的问题始终有着中国的特色，解决中国的环境问题首先需要建立中国特色的环境哲学。正如李铁映同志在《哲学的解放与解放的哲学》（《环境科学战线》2005 年第 1 期）一文中所指出的："今天中国人需要研究回答中国问题的哲学……我们不可能靠外国人的哲学来解决中国的问题。抓中国的'老鼠'要靠中国的'猫'，作为宠物的'洋猫'，可能连中国的'老鼠洞'在哪里都不清楚。"

此外，研究环境公正这个主题也是我学术研究的不可逾越的必经之路。黑格尔说："哲学若没有体系，就不可能成为科学。没有体系的哲学理论，只能表示个人主观的特殊心情，它的内容必定是带偶然性的。"我无意于也无力于构建黑格尔所谓的属于自己的"哲学体系"，但作为一个学者，清理出一条自己能够行走的道路却是研究的必然。我的博士论文专注于西方生态伦理思想，博士后报告专攻了发展中国家环境伦理问题，这次应该专门探讨当代中国的环境公正问题了。我以为这样才算是对环境伦理思想做了一番比较深入的讨论。

我感念于我的同仁，感念于我的朋友。无论略有成绩，还是身处逆境，我总能得到许多同仁、朋友，乃至学生的帮助和鼓励，他们的一通电话、一个短信、一封邮件、一句问候都会令我茅塞顿开，心情愉悦。我衷心谢谢他们以各种方式理解我。本书是在几位同仁和研究生的协助下完成的，江西师大宣传部袁学涌、宜春学院政法学院杨学龙、江西农大人事处黄以胜、新余市政协傅艳辉、宜春职业技术学院彭慧洁等伦理学硕士协助我收集、遴选、整理数据材料，完成大部分初稿，做了大量前期工作，我的爱人、南昌航空大学马克思主义学院副教授代峰博士协助我做了全文的文字统纂工作。他们以自己的智慧和艰辛的努力与我一起投入本课题的研究之中，品尝了研究过程中的各种酸甜苦辣。因此，这个成果也可以说是集体智慧的结晶。

我感念于我的父母，感念于我的弟妹。无论何时何地，我的父母，以及我的弟妹及其家庭都是我的精神支柱，他们一次又一次以农村人的那种朴实、诚实、务实精神帮助着我，感动着我。

特别需要申明的是，本书的完成参考了大量的著作、论文和相关网站，我试图以注释、参考文献等方式做出说明，但难免有所遗漏，感谢这些著述的原创作者。同时，感谢江西省社科联设立“江西省哲学社会科学成果出版资助项目”，本书有幸列入“江西省哲学社会科学成果文库”首批资助范围。最后感谢社会科学文献出版社郭瑞萍、曹义恒责任编辑，他们对书稿质量的把关非常认真、非常严谨，这种负责态度浸透在书稿的每一页，令我感动和敬佩！

坦率地说，本书还算不上严格意义上的学术著作，仅仅是第一次尝试探索当代中国环境公正问题的粗略思考，无论是框架构建还是理论阐述，仍显稚嫩，权作抛砖引玉。我们期待读者的严厉批评，更期待在环境公正这个新颖的主题上涌现更好更多的扛鼎之作。若此，当为人类之幸、地球之福！

曾建平
戊子年初秋初记于东方塞纳凡常斋
癸巳年初夏终记于庐陵凡常斋

图书在版编目(CIP)数据

环境公正：中国视角/曾建平著. —北京：社会科学文献出版社，2013.12
(江西省哲学社会科学成果文库)
ISBN 978-7-5097-5323-1

Ⅰ.①环… Ⅱ.①曾… Ⅲ.①环境科学-伦理学-研究 Ⅳ.①B82-058

中国版本图书馆CIP数据核字（2013）第278703号

·江西省哲学社会科学成果文库·
环境公正：中国视角

著　　者／曾建平

出 版 人／谢寿光
出 版 者／社会科学文献出版社
地　　址／北京市西城区北三环中路甲29号院3号楼华龙大厦
邮政编码／100029

责任部门／社会政法分社（010）59367156　　责任编辑／郭瑞萍　曹义恒
电子信箱／shekebu@ssap.cn　　责任校对／宝　蕾
项目统筹／王　绯　周　琼　　责任印制／岳　阳
经　　销／社会科学文献出版社市场营销中心（010）59367081　59367089
读者服务／读者服务中心（010）59367028

印　　装／三河市尚艺印装有限公司
开　　本／787mm×1092mm　1/16　　印　　张／19
版　　次／2013年12月第1版　　字　　数／300千字
印　　次／2013年12月第1次印刷
书　　号／ISBN 978-7-5097-5323-1
定　　价／68.00元